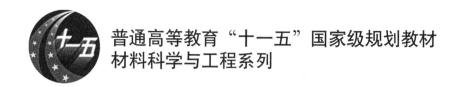

普通高等教育"十一五"国家级规划教材

材料科学与工程系列

无机非金属材料概论

Introduction to Inorganic Non-Metallic Materials

● 戴金辉　葛兆明　编著

U0223504

哈尔滨工业大学出版社

内 容 简 介

　　无机非金属材料科学是研究无机非金属材料的成分和制备工艺、组织结构、材料性能和使用性能及它们之间相互关系的科学。无机非金属材料主要包括玻璃、陶瓷、水泥和耐火材料等。本书共二十章,较详细地讨论了上述四种材料的结构、性能以及制备工艺,并扼要地介绍了几种材料的最新发展动态。本书取材丰富,理论联系实际。本书是高等学校材料科学与工程专业、无机非金属材料专业的教材,也可作为其他相关专业的选修课教材或教学参考书。

图书在版编目(CIP)数据

　　无机非金属材料概论/戴金辉,葛兆明编著. —3 版. —哈尔滨:
哈尔滨工业大学出版社,2018.7(2023.7 重印)
　　ISBN 978-7-5603-7464-2

　　Ⅰ. ①无…　Ⅱ. ①戴…②葛…　Ⅲ. ①无机非金属材料-概论
Ⅳ. ①TB321

　　中国版本图书馆 CIP 数据核字(2018)第 142405 号

**材料科学与工程
图书工作室**

责任编辑　张秀华　杨　桦
封面设计　卞秉利
出版发行　哈尔滨工业大学出版社
社　　址　哈尔滨市南岗区复华四道街 10 号　邮编 150006
传　　真　0451 - 86414749
网　　址　http://hitpress.hit.edu.cn
印　　刷　哈尔滨市工大节能印刷厂
开　　本　787mm×1092mm　1/16　印张 16.75　字数 400 千字
版　　次　2004 年 9 月第 2 版　2018 年 7 月第 3 版
　　　　　　2023 年 7 月第 3 次印刷
书　　号　ISBN 978-7-5603-7464-2
定　　价　36.00 元

前　言

（修订版）

本书是根据国家教育部1998年调整的最新专业目录,为适应加强基础、拓宽专业面的需要编写的。

随着社会主义市场经济的不断发展与完善,材料科学与工程领域所需要的人才已由单一的专业性向着全面、系统地掌握整个材料科学与工程领域基本专业知识的综合性方向转变,为了适应这一转变,要求各有关院校调整人才培养模式,使学生能够广泛地掌握本专业的基本专业知识;同时,为了适应市场经济的需要,其他有关专业,如机械、电器、计算机、经贸、管理、外语等专业的学生,也应了解最普通的建筑材料,包括玻璃、陶瓷、水泥、耐火材料等的品种、性能和有关生产工艺技术的最基本的知识。为此,本书主要从玻璃、陶瓷、水泥、耐火材料等四个方面对无机非金属材料进行介绍。

本书具有以下特点:

1. 内容全面,涉及面广,系统性强。内容简明扼要,适合于宽口径、少学时的教学需要。

2. 本书内容与生产实际相结合,理论联系实际,充分介绍了新工艺、新产品,具有较强的适用性。

3. 书中文字简练、条理清楚、信息量大、易学易懂。

本书是高等工科院校材料科学与工程专业的教材,也可供建材、轻工、化工等行业的管理及技术人员参考。

本书第1~6章由戴金辉编写,第7~9章由罗兆红编写,第10~13章由吴泽编写,第14~20章由葛兆明编写。全书由谢辅州主审。

本书在编写过程中,得到了哈尔滨工业大学出版社材料科学与工程系列教材编审委员会的大力指导,得到了哈尔滨工业大学、燕山大学、哈尔滨工程大学、哈尔滨理工大学等院校的大力支持与协作,谨此一并致谢。

由于编者水平有限,书中定有不足之处,恳请同行和读者批评指正。

虽然在本书的修订再版中对原版书中发现的问题和不足进行了修改,但还是衷心地希望读者对本书提出宝贵意见。

编　者

2018 年 1 月

目　录

绪　　论

　　材料依其化学特征一般划分为无机材料与有机材料两大类。无机材料中除金属以外统称为无机非金属材料。传统上的无机非金属材料主要有陶瓷、玻璃、水泥和耐火材料四种,其主要化学组成均为硅酸盐类。因此,无机非金属材料亦称为硅酸盐材料,又因其中陶瓷材料历史最悠久,应用甚为广泛,故国际上也常将无机非金属材料称为陶瓷材料。

　　无机非金属材料学是一门多学科相互交叉的新兴科学,主要研究无机非金属材料的成分和制备工艺、组织结构、材料性能和使用性能四个要素,以及它们之间的相互关系。

　　自40年代以来随着新技术的发展,除了上述传统材料以外,陆续涌现出了一系列应用于高性能领域的先进无机非金属材料(以下简称为无机新材料),例如结构陶瓷、复合材料、功能陶瓷、半导体、新型玻璃、非晶态材料和人工晶体等。这些新材料的出现说明了无机非金属材料科学与工程学科近几十年来的重大成就,它们的应用极大地推动了科学技术的进步,促进了人类社会的发展。

　　在晶体结构上,无机非金属材料的结合力主要为离子键、共价键或离子-共价混合键。由于这些化学键的特点,例如高的键能和强大的键极性等,赋予这一大类材料以高熔点、高强度、耐磨损、高硬度、耐腐蚀及抗氧化的基本属性和宽广的导电性、导热性、透光性以及良好的铁电性、铁磁性和压电性等特殊性能。举世瞩目的高温超导性也是新近在这类材料上发现的。

　　在化学组成上,随着无机新材料的发展,无机非金属材料已不局限于硅酸盐,还包括其它含氧酸盐、氧化物、氮化物、碳与碳化物、硼化物、氟化物、硫系化合物、硅、锗、Ⅲ-Ⅴ族及Ⅱ-Ⅵ族化合物等,其形态和形状也趋于多样化,复合材料、薄膜、纤维、单晶和非晶材料占有越来越重要的地位。

　　传统的无机非金属材料是工业和基础建设所必须的基础材料,无机新材料更是现代新技术、新兴产业和传统工业技术改造的物质基础,也是发展现代军事技术和生物医学的必要物质条件。

　　无机新材料是科学技术的物质基础,是现代技术的发展支柱,在微电子技术、激光技术、光纤技术、光电子技术、传感技术、超导技术和空间技术的发展中占有十分重要的,甚至是核心的地位。例如,微电子技术就是在硅单晶材料和外延薄膜技术及集成电路技术的基础上发展起来的;又如空间技术的发展也是与无机新材料息息相关的,以高温 SiO_2 隔热材料和涂覆 SiC 热解碳/碳复合材料为代表的无机新材料的应用为第一艘宇宙飞船飞上太空做出了重要贡献。

　　无机非金属材料是建立与发展新技术产业、改造传统工业、节约资源、节约能源和发展新能源及提高我国国际竞争力所不可缺少的物质条件。例如,氮化硅系统、碳化硅系统和氧化锆、氧化铝增韧系统的高温结构陶瓷及陶瓷基复合材料的研制成功,一改传统无机非金属材料的脆性大、不耐冲击的特点,而作为具有高强度的韧性材料用于制造热机部件、切削刀具、耐磨损、耐腐蚀部件等进入机械工业、汽车工业、化学工业等传统工业领域,推动了产品的更新换代,提高了产业的经济效益和社会效益。

国防工业和军用技术历来是新材料、新技术的主要推动者和应用者。在海湾战争中,高技术武器装备的大量、广泛的应用是多国部队赢得胜利的一个重要因素。在武器和军用技术的发展上,无机新材料及以其为基础的新技术占有举足轻重的地位。

由此可见,新世纪的到来会给无机非金属材料的发展带来新契机和新挑战,也为广大材料工作者提出了新任务和新课题。我们深信,随着科技的不断进步,研究手段的不断提高和完善,无机新材料的研究和开发工作会不断地获得新成果,并不断地推动社会进入新的时代。

第一章　玻璃的结构与性质

玻璃的物理化学性质不仅决定于其化学组成,而且与其结构有着密切的关系。只有认识玻璃的结构,掌握玻璃成分、结构、性能三者之间的内在联系,才有可能通过改变化学成分、热历史,或利用某些物理、化学处理,制取符合预定物理化学性能的玻璃材料或制品。

1.1　玻璃的结构

1.1.1　玻璃态的通性

在自然界中固体物质存在着晶态和非晶态两种状态。所谓非晶态指以不同方法获得的以结构无序为主要特征的固体物质状态。玻璃态是非晶态固体的一种,我国的技术词典把它定义为"从熔体冷却,在室温下还保持熔体结构的固体物质状态",习惯上常称之为"过冷的液体"。玻璃中的原子不像晶体那样在空间作远程有序排列,而近似于液体,同样具有近程有序排列,玻璃像固体一样能保持一定的外形,而不像液体那样在自重作用下流动。玻璃态物质具有下列主要特征。

1. 各向同性

玻璃态物质的质点排列是无规则的,是统计均匀的,所以,玻璃中不存在内应力时,其物理化学性质在各方向上都是相同的。

2. 介稳性

玻璃是由熔体急剧冷却而得,由于在冷却过程中粘度急剧增大,质点来不及作形成晶体的有规则排列,系统的内能尚未处于最低值,从而处于介稳状态;在一定的外界条件下它仍具有自发放热转化为内能较低的晶体的倾向。

3. 无固定熔点

玻璃态物质由固体转变为液体是在一定温度区间(转化温度范围内)进行的,它与结晶态物质不同,没有固定熔点。

4. 性质变化的连续性和可逆性

玻璃态物质从熔融状态到固体状态的性质变化过程是连续的和可逆的,其中有一段温度区域呈塑性,称为"转变"或"反常"区域,在这区域内性质有特殊变化。图 1-1 表示物质的内能和比体积随温度的变化。

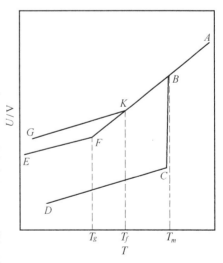

图 1-1　内能和比体积随温度的变化
BK—过冷区;KG—快冷;
KF—转变区;FE—慢冷

在结晶情况下,性质变化如曲线 $ABCD$ 所示,T_m 为物质的熔点,过冷却形成玻璃时,过程变化如曲线 $ABKFE$ 所示,T_g 为玻璃的转变温度,T_f 为玻璃的软化温度,$T_g - T_f$ 称为"转变"或"反常"区域。

1.1.2 玻璃结构的假说

"玻璃结构"是指离子或原子在空间的几何配置以及它们在玻璃中形成的结构形成体。近代玻璃结构的假说有:晶子学说、无规则网络学说、凝胶学说、五角形对称学说、高分子学说等,但能够最好地解释玻璃性质的是晶子学说和无规则网络学说。

兰德尔(Randell)于 1930 年提出了玻璃结构的微晶学说,认为玻璃由微晶与无定形物质两部分组成,微晶具有规则的原子排列并与无定形物质间有明显的界限,微晶尺寸为 1.0 ~ 1.5nm,含量为 80% 以下,微晶取向无序。列别捷夫在研究光学玻璃退火中发现,在玻璃折射率随温度变化的曲线上,于 520℃ 附近出现突变,他把这一现象解释为玻璃中的石英"微晶"发生晶形转变所致。他认为玻璃是由无数"晶子"所组成,晶子是具有晶格变形的有序排列区域,分散在无定形介质中,从"晶子"部分到无定形部分是逐步过渡的,两者之间并无明显界线。

1932 年查哈里阿森(Zachariasen)提出了无规则网络学说。他借助于离子结晶化学的一些原理,描述了离子-共价键的化合物,如熔石英、硅酸盐和硼酸盐玻璃,并指出玻璃的近程有序与晶体相似,即形成氧离子多面体(三角体和四面体),多面体间顶角相连形成三度空间连续的网络,但其排列是拓扑无序的。瓦伦(Warren)等人的 X 射线衍射结果证实了无规则网络学说的基本观点。随后,笛采尔(Dietzel)、孙观汉和阿本等人又从结构化学的观点,根据各种氧化物在形成玻璃结构网络中所起作用的不同,进一步区分为玻璃网络形成体、网络外体(或称为网络修饰体)和中间体氧化物。

综上所述,玻璃的晶子学说揭示了玻璃中存在有规则排列区域,这对于玻璃的分相、晶化等本质的理解有重要价值,但初期的晶子学说机械地把这些有序区域当作微小晶体,并未指出相互之间的联系,因而对玻璃结构的理解是初级和不完善的。晶子学说强调了玻璃结构的近程有序性。无规则网络学说着重说明了玻璃结构的连续性、统计均匀性与无序性,可以解释玻璃的各向同性、内部性质均匀性和随成分改变时玻璃性质变化的连续性等。

事实上,玻璃结构的晶子学说与无规则网络学说分别反应了玻璃结构这个比较复杂问题的矛盾的两个方面。可以认为短程有序和长程无序是玻璃物质结构的特点,从宏观上看玻璃主要表现为无序、均匀和连续性,而从微观上看,它又呈现有序、微不均匀和不连续性。

玻璃结构的基本概念还仅用于解释一些现象,尚未成为公认的理论,仍处于学说阶段,对玻璃态物质结构的探索尚需进一步深入开展。

1.1.3 几种典型的玻璃结构

1. 石英玻璃

石英玻璃的结构是无序而均匀的,有序范围大约为 0.7 ~ 0.8nm。经 X 射线衍射分析可知,石英玻璃结构是连续的,熔融石英玻璃中 Si—O—Si 键角分布如图 1-2。图中表明,玻璃的键角分配大约为 120° ~ 180°,比结晶态方石英宽,而 Si—O 和 O—O 的距离与相应的晶体中一样。硅氧四面体[SiO$_4$]之间的旋转角宽度完全是无序分布的,[SiO$_4$]以顶角相连,形成一种向三度空间发展的架状结构。

2. 钠钙硅玻璃

熔融石英玻璃在结构、性能方面都比较理想，其硅氧比值（1:2）与 SiO_2 分子式相同，可以把它近似地看成是由硅氧网络形成的独立"大分子"。如果在熔融石英玻璃中加入碱金属氧化物（如 Na_2O），就使原有的"大分子"发生解聚作用。由于氧的比值增大，玻璃中每个氧已不可能都为两个硅原子所共用（这种氧称为桥氧），开始出现与一个硅原子键合的氧（称为非桥氧），使硅氧网络发生断裂。而碱金属离子处于非桥氧附近的网穴中，这就形成了碱硅酸盐玻璃，但因其性能不好，没有实用价值（图 1-3 为碱硅玻璃结构示意图）。

在碱硅二元玻璃中（如钠硅玻璃）加入 CaO，可使玻璃的结构和性质发生明显的改善。由于半径与 Na^+（0.095nm）相近，而电荷比 Na^+ 大一倍的 Ca^{2+}（半径为 0.099nm）离子，场强比 Na^+ 大得多，当它处于网穴中时具有显著的强化玻璃结构和限制 Na^+ 活动的作用。

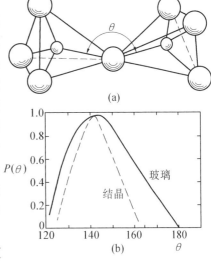

(a)

(b)

图 1-2 （a）相邻两硅氧四面体之间的 Si—O—Si 键角示意图
（b）石英玻璃和方石英晶体的 Si—O—Si 键角分布曲线

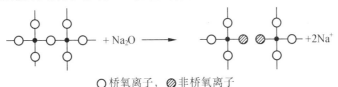

$+Na_2O \longrightarrow$ $+2Na^+$

○ 桥氧离子，◍ 非桥氧离子

图 1-3　氧化钠与硅氧四面体间作用示意图

由此得到了具有优良性能的钠钙硅玻璃。

目前大多数实用玻璃（例如瓶罐玻璃、器皿玻璃、保温瓶玻璃、泡壳玻璃、平板玻璃等），都是以钠钙硅为基础的玻璃。为了满足各种不同性能的要求，可在钠钙硅成分的基础上加入其它氧化物进行调节。

3. 硼酸盐玻璃

B_2O_3 玻璃由硼氧三角体 $[BO_3]$ 组成，其中含有硼氧三角体互相连接的硼氧三元环集团，在低温时 B_2O_3 玻璃结构是由桥氧连接的硼氧三角体和硼氧三元环形成的向两度空间发展的网络，属于层状结构。

碱金属或碱土金属氧化物加入 B_2O_3 玻璃中，将产生硼氧四面体 $[BO_4]$，而形成碱硼酸盐玻璃。应该指出的是在一定范围内，碱金属氧化物提供的氧，不像在熔融石英玻璃中作为非桥氧出现在结构中，而是使硼氧三角体 $[BO_3]$ 转变成为完全由桥氧组成的硼氧四面体，导致 B_2O_3 玻璃从原来的两度空间的层状结构部分转变为三度空间的架状结构，从而加强了网络，使玻璃的各种物理性质，与相同条件下的硅酸盐玻璃相比，相应地向着相反的方向变化。这就是所谓的"硼氧反常性"。硼氧反常性如图 1-4 和图 1-5 所示。

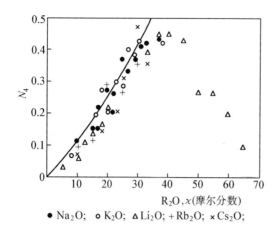

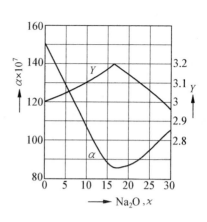

● Na$_2$O; ○ K$_2$O; △ Li$_2$O; + Rb$_2$O; × Cs$_2$O;

图 1-4　四配位的硼含量与碱金属
氧化物含量之间的关系

图 1-5　钠硼玻璃的 Y(每个多面体中
的桥氧离子平均数)与膨胀系
数 α 之间的关系

除了硼反常外,在钠硼铝硅玻璃中还出现"硼–铝反常"现象。当硅酸盐玻璃中不存在 B$_2$O$_3$ 时,SiO$_2$ 能使折射率、密度上升;当玻璃中存在 B$_2$O$_3$ 时,同样地用 Al$_2$O$_3$ 代替 SiO$_2$,随 B$_2$O$_3$ 含量不同出现不同形状的曲线,如图 1-6 所示。当 Na$_2$O/B$_2$O$_3$ =4 时出现极大值(曲线 2),而当 Na$_2$O/B$_2$O$_3$ ≥1 时,折射率(n$_D$)与密度(d)显著下降(曲线 3~5),而当 Na$_2$O/B$_2$O$_3$ <1 时,性质变化曲线上出现极小值(曲线 8)。

4. 其它氧化物玻璃

有人指出,凡能通过桥氧形成聚合结构的氧化物,都有可能形成玻璃,并在周期系中划定一个界限,示出一些能形成玻璃的氧化物的元素(图 1-7)。实践证明在这范围内及靠近其边界附近元素的氧化物,大都能单独(或与一价、二价氧化物)形成玻璃。如 As$_2$O$_3$,BeO, Al$_2$O$_3$,Ga$_2$O$_3$ 及 TeO$_2$ 等。比较常见的玻璃种类有,能透过波长范围达 6μm 的红外线的铝酸盐玻璃,具有低膨胀和良好的电学性能的铝硼酸盐玻璃,具有低折射率的铍酸盐玻璃及具有半导体性能的钒酸盐玻璃等。

1.1.4　玻璃结构中阳离子的分类及各种氧化物在玻璃中的作用

1. 玻璃结构中阳离子的分类

根据无规则网络学说的观点,一般按元素与氧结合的单键能(即化合物分解能与配位数之商)的大小和能否生成玻璃,将氧化物分为,网络生成体氧化物,网络外体氧化物和中间体氧化物三大类。

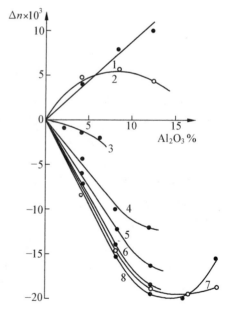

图 1-6　16Na$_2$O · yB$_2$O$_3$ · xAl$_2$O$_3$(84-x-y)SiO$_3$
系列玻璃折射率变化

1—y=0；2—y=4；3—y=8；4—y=12；
5—y=16；6—y=20；7—y=24；8—y=32

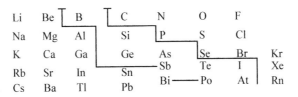

图1-7 周期表中形成玻璃的氧化物的元素

网络生成体氧化物应满足以下条件：

(1)每个氧离子应与不超过两个阳离子相联。

(2)在中心阳离子周围的氧离子配位数必须小于或等于4。

(3)氧多面体相互共角而不共棱或共面。

(4)每个多面体至少有三个顶角是共用的。

具有这种特性的氧化物主要有 SiO_2，B_2O_3，P_2O_5，GeO_2，As_2O_5 等。

某些氧化物不能单独生成玻璃，不参加网络，而使其阳离子分布在四面体之间的空隙中，以保持网络中局部地区的电中性，因为它们的主要作用是提供额外的氧离子，从而改变网络，故称之为网络外体或网络修饰体，如 Li_2O，Na_2O，K_2O，CaO，SrO，BaO 等。

比碱金属和碱土金属化合价高而配位数小的阳离子，可以部分地参加网络结构，如 BeO，MgO，ZnO，Al_2O_3 等，称之为中间体氧化物。

2. 各种氧化物在玻璃中的作用

(1)碱金属氧化物

碱金属氧化物加入到熔融石英玻璃中，促使硅氧四面体间连接断裂，出现非桥氧，使玻璃结构疏松，导致一系列性能变坏。但由于碱金属离子的断网作用使它具有了高温助熔、加速玻璃熔化的性能。

应该指出，在二元碱硅玻璃中，当碱金属氧化物的总量不变，用一种碱金属氧化物取代另一种时，玻璃的性质不是呈直线变化，而是出现明显的极值，这一现象称之为混合碱效应。

(2)二价金属氧化物

CaO 是网络外体氧化物，Ca^{2+}离子的配位数一般为6，有极化桥氧和减弱硅氧键的作用。CaO 的引入可以降低玻璃的高温粘度。玻璃中 CaO 含量过多，一般会使玻璃的料性变短，脆性增大。

MgO 在硅酸盐矿物中存在着两种配位状态(4 或 6)，但多数位于八面体中，属网络外体。在钠钙硅玻璃中，若以 MgO 取代 CaO，将使玻璃结构疏松，导致玻璃的密度、硬度下降，但却可以降低玻璃的析晶能力和调节玻璃的料性。含镁玻璃在水和碱液作用下，易在表面形成硅酸镁薄膜。在一定条件下剥落进入熔液，产生脱片现象。

BaO 是网络外体，它具有提高玻璃折射率、色散、防辐射和助熔等特性。

ZnO 能适当提高玻璃的耐碱性，但用量过多会增大玻璃的析晶倾向。

PbO 具有如图1-8所示的晶体结构，铅离子为八个氧离子所包围，其中四个氧离子与铅离子距离较远($0.429nm$)，另外四个较近($0.23nm$)，形成不对称配位。铅离子外层的惰性电子对受较近的四个氧的排斥，推向另外四个氧离子一边，因此在晶态 PbO 中组成一种四方锥体[PbO₄]的结构单元,如图 1-9。一般认为,在高铅玻璃中均存在这种四方锥体,它形成一种螺旋形的链状结构,在玻璃中与硅氧四面体[SiO₄]通过顶角或共边相连接,形成一种特殊的网络。这种网络使 PbO—SiO₂ 系统具有很大的玻璃形成区,同时也决定了氧化铅在硅酸盐熔体中的高度助熔性。

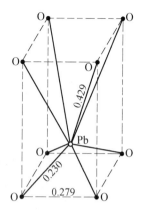

图 1-8　正方形 PbO 原子间距(nm)示意图

(3)其它金属氧化物

玻璃中的 Al^{3+} 离子与在硅酸盐矿物中一样,有两种配位状态。在钠硅酸盐玻璃中,当 Na_2O/Al_2O_3 大于 1 时,Al^{3+} 均位于四面体中,而 Na_2O/Al_2O_3 小于 1 时,则作为网络外体位于八面体中,当 Al^{3+} 位于铝氧四面体[AlO_4]中时,则与硅氧四面体组成了统一的网络。在一般的钠钙硅玻璃中,引入少量的 Al_2O_3,Al^{3+} 就可以夺取非桥氧形成铝氧四面体进入硅氧网络之中,把由于 Na^+ 离子的引入而产生的断裂网络通过铝氧四面体重新连接起来,使玻璃结构趋向紧密,并使玻璃的许多性能得以改善。但它对玻璃的电学性能有不良影响,在硅酸盐玻璃中,当以 Al_2O_3 取代 SiO_2 时,介电损耗和导电率上升,故在电真空玻璃中一般不含或少含 Al_2O_3。

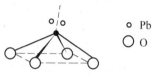

图 1-9　PbO 结构

B_2O_3 是玻璃形成氧化物,有良好的助熔性,可降低玻璃的高温粘度和提高玻璃的低温粘度,但使用 B_2O_3 时要注意硼反常现象。

La_2O_3 是玻璃网络外体,具有提高玻璃化学稳定性,降低热膨胀系数,改善加工性能的作用。主要用于制造折射、低色散光学玻璃和电极玻璃。

除此以外还有用于制造熔点玻璃和防辐射玻璃的 Bi_2O_3;常用作微晶玻璃成核剂的 ZrO_2 和 TiO_2 等,这些就不再一一赘述。

1.2　玻璃的生成规律及其相变

目前制备玻璃态物质(非晶态固体)的方法很多,除传统的熔体冷却法外,还有气相沉积法、液相沉积法、电沉积法、真空蒸发法及熔胶-凝胶法等。但大综的工业化生产仍采用熔体冷却法,其产品中用途最广、用量最大的为氧化物玻璃,故在此以氧化物玻璃为对象来讨论一元和多元氧化物在熔体冷却条件下的玻璃生成规律,以及熔体和玻璃体的相变。

1.2.1　影响玻璃生成的因素

1. 热力学条件

玻璃态物质与相应结晶态物质相比具有较大的内能,因此它总是有降低内能向晶态转变的趋势,所以通常说玻璃是不稳定的或亚稳的,在一定的条件下(如热处理)可以转变为多晶体。玻璃一般是从熔融态冷却而成。在足够高的熔制温度下,晶态物质原有的晶格和质点的有规则排列被破坏,发生键角的扭曲或断键等一系列无序化现象,它是一个吸热的过程,体系内能因而增大。然而在高温下,$\Delta G = \Delta H - T\Delta S$ 中的后一项起主导作用,而代表焓效应的 $\triangle H$ 项居于次要地位,体系具有最低自由能组态,从热力学上说熔体属于稳定相。当熔体温度降低时,$-T\Delta S$ 项逐渐转居次要地位,而与焓效应有关的因素(如离子的场强,配位等)则逐渐增强。当降到某一定的温度时(例如液相点以下),ΔH 对自由能的正的贡献超过溶液熵的负的贡献,使体系自由能相应增大,而处于不稳定状态,故在液相点以下,体系往往通过分相或析晶的途径放出能量,使其处于低能量的稳定态。

2. 动力学条件

从动力学的角度讲,析晶过程必须克服一定的势垒,包括成核所需建立新界面的界面能以及晶核长大所需的质点扩散的激活能等。如果这些势垒较大,尤其当熔体冷却速度很快时,粘度增加甚大,质点来不及进行有规则排列,晶核形成和长大均难于实现,从而有利于玻璃的形成。

由此可见,生成玻璃的关键是熔体冷却速度(即粘度增大速度),故在研究物质的玻璃生成能力时,必需指出熔体的冷却速度和熔体数量(体积)的关系(因熔体的数量与冷却速度成反比)。

为了确定某一熔体究竟需要多快的冷却速度才能防止结晶,必须选定可测出的晶体大小。玻璃中能测出的最小晶体体积与熔体之比约为 10^{-6}(即结晶容积分率 $V_L/V = 10^{-6}$)。由于晶体的容积分率与描述成核和晶体长大过程的动力学参数有密切的联系,为此提出了熔体在给定温度和给定时间条件下,微小体积内的相转变动力学理论。作为均匀成核过程(不考虑非均匀成核),在时间 t 内单位体积的结晶 V_L/V 可描述如下

$$V_L/V \approx \frac{\pi}{3} I_r u^3 t^4 \qquad (1\text{-}1)$$

式中　I_r——单位体积内结晶频率(晶核形成速度);

　　　u——晶体生长速度。

$$T_r = T/T_m \quad \Delta T_r = \Delta T/T_m$$
$$\Delta T_r = T_m - T$$

式中　ΔT——过冷度;

　　　T_m——熔点。

$$u = \frac{f_s \cdot K \cdot T}{3\pi a_0^2 \eta}\left[1 - e^{\left(-\frac{\Delta H_f \cdot \Delta T_r}{RT}\right)}\right] \qquad (1\text{-}2)$$

$$f_s = \frac{10^3}{\eta} e^{(-B/T_r^3 \cdot \Delta T_r^2)} \qquad (1\text{-}3)$$

式中　a_0——分子直径;

　　　K——波尔兹曼常数;

　　　ΔH_f——熔化热;

　　　η——粘度;

　　　f_s——晶液界面上原子易于析晶或溶解部分与整个晶面之比;

　　　R——气体常数;

　　　B——常数;

　　　T——实际温度。

当 $\Delta H_f/T_m < 2R$ 时，$f_s \approx 1$

当 $\Delta H_f/T_m > 4R$ 时，$f_s = 0.2\Delta T_r$

选择一定的结晶容积分率（如 $V_L/V = 10^{-6}$），利用测得的动力学数据，并通过公式 (1-1)，(1-2)，(1-3) 就可以定出某物质在某一温度形成结晶容积分率所需的时间，并可得一系列温度所对应的时间，从而给出温度、时间转变之间的关系曲线，即所谓三 T 图。

图 1-10 示出了 SiO_2 的 " T-T-T " 曲线。利用图和公式（1-1）就可得出防止产生一定容积分率结晶的冷却速度。由 T-T-T 曲线 "鼻尖" 之点可粗略求得该物质形成玻璃的临界冷却速度 $\left(\dfrac{\mathrm{d}T}{\mathrm{d}t}\right)_C$，即

$$\left(\frac{\mathrm{d}T}{\mathrm{d}t}\right)_C \approx \frac{\Delta T_N}{\tau_N}$$

式中　　$\Delta T_N = T_m - T_N$；

　　　　T_N——为 T-T-T 曲线"鼻尖"之点的温度；

　　　　τ_N——为 T-T-T 曲线"鼻尖"之点的时间。

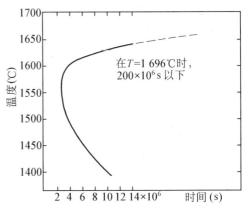

在 $T = 1\,696\,℃$ 时，$200 \times 10^6\,s$ 以下

图 1-10　SiO_2 的 T-T-T 曲线
（结晶容积分率 $= 10^{-6}$）

应该指出，以下两个因素对玻璃的形成起很大的影响：（1）为了增加结晶势垒，在凝固点（势力学熔点 T_m）附近的熔体粘度的大小，是决定能否生成玻璃的主要标志。（2）在相似的粘度 – 温度曲线情况下，具有较低的熔点，玻璃态易于获得。

1.2.2　熔体和玻璃体的相变

研究熔体和玻璃体的相变，对改变和提高玻璃的性能、防止玻璃析晶以及对微晶玻璃的生产都有重要的意义。这里所讨论的相变，主要是指熔体和玻璃体在冷却或热处理过程中，从均匀的液相或玻璃相转变为晶相或分解为两种互不相溶的液相。

1. 熔体和玻璃体的成核过程

晶体从熔体或玻璃体中析出一般要经过晶核形成和晶体长大两个步骤，晶核的形成表征新相的产生，晶体的长大是新相进一步的扩展。

（1）均匀成核

均匀成核是指在宏观均匀的玻璃中，在没有外来物参与下与相界、结构缺陷等无关的成核过程，又称为本征成核或自发成核。

当玻璃熔体处于过冷态时，由于热运动引起组成和结构上的起伏，一部分变成晶相。晶相内质点的有规则排列导致体积自由能减小。然而在新相产生的同时，又将在新生相和液相之间形成新的界面，引起界面自由能的增加，对成核造成势垒。当新相颗粒太小时，界面对体积的比例增大，整个体系自由能增大。当新相达到一定大小（临界值）时，界面对体积的比例就减小，系统的自由能减小，这时新生相就可能稳定成长。这种可能稳定成长的新相区域称为晶核。那些较小的不能稳定成长的新相区域称为晶胚。

若假定晶核（或晶胚）为球形，其半径为 r，则有

$$\Delta G = \frac{4}{3}\pi r^3 \Delta G_v + 4\pi r^2 \sigma \qquad (1\text{-}4)$$

式中 ΔG_v —— 相变过程中单位体积的自由能变量;

σ —— 新相与熔体之间的界面自由能(或表面张力),根据热力学推导有

$$\Delta G_v = n\frac{D}{M} \cdot \frac{\Delta H \Delta T}{T_e} \qquad (1\text{-}5)$$

式中 n —— 新相所含分子数;

D —— 新相密度;

M —— 新相的相对分子质量;

ΔH —— 焓变;

T_e —— 新、旧二相的平衡温度,即"熔点"或析晶温度;

$\Delta T = T_e - T$,即过冷度,T 为系统实际温度。

按式(1-4)作 $\Delta G - r$ 图(图1-11),可见曲线有一极大值,与此极大值相应的核半径称为"临界核半径",用 r^* 表示。由数学原理可知,当 $r = r^*$ 时,应有 $\mathrm{d}(\Delta G)/\mathrm{d}r = 0$,由此可得出

$$r^* = -\frac{2\sigma M T_e}{n D \Delta H \Delta T} \qquad (1\text{-}6)$$

r^* 是形成稳定的晶核所必须达到的核半径,其值越小则晶核越易形成。

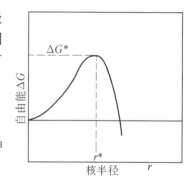

图 1-11   核自由能与半径的关系

(2)非均匀成核

非均匀成核是依靠相界、晶界或基质的结构缺陷等不均匀部位而成核的过程,又称为非本征成核。

一般认为,在非均匀成核情况下,由成核剂或二液相提供的界面使界面能(式(1-4)中的 σ)降低,因而影响到相应于临界半径 r^* 的 ΔG 值。此值与熔体对晶核的润湿角 θ 有关,即

$$\Delta G = \frac{16\pi\sigma^3}{3(\Delta G_v)^2} \times \frac{(2 + \cos\theta)(1 - \cos\theta)^2}{4} \qquad (1\text{-}7)$$

当 $\theta < 180°$ 时,非均匀成核的自由能势垒就比均匀成核小。当 $\theta = 60°$ 时,势垒为均匀成核的 1/6 左右,因此非均匀成核比均匀成核易于发生。

成核剂和初晶相之间的界面张力越小,或它们之间的晶格常数越接近,成核就越容易。

2. 晶体生长

当稳定的晶核形成后,在适当的过冷度和过饱和度条件下,熔体中的原子(或原子团)向界面迁移,到达适当的生长位置,使晶体长大。晶体生长速度取决于物质扩散到晶核表面的速度和物质加入晶体结构的速度,而界面的性质对于结晶的形态和动力学条件有决定性的影响。

正常生长过程,晶体的生长速度 u 可表示为

$$u = \nu a_0 \left[1 - \exp\left(- \frac{\Delta G}{KT} \right) \right] \qquad (1-8)$$

式中　u——单位面积的生长速度；

　　　ν——晶液界面质点迁移的频率因子；

　　　a_0——界面层厚度，约等于分子直径；

　　　ΔG——液体与固体自由能之差（即结晶过程自由焓的变化）。

当过程离开平衡态很小，即 T 接近于 T_m（熔点）时，$\Delta G \ll KT$，这时晶体生长速度与推动力（过冷度 ΔT）成直线关系，生长速度随过冷度的增大而增大。

但当过程离开平衡态很大，即 $T \ll T_m$ 时，则 $\Delta G \gg KT$，式（1-8）中的 $\left[1 - \exp\left(- \Delta G/(KT) \right) \right]$ 项接近于1，即 $u \approx \nu a_0$，说明晶体生长速度受到原子扩散速度的控制，达到极限值。

通常影响结晶的因素主要有：

温度　当熔体从 T_m 冷却时，ΔT 增大，成核和晶体生长的驱动力增大；与此同时，粘度上升，成核和晶体生长的阻力也增大。

粘度　当温度降低时（远在 T_m 点以下），粘度对质点扩散的阻碍作用限制着结晶速度，尤其是限制晶核长大的速度。

杂质　杂质的引入会促进结晶，杂质起成核作用，同时增加界面处的流动度，使晶核更快地长大。杂质往往富集在分相玻璃的一相中，富集到一定浓度时将促使这些微相由非晶相转化为晶相。

界面能　固体的界面能越小，核的生长所需的能量越低，结晶速度越大。

3. 玻璃的分相

玻璃在高温下为均匀的熔体，在冷却过程中或在一定温度下热处理时，由于内部质点迁移，某些组分分别浓集（偏聚），从而形成化学组成不同的两个相，此过程称为分相。分相区一般可从几纳米至几百纳米，具有亚微结构不均匀性。这种微相区只能用高倍显微镜观察。

研究指出，在玻璃系统中存在有两种不同类型的不混溶特性，一是在液相线以上就开始发生分液，在热力学上这种分相叫稳定分相（或稳定不混溶性）。二是在液线温度以下才开始发生分相，叫亚稳分相（或亚稳不混溶性）。前者给玻璃生产带来困难，它使玻璃具有层状结构或产生强烈的乳浊现象；后者对玻璃有重要的实际意义。绝大部分玻璃都是在液相线下发生亚稳分相，分相是玻璃形成系统中的普遍现象，它对玻璃的结构和性质有重大的影响。

在相平衡图中不混溶区内，自由焓 G 与化学组成 C 的关系曲线上存在着拐点 S（inflection point；spinode），其位置随温度而改变（见图1-12（a））。作为温度函数的拐点轨迹，即 S-T 曲线称为亚稳极限曲线。此曲线上的任一点 $\frac{\partial^2 G}{\partial C^2} = 0$（图1-12（b）），其外围的实曲线为不混溶区边界。由稳极限曲线所围成的区域（S区），称为亚稳分解区（或不稳区）。介于亚稳极限曲线和不混溶区边界之间的区域（N区）称为不混溶区（或不稳区）。

从图1-12可以看出，在 S 区内，$\frac{\partial^2 G}{\partial C^2} < 0$，成分无限小的起伏，导致自由焓减小，单相

是不稳的,分相是瞬时的、自发的,在 S 区发生亚稳分解。高温均匀液体冷却到亚稳极限曲线时,晶核形成趋于零,穿越亚稳极限曲线进入 S 区后,就不再存在成核势垒,因此液相分离是自发的,只受不同种类分子的迁移率所限制。新相的主要组分是由低浓度相向高浓度相扩散。在亚稳分解区(S 区)中,成分和密度的无限小的起伏,将产生一些中心,由这些中心出发,产生了成分的波动变化。这是一种从均匀玻璃的平均组成出发在径向上成分的逐渐改变。

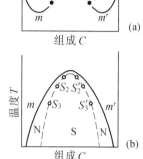

图 1-12　(a) 组成-自由焓曲线
　　　　　(b) 组成-温度曲线

在 N 区内,$\dfrac{\partial^2 G}{\partial C^2} > 0$,成分无限小的起伏将导致自由焓增大,因此单相液体对成分无限小的起伏是稳定的或亚稳的。在该亚稳区内,新相的形成需要做功,并可以由成核和生长的过程来分离成一个平衡的两相系统。生成晶核需要一定的成核能,如生成液核就要创造新的界面而需要一定的界面能。当然它比晶核成核能小得多,因此液核较容易产生。在该亚稳区内,晶核一旦形成,其长大通常由扩散过程来控制。随着某些颗粒的长大,颗粒群同时在恒定的体积内发生重排。随后,大颗粒在消耗小颗粒的过程中长大。

1.3　玻璃的性质

1.3.1　玻璃的粘度

粘度是指面积为 S 的二平行液层,以一定速度梯度 dv/dx 移动时需克服的内摩擦力 f

$$f = \eta \cdot S \frac{dv}{dx} \tag{1-9}$$

式中　　η——粘度或粘度系数,其单位为帕·秒(Pa·s)。

粘度是玻璃的重要性质之一,直接影响着玻璃的熔制、澄清、均化、成形、退火及其加工热处理等过程。为此我们要对其进行深入的了解。

1. 玻璃粘度与温度的关系

玻璃的粘度随温度降低而增大,从玻璃液到固态玻璃的转变,粘度是连续变化的。

所有实用硅酸盐玻璃,其粘度随温度的变化规律都属于同一类型,只是粘度随温度的变化速度以及对应于某给定粘度的温度有所不同。在 $10\mathrm{Pa \cdot s}$(或更低)至约 $10^{11}\mathrm{Pa \cdot s}$ 的粘度范围内,玻璃的粘度由温度和化学组成决定,而从 $10^{11}\mathrm{Pa \cdot s}$ 至 $10^{14}\mathrm{Pa \cdot s}$(或更高)的范围内,粘度又是时间的函数。

图 1-13 为 Na_2O-CaO-SiO_2 玻璃的弹性模量、粘度与温度的关系。在温度较高的 A 区,玻璃表现为典型的粘性液体,它的弹性性质近于消失,粘度仅决定于玻璃的组成和温度;在 B 区(一般叫转变区),粘度随温度下降而迅速增大,弹性模量也迅速增大,此时,粘度除决定于组成和温度外,还与时间有关;在 C 区,由于温度继续下降,弹性模量进一步

增大,粘滞流动变得非常小,这时,玻璃的粘度又仅决定于组成和温度而与时间无关。

粘度随温度变化的快慢是一个很重要的玻璃生产指标,常称其为玻璃的料性,粘度随温度变化快的玻璃称为短性玻璃,反之称为长性玻璃。

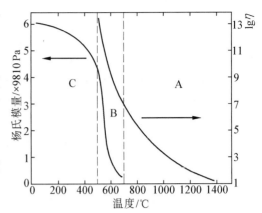

图 1-13 $Na_2O-CaO-SiO_2$ 玻璃的
弹性、粘度与温度的关系

2. 玻璃粘度与成分关系

各种常见氧化物对玻璃粘度的作用大致归纳如下:

(1)SiO_2,Al_2O_3,ZrO 等提高玻璃粘度。

(2)碱金属氧化物 R_2O 降低玻璃粘度。

(3)碱土金属氧化物对玻璃粘度的作用较为复杂。一方面类似于碱金属氧化物,能使大型的四面体群解聚,引起粘度减小;另一方面这些阳离子电价较高,离子半径又不大,故键力较碱金属离子大,有可能夺取小型四面体群的氧离子于自己的周围,使粘度增大。前一效果在高温时是主要的,而后一效果主要表现在低温时。碱土金属引起粘度增加的能力排序为

$$Mg^{2+}>Ca^{2+}>Sr^{2+}>Ba^{2+}$$

其中 CaO 在低温时增加粘度;在高温时,当含量小于 10% ~ 12% 时降低粘度,当含量大于 10% ~ 12% 时增加粘度。

(4)PbO,CdO,Bi_2O_3,SnO 等降低玻璃粘度。

此外,Li_2O,ZnO,B_2O_3 等都有增加低温粘度,降低高温粘度的作用。

3. 玻璃粘度参考点

在玻璃生产上常用的粘度参考点如下:

(1)应变点:应力能在几小时内消除的温度,大致相当于粘度为 $10^{13.6}Pa\cdot s$ 时的温度。

(2)转变点:相当于粘度为 $10^{12}Pa\cdot s$ 时的温度,通常用 T_g 表示。

(3)退火点:应力能在几分钟内消除的温度,大致相当于粘度为 $10^{12}Pa\cdot s$ 时的温度。

(4)变形点:相当于粘度为 $10^{10} ~ 10^{11}Pa\cdot s$ 时的温度范围。

(5)软化温度:它与玻璃的密度和表面张力有关,相当于粘度为 $(3 ~ 15)\times10^6Pa\cdot s$ 之间时的温度,通常用 T_f 表示。

(6)操作范围:相当于成型时玻璃表面的温度范围。$T_{上限}$ 指准备成型操作的温度,相当于粘度为 $10^2 ~ 10^3Pa\cdot s$ 时的温度;$T_{下限}$ 相当于成型时能保持制品形状的温度,相当于粘度大于 $10^5Pa\cdot s$ 时的温度。操作范围的粘度一般为 $10^3 ~ 10^{6.6}Pa\cdot s$。

(7)熔化温度:相当于粘度为 $10Pa\cdot s$ 时的温度,在此温度下玻璃能以一般要求的速度熔化。

(8)自动供料机供料的粘度:$10^2 ~ 10^3Pa\cdot s$。

(9)人工挑料粘度:$10^{2.2}Pa\cdot s$。

4. 玻璃粘度的计算

玻璃粘度的计算方法很多,但比较常用的方法有两种。

(1)奥霍琴法

本方法适用于含有 MgO, Al_2O_3 的钠钙硅系统玻璃。当 Na_2O 在 12% ~16%, $CaO+MgO$ 在 5% ~12%, Al_2O_3 在 0% ~5%, SiO_2 在 64% ~80% 范围时,可用下式计算

$$T = AX + BY + CZ + D \qquad (1\text{-}10)$$

式中 T—— 某粘度值对应的温度;

  X, Y, Z—— 分别是 Na_2O, $CaO+MgO3\%$, Al_2O_3 的质量分数(%);

  A, B, C, D—— 分别是 Na_2O, $CaO+MgO3\%$, Al_2O_3, SiO_2 的特性常数,随粘度值而变化。

若玻璃的化学组成中 MgO 含量不等于 3%,则 T 值必须校正。奥霍琴法从粘度值计算相应温度的常数见表 1-1。

表 1-1 根据玻璃粘度值计算相应温度的常数表

玻璃粘度	系 数 数 值				以 1% MgO 代替 1% CaO 时
Pa·s	A	B	C	D	所引起相应的温度提高/℃
10^2	−22.87	−16.10	6.50	1 700.40	9.0
10^3	−17.49	−9.95	5.90	1 381.40	6.0
10^4	−15.37	−6.25	5.00	1 194.217	5.0
$10^{5.5}$	−12.19	−2.19	4.58	980.72	3.5
10^6	−10.36	−1.18	4.35	910.86	2.6
10^7	−8.71	0.47	4.24	815.89	1.4
10^8	−9.19	1.57	5.34	762.50	1.0
10^9	−8.75	1.92	5.20	720.80	1.0
10^{10}	−8.47	2.27	5.29	683.80	1.5
10^{11}	−7.46	3.21	5.52	632.90	2.0
10^{12}	−7.32	3.49	5.37	603.40	2.5
10^{13}	−6.29	5.24	5.24	651.50	3.0

例如,某玻璃成分为 SiO_2 74%, Na_2O 14%, CaO 7%, MgO 4%, Al_2O_3 1%,求粘度为 $10^3 Pa·s$ 时的温度。

查表 1-1 得知 $\eta = 10^3 Pa·s$ 时的温度为

$$T_{\eta=10^3} = -17.49 \times 14 - 9.95 \times (7+4) + 5.9 \times 1 + 1\,381.4 = 1\,033(℃)$$

校正:MgO 实际含量为 4%,(4–3)% = 1%,由表可知,粘度为 $10^3 Pa·s$ 时,以 1% 的 MgO 置换 1% 的 CaO,温度将提高 6℃,因此

$$T_{\eta=10^3} = 1\,033 + 6 = 1\,039(℃)$$

(2)富尔切尔法

玻璃的温度也可用富尔切尔方程求算,即

$$T = T_0 + \frac{B}{\tan\eta + A} \qquad (1\text{-}11)$$

式中,A, B, T_0 可从下式中求出

$A = -1.478\,8Na_2O + 0.835\,0K_2O + 1.603\,0CaO + 5.493\,6MgO - 1.518\,3Al_2O_3 + 1.455\,0$

$$B = -6\ 039.7Na_2O - 1\ 439.6K_2O - 3\ 919.3CaO + 6\ 285.3MgO + 2\ 253.4Al_2O_3 + 5\ 736.4$$

$$T_0 = -25.07Na_2O - 321.0K_2O + 544.3CaO + 384.0MgO + 294.4Al_2O_3 + 198.1$$

式中，Na_2O，$K_2O\cdots$表示各组分的相对含量，即 SiO_2 的量为 1 摩尔数时，各组分的量与 SiO_2 之比（R_mO_n/SiO_2），各项数字系数从实验结果计算得出。实验温度范围为 $500 \sim 1\ 400℃$。该实验所算出的温度，其标准偏差为 $2.3 \sim 2.5℃$。

该方法的适用范围：$SiO_2 = 1mol$；$Na_2O = 0.15 \sim 0.2mol$，$CaO = 0.12 \sim 0.20mol$，$MgO = 0 \sim 0.051mol$，$Al_2O_3 = 0.0015 \sim 0.073mol$，$\eta = 10 \sim 10^{12}Pa \cdot s$。

1.3.2 玻璃的表面张力和密度

1. 玻璃的表面张力

玻璃表面张力系指玻璃与另一相接触的相分界面上（一般指空气），在恒温、恒容下增加一个单位表面时所做的功，单位为 N/m 或 J/m^2。硅酸盐玻璃的表面张力为 $(220 \sim 380) \times 10^{-3}N/m$。玻璃的表面张力在玻璃的澄清、均化、成型、玻璃液与耐火材料相互作用等过程中起着重要的作用。

各种氧化物对玻璃的表面张力有不同的影响，如 Al_2O_3，La_2O_3，CaO，MgO 能提高表面张力。K_2O，PbO，B_2O_3，Sb_2O_3 等如加入量较大，则能大大降低表面张力。同时，Cr_2O_3，V_2O_5，Mo_2O_3，WO_3 等，当用量不多时也能降低表面张力。

组成氧化物对玻璃熔体与空气界面上表面张力的影响可分为三类。表 1-2 为组成氧化物对玻璃表面张力的影响。

表 1-2 组成氧化物对玻璃表面张力的影响

类　别	组　分	组分的平均特性常数 $\bar{\sigma}_L$（当温度为 $1\ 300℃$ 时）	备　注
I 非表面活性组成	SiO_2	290	La_2O_3，Pr_2O_5，Nd_2O_3，GeO_2 也属于上述组成
	TiO_2	250	
	ZrO_3	(350)	
	SnO_2	(350)	
	Al_2O_3	380	
	BeO	390	
	MgO	520	
	CaO	510	
	SrO	490	
	BaO	470	
	ZnO	450	
	CdO	430	
	MnO	390	
	FeO	490	
	CoO	430	
	NiO	400	
	Li_2O	450	
	Na_2O	290	
	CaF_2	(420)	

类　　别	组　　分	组分的平均特性常数 $\bar{\sigma}_L$（当温度为 1 300℃时）	备　　注
Ⅱ 中间性质的组分	K_2O Rb_2O, Cs_2O PbO B_2O_3 Sb_2O_3 P_2O_5	可变的,数值小可能为负值	Na_3AlF_6, Na_2SiF_6 也能显著地降低表面张力
Ⅲ 难熔表面活性强组分	As_2O_3 V_2O_5 WO_3 MoO_3 $CrO_3(Cr_2O_3)$ SO_3	可变的,并且是负值	这种组分能使玻璃的 σ 降低 20%～30%,或更多

第 Ⅰ 类组成氧化物对表面张力的影响关系符合加和性法则,一般可用下式计算

$$\sigma = \Sigma\sigma_i\alpha_i \tag{1-12}$$

式中　σ——玻璃的表面张力;

σ_i——各种氧化物的表面张力计算系数(见表);

α_i——玻璃中各种氧化物的质量分数(%)。

第 Ⅱ、Ⅲ 类氧化物对熔体的表面张力的关系是组成的复合函数,不符合加合性法则,由于这些组成的吸附作用,表面层的组成与熔体内的组成是不同的。

氧化物如 Na_2SiF_6, Na_3AlF_6,硫酸盐如芒硝,氯化物如 NaCl 等都能显著地降低玻璃的表面张力,因此,这些化合物的加入,均有助于玻璃的澄清与均化。

表面张力随温度的升高而降低,两者几乎成直线关系。可以认为,当温度提高 100℃时,表面张力减小 1%,然而在表面活性组分及一些游离的氧化物存在的情况下,表面张力能随温度升高而微微增加。

2. 玻璃的密度

玻璃的密度主要与玻璃的化学组成、温度和热历史有关。在各种玻璃制品中,石英玻璃的密度最小,为 2 000kg/m³,普通钠钙硅玻璃为 2 500～2 600kg/m³。

玻璃的密度可通过下式进行计算

$$V = \frac{1}{D} = \Sigma V_m f_m \tag{1-13}$$

式中　D——密度;

V_m——各组分玻璃比体积的计算系数(见表 1-3);

f_m——玻璃各氧化物的质量分数(%)。

表 1-3　玻璃的比容 V_m 计算系数值

氧化物	$S_m \times 10^2$	$N_{Si} = 0.270$ ~ 0.345	$N_{Si} = 0.345$ ~ 0.400	$N_{Si} = 0.400$ ~ 0.435	$N_{Si} = 0.435$ ~ 0.500
SiO_2	3.330 0	0.406 3	0.428 1	0.440 9	0.454 2
Li_2O	3.347 0	0.452 0	0.402 0	0.350 0	0.262 0
Na_2O	1.613 1	0.373 0	0.349 0	0.324 0	0.281 0
K_2O	1.061 7	0.390 0	0.374 0	0.357 0	0.329 0
Rb_2O	0.534 9	0.266 0	0.258 0	0.250 0	0.236 0
MgO	2.480 0	0.397 0	0.360 0	0.322 0	0.256 0
CaO	1.785 2	0.285 0	0.259 0	0.231 0	0.184 0
BaO	0.652 1	0.142 0	0.132 0	0.122 0	0.104 0
ZnO	1.228 8	0.205 0	0.187 0	0.168 0	0.135 0
CdO	0.778 8	0.138 0	0.126 0	0.114 0	0.093 5
PbO	0.448 0	0.106 0	0.095 5	0.092 6	0.080 7
$B_2O_3[BO_4]$	4.307 9	0.590 0	0.526 0	0.460 0	0.345 0
$B_2O_3[BO_3]$	4.307 9	0.791 0	0.727 0	0.661 0	0.546 0
Al_2O_3	2.942 9	0.462 0	0.418 0	0.373 0	0.294 0
Fe_2O_3	1.878 5	0.282 0	0.255 0	0.225 0	0.176 0
Bi_2O_3	0.463 8	0.106 0	0.098 5	0.085 8	0.068 7
TiO_2	2.503 2	0.311 0	0.282 0	0.243 0	0.176 0
MoO_2	2.084 0	0.370 0	—	—	0.250 0

表中, $N_{Si} = Si$ 的离子数 $/O$ 的离子数, 对于相同的氧化物 N_{Si} 不同, 则其系数不同。例如 SiO_2 玻璃 $N_{Si} = 0.5$, 增加了其它氧化物, 则 $N_{Si} < 0.5$, N_{Si} 的计算方法如下

$$N_{Si} = \frac{P_{Si}}{M_{Si} \Sigma S_m f_m} = \frac{P_{Si}}{60.06 \Sigma S_m f_m} \qquad (1-14)$$

式中　　P_{Si}——玻璃中 SiO_2 的质量分数(%);

　　　　f_m——玻璃中氧化物的质量分数(%);

　　　　S_m——常数;

　　　　M_{Si}——SiO_2 的摩尔质量。

玻璃的密度随温度升高而下降。一般工业玻璃, 当温度由 20℃ 升高到 1 300℃ 时, 密度下降约为 6% ~ 12%, 在弹性形变范围内, 密度的下降与玻璃的热膨胀系数有关。

玻璃的热历史是指玻璃从高温冷却, 通过 $T_f \sim T_g$ 区域时的经历, 包括在该区域停留时间和冷却速度等具体情况在内。热历史影响到固体玻璃结构以及与结构有关的许多性质。其对玻璃密度影响为:

(1)玻璃从高温状态冷却时, 淬冷玻璃密度比退火玻璃的小。

(2)在一定退火温度下保温一定时间后, 玻璃密度趋向平衡。

(3)冷却速度越快, 偏离平衡密度越高, 其 T_g 值也越高。 所以, 在生产上退火质量好坏可在密度上明显地反映出来。

在玻璃生产中常出现事故, 如配方计算错误、配合料称量差错、原料化学组成波动等, 这些均可引起玻璃密度的变化。因此, 玻璃工厂常将测定密度作为控制玻璃生产的手段。

1.3.3 玻璃的力学性能

1. 玻璃的理论强度和实际强度

一般用抗压强度、抗折强度、抗张强度和抗冲击强度等指标表示玻璃的机械强度。玻璃以其抗压强度高,硬度高而得到广泛应用,也因其抗张强度与抗折强度不高,而且脆性大而使其应用受到一定的限制。

玻璃的理论强度按照 Orowan 假设计算为 11.76GPa,表面无严重缺陷的玻璃纤维,其平均强度可达 686MPa。玻璃的抗张强度一般在 34.3~83.3MPa 之间,而抗压强度一般在 4.9~1.96GPa 之间。但实际玻璃的抗折强度只有 6.86MPa,比理论强度小 2~3 个数量级。这是由于实际玻璃的脆性和玻璃中存在有微裂纹及不均匀区所致。

目前常采用的提高玻璃机械强度的方法主要有退火、钢化、表面处理与涂层、微晶化与其它材料制成复合材料等。这些方法能使玻璃的强度增加几倍甚至几十倍。

影响玻璃机械强度的主要因素有:

(1)化学组成

不同组成的玻璃结构间的键强也不同,从而影响玻璃的机械强度。石英玻璃的强度最高,含有 R^{2+} 离子的玻璃强度次之,强度最低的是含有大量 R^+ 离子的玻璃。

各种氧化物对玻璃抗张强度提高的作用顺序是

$$CaO>B_2O_3>BaO>Al_2O_3>PbO>K_2O>Na_2O>(MgO,Fe_2O_3)$$

各组成氧化物对玻璃抗压强度提高作用的顺序是

$$Al_2O_3>(SiO_2,MgO,ZnO)>B_2O_3>Fe_2O_3>(B_2O_3,CaO,PbO)$$

(2)玻璃中的缺陷

宏观缺陷如固态夹杂物、气态夹杂物、化学不均匀等,由于其化学组成与主体玻璃不一致而造成内应力。同时,一些微观缺陷如点缺陷、局部析晶等在宏观缺陷地方集中,而导致玻璃产生微裂纹,严重影响玻璃的强度。

(3)温度

在不同的温度下玻璃的强度不同,根据对 -20~500℃ 范围内的测试结果可知,强度最低值位于 200℃ 左右。

一般认为,随着温度的升高,热起伏现象增加,使缺陷处积聚了更多的应变能,增加了破裂的几率。当温度高于 200℃ 时,由于裂口的钝化,缓和了应力集中,从而使玻璃强度增大。

(4)玻璃中的应力

玻璃中的残余应力,特别是分布不均匀的残余应力,使强度大为降低。然而,玻璃进行钢化后,表面存在压应力,内部存在张应力,而且是有规则的均匀分布,所以玻璃强度得以提高。

玻璃的抗张强度 σ_F 和抗压强度 σ_c 可按加和性法则计算,即

$$\sigma_F = P_1F_1 + P_2F_2 + \cdots + P_nF_n \tag{1-15}$$

$$\sigma_C = P_1C_1 + P_2C_2 + \cdots + P_NC_N \tag{1-16}$$

式中　　$P_1,P_2,\cdots P_n$——玻璃中各组成氧化物的质量分数(%);

　　　　$F_1,F_2,\cdots F_n$——各组成氧化物抗张强度计算系数(见表1-4);

　　　　$C_1,C_2,\cdots C_n$——各组成氧化物的抗压强度计算系数。

表 1-4　抗张强度与抗压强度的计算系数

计算系数	氧　化　物					
	NaO	K_2O	MgO	CaO	BaO	ZnO
抗张强度系数 F	0.02	0.01	0.01	0.20	0.05	0.15
抗压强度系数 C	0.52	0.05	1.10	0.20	0.65	0.60
计算系数	氧　化　物					
	PbO	Al_2O_3	As_2O_3	B_2O_3	P_2O_5	SiO_2
抗张强度系数 F	0.025	0.05	0.03	0.065	0.075	0.09
抗压强度系数 C	0.480	1.00	–	0.900	0.760	1.23

2. 玻璃的硬度和脆性

（1）玻璃的硬度

硬度是表示物体抵抗其他物体侵入的能力。玻璃的硬度决定于化学成分,网络生成体离子使玻璃具有高硬度,而网络外体离子则使玻璃硬度降低。各种组分对玻璃硬度提高的作用大致为

$$SiO_2 > B_2O_3 > (MgO,ZnO,BaO) > Al_2O_3 > Fe_2O_3 > K_2O > Na_2O > PbO$$

玻璃的莫氏硬度为 5～7。

（2）玻璃的脆性

玻璃的脆性是指当负荷超过玻璃的极限强度时立即破裂的特性。玻璃的脆性通常用它被破坏时所受到的冲击强度来表示。冲击强度的测定值与试样厚度及样品的热历史有关,淬火玻璃的强度较退火玻璃大 5～7 倍。

1.3.4　玻璃的热学性能

玻璃的一个最重要的热学性质就是热膨胀系数。它对玻璃的成型、退火、钢化、玻璃与玻璃、玻璃与金属、玻璃与陶瓷的封接,以及玻璃的热稳定性等性质都有重要的意义。

取一玻璃试样,从温度 t_1 加热到 t_2,若试样长度从 L_1 变为 L_2,则玻璃的线膨胀系数 α 可用下式表示

$$\alpha = \frac{\dfrac{L_2 - L_1}{t_2 - t_1}}{L_1} = \frac{\Delta L / \Delta t}{L_1} \tag{1-17a}$$

上式所得 α 为温度 t_1 至 t_2 范围内的平均线膨胀系数。如果把 L 对 t 作图,并在 $L-t$ 曲线上任取一点 A,则曲线在这一点处的斜率 dL/dt 表示温度为 t_A 时玻璃的真实线膨胀系数。

若试样为一立方体,当温度从 t_1 升高至 t_2 时,玻璃试样体积从 V_1 变为 V_2,则玻璃的体膨胀系数 β 可用下式表示

$$\beta = \frac{\dfrac{V_2 - V_1}{t_2 - t_1}}{V_1} = \frac{\Delta v / \Delta t}{V_1} \tag{1-17b}$$

由于 $V = L^3$,$L_2 = L_1(1 + \alpha \Delta t)$,则

$$\beta = \frac{L_1^3 (1 + \alpha \Delta t)^3 - L_1^3}{L_1^3 \Delta t} = \frac{(1 + \alpha \Delta t)^3 - 1}{\Delta t} \approx 3\alpha$$

可见,由线膨胀系数 α 可粗略计算体膨胀系数 β,测定 α 比 β 简单,因此,在讨论玻璃的热膨胀系数时,通常都采用线膨胀系数。

玻璃的热膨胀系数也可以采用玻璃组成氧化物的热膨胀系数加和法计算,即

$$\alpha = \alpha_1 P_2 + \alpha_1 P_2 + \cdots \alpha_n P_n \tag{1-18}$$

式中　α—— 玻璃的热膨胀系数;

　　　$\alpha_1, \alpha_2 \cdots \alpha_n$—— 玻璃中各氧化物的热膨胀计算系数(见表1-5);

　　　P_1, P_2, P_n—— 玻璃中各氧化物质量分数(%)。

表 1-5　干福熹玻璃组成氧化物热膨胀计算系数

氧　化　物	$\alpha \times 10^7/^\circ\text{C}^{-1}$	氧　化　物	$\alpha \times 10^7/^\circ\text{C}^{-1}$
Li_2O	260 (260)	PbO	130~190
N_2O	400 (420)	B_2O_3	−50~150
K_2O	480 (510)	Al_2O_3	−40
Rb_2O	510 (530)	Ga_2O_3	2
BeO	45	Y_2O_3	−20
MgO	60	In_2O_3	−15
CaO	130	La_2O_3	60

影响玻璃膨胀系数的因素主要有化学组成、温度和热历史。

玻璃组成对热膨胀系数的影响主要有以下几个方面:

1. 能形成网络的氧化物使 α 降低,能引起断网氧化物使 α 上升。

2. R_2O 和 RO 主要起断网作用,积聚作用是次要的,而高电荷离子主要起积聚作用。

3. 在玻璃中 R_2O 总量不变情况下,引入两种不同的 R^+ 离子产生混合碱效应,同样能使 α 下降,出现极小值。

4. 中间体氧化在有足够"游离氧"条件下,形成四面体参加网络, α 降低。

温度和热历史对玻璃的热膨胀系数也有较大的影响。玻璃的平均热膨胀系数与真实热膨胀系数是不同的。从0℃ 直到退火下限, α 大体上是直线变化,即 $\alpha - t$ 曲线实际上是由若干线段所组成的折线,每一线段仅适用于一个狭窄的温度范围,而 α 随温度的升高而增大。

在不同的热历史条件下,玻璃的 $\alpha - t$ 曲线产生不同的变化。若要精确地考察热膨胀系数 α,就必须具体地考虑玻璃的热历史。

除了热膨胀系数之外,玻璃还有其它一些热学性质。

玻璃的比热容随温度的升高而增加,导热系数亦随温度的升高而增大。

玻璃的热稳定性是玻璃经受剧烈的温度变化而不破坏的性能。热稳定性的大小用试样在保持不破坏条件下所能经受的最大温度差来表示。在热冲击条件下玻璃产生破裂的原因主要是由于温差的存在,至使沿玻璃的厚度,从表面到内部,不同处有着不同的膨胀量,由此产生内部不平衡应力使玻璃破裂。由此可见,提高玻璃热稳定性的途径,主要是降低玻璃的热膨胀系数。

1.3.5　玻璃的化学稳定性

玻璃抵抗气体、水、酸、碱、盐和各种化学试剂侵蚀的能力称为化学稳定性,可分为耐水性、耐酸性、耐碱性等。玻璃的化学稳定性对玻璃的贮存、使用及加工都有着重要的意义。

1. 玻璃表面的侵蚀机理

(1)水对玻璃的侵蚀

水对硅酸盐玻璃的侵蚀开始于水中的 H^+ 和玻璃中的 Na^+ 的离子交换,而后进行水化、中和反应

$$—Si—Na^+ + H^+OH^- \xrightleftharpoons{\text{交换}} —Si—OH + NaOH \tag{1-19}$$

$$—Si—OH + \frac{3}{2}H_2O \xrightleftharpoons{\text{水化}} HO—\overset{\displaystyle OH}{\underset{\displaystyle OH}{Si}}—OH \tag{1-20}$$

$$Si(OH)_4 + NaOH \xrightleftharpoons{\text{中和}} [Si(OH)_3O]\ Na^+ + H_2O \tag{1-21}$$

反应(1-21)的产物硅酸钠的电离度要低于 NaOH 的电离度,因此这一反应使溶液中的 Na^+ 离子浓度降低而促进了反应(1-20)的进行。以上三个反应互为因果,循环进行,而总的速度决定于反应(1-19)。

另外,H_2O 分子也能与硅氧骨架直接反应

$$—Si—O—Si— + H_2O \xrightleftharpoons{\text{水化}} 2(\ —Si—OH\ ) \tag{1-22}$$

随着这一水化反应的继续,Si 原子周围原有的四个桥氧全部成为 OH。反应产物 Si(OH$_4$)是极性分子,它将周围的水分子极化,并定向地吸附在自己的周围,成为 $Si(OH)_4$ $\cdot nH_2O$(或 $SiO_2 \cdot xH_2O$)硅酸凝胶,形成一层薄膜,它具有较强的抗水和抗酸性能,被称为保护膜层。

(2)酸对玻璃侵蚀

玻璃具有很强的耐酸性。除氢氟酸外,一般的酸都是通过水的作用侵蚀玻璃。酸的浓度大,意味着水的含量低,因此浓酸对玻璃的侵蚀作用低于稀酸。

水对硅酸盐玻璃侵蚀的产物之一是金属氢氧化物,这一产物要受到酸的中和。中和作用起着两种相反的效果,一是使玻璃和水溶液之间的离子交换反应加速进行,从而增加玻璃的失重,二是降低溶液的 pH 值,使 $Si(OH)_4$ 的溶解度减小,从而减小玻璃的失重。当玻璃中 R_2O 的含量较高时,前一种效果是主要的;反之,当 SiO_2 的含量较高时,后一种效果是主要的。也就是说,高碱玻璃的耐酸性小于耐水性,而高硅玻璃耐酸性大于耐水性。

(3)碱对玻璃的侵蚀

硅酸盐玻璃一般不耐碱,碱对玻璃的侵蚀是通过 OH^- 离子破坏硅氧骨架(即 $—Si—O—Si—$ 键)而产生 $—Si—O^-$ 群,使 SiO_2 溶解在溶液中。所以在玻璃侵蚀过程

中,不形成硅凝胶薄膜,而使玻璃表面层全部脱落,玻璃的侵蚀程度与侵蚀时间成直线关系。

（4）大气对玻璃的侵蚀

大气对玻璃的侵蚀实质上是水汽、CO_2、SO_2 等对玻璃表面侵蚀的总和。玻璃受潮湿大气的侵蚀过程,首先开始于玻璃表面的某些离子吸附了大气中的水分子,这些水分子以 OH^- 离子基团的形式覆盖在玻璃表面上,形成一薄层。如果玻璃化学组成中 K_2O、Na_2O 和 CaO 的含量少,这种薄层形成后就不再发展;如果玻璃化学组成中含碱性氧化物较多,则被吸附的水膜会变成碱金属氢氧化物的溶液。释出的碱在玻璃表面不断积累,浓度越来越高,pH 值迅速上升,最后类似于碱对玻璃的侵蚀而使侵蚀加剧。

所以,水汽对玻璃侵蚀,首先是以离子交换为主的释碱过程,后来逐渐地过渡到以破坏网络为主的溶蚀过程。

2. 影响玻璃化学稳定性的主要因素

（1）化学组成的影响

a. SiO_2 含量越多,即 [SiO_4] 四面体互相连接紧密,玻璃的化学稳定性越高。碱金属氧化物含量越高,网络结构越容易被破坏,玻璃的化学稳定性就越低。

b. 离子半径小,电场强度大的离子如 Li_2O 取代 Na_2O,可加强网络,提高化学稳定性,但引入量过多时,由于"积聚"而促进玻璃分相,反而降低了玻璃的化学稳定性。

c. 在玻璃中同时存在两种碱金属氧化物时,由于"混合碱效应",化学稳定性出现极大值。

d. 以 B_2O_3 取代 SiO_2 时,由于"硼氧反常现象"在 B_2O_3 引入量为 16% 以上时,化学稳定性出现极大值。

e. 少量 Al_2O_3 引入玻璃组成,[AlO_4] 修补 [SiO_4] 网络,从而提高玻璃的化学稳定性。

一般认为,凡能增强玻璃网络结构或侵蚀时生成物是难溶解的,能在玻璃表面形成一层保护膜的组分,都可以提高玻璃的化学稳定性。

（2）热处理

a. 当玻璃在酸性炉气中退火时,玻璃中的部分碱金属氧化物移到表面上,被炉气中酸性气体（主要是 SO_2）所中和而形成"白霜"（主要成分为硫酸钠）,通常称为硫酸化。因白霜易被除去而降低玻璃表面碱性氧化物含量,从而提高了化学稳定性。相反,在非酸性炉气中退火,将引起碱在玻璃表面上的富集,从而降低了玻璃的化学稳定性。

b. 玻璃钢化过程中产生两方面作用,一是表面产生压应力,微裂纹减少,提高化学稳定性;二是碱在表面的富集降低化学稳定性。但总体来说是提高了化学稳定性。

（3）温度

玻璃的化学稳定性随温度的升高而剧烈变化。在 100℃ 以下,温度每升高 10℃,侵蚀介质对玻璃侵蚀速度增加 50% ~150%,100℃ 以上时,侵蚀作用始终是剧烈的。

（4）压力

当压力提高到 2.94 ~9.80MPa 以上时,甚至较稳定的玻璃也可在短时间内剧烈地破坏,同时大量的 SiO_2 转入溶液中。

1.3.6 玻璃的光学性质

玻璃光学性能涉及范围很广,而且这些性能可以通过调整成分、着色、光照、热处理、光化学反应以及涂膜等物理化学方法对其进行控制和改变。

1. 玻璃的折射率

玻璃的折射率可以理解为电磁波在玻璃中传播速度的降低(以真空中的光速为基准),一般用 n 来表示

$$n = c/v \tag{1-23}$$

式中,c,v 分别为光在真空和玻璃中的传播速度。

一般玻璃的折射率为 1.50~1.75,平板玻璃的折射率为 1.52~1.53。

影响玻璃的折射率的主要因素有:

(1)玻璃内部离子的极化率越大,玻璃的密度越大,则玻璃折射率越大,反之亦然。

(2)氧化物分子折射度 R_i($R_i = \dfrac{n_i^2 - 1}{n_i^2 + 2} v_i$)越大,折射率越大;氧化物分子体积 v_i 越大,折射率越小。当原子价相同时,阳离子半径小的氧化物和阳离子半径大的氧化物都具有较大的折射率,而离子半径居中的氧化物(如:Na_2O,MgO,Al_2O_3 等)在同族氧化物中有较低的折射率。这是因为离子半径小的氧化物对降低分子体积起主要作用,离子半径大的氧化物对提高极化率起主要作用。

Si^{4+},B^{3+},P^{5+} 等网络生成体离子,由于本身半径小,电价高,它们不易受外加电场的极化。不仅如此,它们还紧紧束缚(极化)它周围 O^{2-} 离子(特别是桥氧)的电子云,使它不易受电场(如电磁波)的作用而极化。因此,网络生成体离子对玻璃折射率起降低作用。

玻璃折射率符合加合性法则,可用下式计算

$$n = n_1 P_1 + n_2 P_2 + \cdots + n_n P_n \tag{1-24}$$

式中　P_1,$P_2 \cdots P_n$ —— 玻璃中各氧化物的质量分数(%);

　　　n_1,$n_2 \cdots n_n$ —— 玻璃中各种氧化物的折射率计算系数(见表1-6)。

表1-6　玻璃各组成氧化物折射率计算系数

Li_2O	Na_2O	K_2O	MgO	CaO	ZnO	BaO	B_2O_3	Al_2O_3	SiO_2
1.695	1.590	1.575	1.625	1.730	1.705	1.870	1.460 ~ 1.720	1.520	1.475

(3)温度

当温度升高时,玻璃的折射率将受到两个作用相反的因素的影响,一方面温度升高,由于玻璃受热膨胀,使密度减小,折射率下降;另一方面,电子振动的本征频率(或产生跃迁的禁带宽度)随温度上升而减小,使紫外吸收极限向长波方向移动,折射率上升。因此,多数光学玻璃在室温以上,其折射率温度系数为正值,在 −100℃ 左右出现极小值,在更低的温度时出现负值。总之,玻璃的折射率随温度的升高而增大。

(4)热历史

a. 玻璃在退火温度范围内,其趋向平衡折射率的速率与所处的温度有关。

b. 当玻璃在退火温度范围内,保持一定温度与时间并达到平衡折射率后,不同的冷

却速度得到不同的折射率。冷却速度越快,折射率越低;冷却速度越慢,折射率越高。

c. 当两块化学组成相同的玻璃,在不同退火温度范围时,保持一定温度与时间并达到平衡折射率后,以相同的冷却速度冷却时,则保温时的温度越高,其折射率越小;若保温时的温度越低,其折射率越高。

可见,退火不仅可以消除应力,而且还可以消除光学不均匀。因此,光学玻璃的退火控制非常重要。

2. 玻璃的光学常数

玻璃的折射率、平均色散、部分色散和色散系数(阿贝数)等均为玻璃的光学常数。

(1)折射率

玻璃的折射率以及有关的各种性质,都与入射光的波长有关。因此为了定量地表示玻璃的光学性质,首先要建立标准波长。国际上统一规定下列波长为共同标准。

钠光谱中的 D 线:波长 589.3nm(黄色);

氦光谱中的 d 线:波长 587.6nm(黄色);

氢光谱中的 F 线:波长 486.1nm(浅蓝);

氢光谱中的 C 线:波长 656.3nm(红色);

汞光谱中的 g 线:波长 435.8nm(浅蓝);

氢光谱中的 G 线:波长 434.1nm(浅蓝)。

上述波长测得的折射率分别用 n_D,n_d,n_F,n_C,n_g,n_G 表示。

在比较不同玻璃折射率时,一律以 n_D 为准。

(2)色散

玻璃的折射率随入射光波长不同而不同的现象,叫做色散。玻璃的色散有以下几种表示方法。

a. 平均色散(中部色散),即 $\Delta = n_F - n_C$;

b. 部分色散,常用的是 $n_d - n_D$,$n_D - n_C$,$n_g - n_G$,和 $n_F - n_C$ 等;

c. 阿贝数,也叫色散系数或色散倒数,用符号 γ 表示,即 $\gamma = (n_D - 1)/(n_F - n_C)$;

d. 相对部分色散,如 $(n_D - n_C)/(n_F - n_C)$ 等。

光学常数最基本的是 n_D 和 $n_F - n_C$,由此可算出阿贝数。阿贝数是光学系统设计中消色差经常使用的参数,也是光学玻璃的重要性质的体现。

3. 玻璃的着色

玻璃的着色在理论上和实践上都有重要的意义,它不仅关系到各种颜色玻璃的生产,也是一种研究玻璃结构的手段。

根据原子结构的观点,物质所以能吸收光,是由于原子中电子(主要是价电子)受到光能的激发,从能量较低(E_1)的"轨道"跃迁到能量较高(E_2)的"轨道",亦即从基态跃迁到激发态所致。因此,只要基态和激发态之间的能量差($E_2 - E_1$)处于可见光的能量范围时,相应波长的光就被吸收,从而呈现颜色。

根据着色机理的特点,颜色玻璃大致可以分为离子着色、硫硒化物着色和金属胶体着色三大类。

(1)几种常见的离子着色

a. 钛的着色

钛的稳定氧化态是 Ti^{4+},钛可能以 Ti^{4+},Ti^{3+} 两种状态存在于玻璃中,Ti^{4+} 是无色的,但由于它强烈地吸收紫外线而使玻璃产生棕黄色。少量的钛、铁或钛、锰共同作用都能产生深棕色,含钛、铜的玻璃呈现绿色。

b. 钒的着色

钒可能以 V^{3+},V^{4+} 和 V^{5+} 三种状态存在于玻璃中。钒在钠钙硅玻璃中产生绿色,一般认为主要是由 V^{3+} 产生的,V^{5+} 不着色。在强氧化条件下,钒易形成无色的钒酸盐。钒在钠硼酸盐玻璃中,根据钠含量和熔制条件不同,可以产生蓝色、青绿色、绿色、棕色或无色。

含 V^{3+} 的玻璃经光照还原作用会转变为紫色,被认为是 V^{3+} 还原成 V^{2+} 所致。

c. 铬的着色

铬在玻璃中可能以 Cr^{3+} 和 Cr^{6+} 两种状态存在,经常以 Cr^{3+} 出现,Cr^{3+} 产生绿色,Cr^{6+} 产生黄绿色。铬在硅酸盐玻璃中溶解度小,可利用这一特性制造铬金星玻璃。

d. 锰的着色

锰一般以 Mn^{2+} 和 Mn^{3+} 状态存在于玻璃中,在氧化条件下多以 Mn^{3+} 存在,使坡璃产生深紫色。在铝酸盐玻璃中,锰产生棕红色。

e. 铁的着色

在钠钙玻璃中铁以 Fe^{2+} 和 Fe^{3+} 状态存在,玻璃的颜色主要决定于两者之间的平衡状态,着色强度则决定于铁的含量。Fe^{3+} 着色很弱,Fe^{2+} 使玻璃着成淡蓝色。

铁离子由于具有吸收紫外线和红外线的特性,常用于生产太阳眼镜和电焊片玻璃。

在磷酸盐玻璃中,在还原条件下,铁可能完全处于 Fe^{2+} 状态,它是著名的吸热玻璃。其特点是吸热性好,可见光透过率高。

f. 钴的着色

钴在玻璃中常以 Co^{2+} 状态存在,着色稳定。在硅酸盐玻璃中常以 4 配位出现,着色能力很强,只要引入 0.01% Co_2O_3,就能使玻璃产生深蓝色。钴不吸收紫外线,在磷酸盐玻璃中与氧化镍共同作用可制造黑色透短波紫外线玻璃。

g. 镍的着色

镍一般在玻璃中以 Ni^{2+} 状态存在,着色亦较稳定。Ni^{2+} 在玻璃中有 $[NiO_6]$ 和 $[NiO_4]$ 两种状态,前者着灰黄色,后者产生紫色。

h. 铜的着色

根据氧化还原条件不同,铜可能以 Cu^0,Cu^+ 和 Cu^{2+} 三种状态存在于玻璃中。Cu^{2+} 在红光部分有强烈吸收,因此常与铬一起用于制造绿色信号玻璃。

i. 铈的着色

铈在玻璃中有 Ce^{3+} 和 Ce^{4+} 两种状态。Ce^{4+} 强烈地吸收紫外线,但可见光区的透过率很高。在一定条件下,Ce^{4+} 的紫外线吸收带常常进入可见光区,使玻璃产生淡黄色。

铈和钛可使玻璃产生金黄色,在不同的基础玻璃成分下变动铈、钛比例,可以制成黄、金黄、棕、蓝等一系列颜色玻璃。

j. 钕的着色

不变价的钕(Nd^{3+})在玻璃中产生美丽的紫红色,可用于制造艺术玻璃。

（2）硫、硒及其化合物着色

a. 单质硫、硒着色

单质硫只是在含硼很高的玻璃中才是稳定的,它使玻璃产生蓝色。

单质硒可以在中性条件下存在于玻璃中,产生淡紫红色。在氧化条件下,其紫色显得更纯更美,但氧化不能过分,否则将形成 SeO_2 或无色的硒酸盐,使硒着色减弱或失色。为了防止产生无色的碱硒化物和棕色的硒化铁,必须严防还原作用。

b. 硫碳着色

"硫碳"着色玻璃,颜色棕而透红,色似琥珀。在硫碳着色玻璃中,碳仅起还原剂作用,并不参加着色。一般认为它的着色是硫化物(S^{2-})和三价铁离子(Fe^{3+})共存而产生的。有人认为琥珀基团是由于$[FeO_4]$中的一个 O^{2-} 为 S^{2-} 取代而形成,玻璃中 Fe^{2+}/Fe^{3+} 和 S^{2-}/SO_4^{2-} 的比例对玻璃的着色情况有重要作用,一般说 Fe^{3+} 和 S^{2-} 含量越高,着色越深,反之着色越淡。

c. 硫化镉和硒化镉着色

硫化镉和硒化镉着色玻璃是目前黄色和红色玻璃中颜色鲜明、光谱特性最好的一种玻璃。这种玻璃的着色物质为胶态的 $CdS,CdS \cdot CdSe,CdS \cdot CdTe,Sb_2S_3$ 和 Sb_2Se_3 等,着色主要决定于硫化镉与硒化镉的比值($CdS/CdSe$),而与胶体粒子的大小关系不大。

氧化镉玻璃是无色的,硫化镉玻璃是黄色的,硫硒化镉玻璃随 $CdS/CdSe$ 比值的减小,颜色从橙红到深红,碲化镉玻璃是黑的。

镉黄、硒红一类的玻璃,通常是在含锌的硅酸盐玻璃中加入一定量的硫化镉和硒粉熔制而成,有时还需经二次显色。

（3）金属胶体着色

玻璃可以通过微细分散状态的金属对光的选择性吸收而着色。一般认为,选择性吸收是由于胶态金属颗粒的光散射而引起。铜红、金红、银黄玻璃即属于这一类。玻璃的颜色很大程度上决定于金属粒子的大小。例如金红玻璃,金粒子粒径小于 20nm 时为弱黄,20～50nm 时为红色,50～100nm 时为紫色,100～150nm 时为黄色,大于 150nm 时发生金粒沉析。铜、银、金为贵金属,它们的氧化物都易分解为金属状态,这是金属胶体着色物质的共同特点。为了实现金属胶体着色,它们先是以离子状态溶解于玻璃溶体中,然后通过还原剂或热处理,使之还原为原子状态,并进一步使金属原子聚集,并使其长大成胶体态,从而使玻璃着色。

第二章　玻璃原料及配合料制备

凡能被用于制造玻璃的矿物原料、化工原料、碎玻璃等统称为玻璃原料。为了熔制具有某种组成的玻璃所采用的,具有一定配比的各种玻璃原料的混合物叫做配合料。原料的选择与配合料的制备是玻璃生产工艺的主要组成部分,它直接影响玻璃制品的产量、质量与成本。

2.1　玻璃原料

玻璃原料通常按其用量和作用的不同而分为主要原料及辅助原料。主要原料是指向玻璃中引入各种组成氧化物的原料,如石英砂、石灰石、纯碱等。辅助原料是指为使玻璃获得某些必要的性质和加速熔制过程的原料。这种原料用量少,但它们的作用往往是不可替代的。

以下分别简要介绍这两类原料。

2.1.1　主要原料

1. 引入 SiO_2 的原料

SiO_2 是重要的玻璃形成氧化物,它能提高玻璃的化学稳定性、力学性能、电学性能、热学性能等。但其含量过高则会提高熔化温度(SiO_2 的熔点为 1 713℃)而且可能导致析晶。

引入 SiO_2 的原料主要有硅砂和砂岩。

(1)硅砂　也称石英砂,它主要由石英颗粒所组成。质地纯净的硅砂为白色,一般硅砂因含有铁的氧化物和有机质而呈淡黄色或红褐色。

评价硅砂的质量主要有以下三个指标。

硅砂的化学组成　它的主要成分是 SiO_2,另含有少量的 Al_2O_3、Na_2O、K_2O、CaO 等无害杂质。主要的有害杂质为氧化铁,它能使玻璃着成蓝绿色而影响玻璃透明度。有些硅砂中尚含有 Cr_2O_3,它的着色能力比 Fe_2O_3 大 30～50 倍,使玻璃着成绿色;TiO_2 使玻璃着黄色,若与 Fe_2O_3 同时存在可使玻璃着成黄褐色。

硅砂的颗粒组成　它是评价硅砂质量的重要指标。它的颗粒大小和颗粒组成对原料制备、玻璃熔制、蓄热室堵塞均有直接影响。通常颗粒越细,其铝铁含量也越大。一般要求硅砂的粒径在 0.15～0.8mm。

硅砂的矿物组成　与其伴生的无害矿物有长石、高岭石、白云石、方解石等;与其伴生的有害矿物主要有赤铁矿、磁铁矿、钛铁矿等。

(2)砂岩　砂岩是由石英颗粒和粘性物质在地质高压下胶结而成的坚实致密的岩石。根据粘性物质的性质可分为粘土质砂岩、长石质砂岩和钙质砂岩。所以砂岩不仅取决于石英颗粒,而且与粘性物质的种类和含量有关。砂岩中的有害杂质是氧化钛。表2-1

为硅质原料的成分范围。

表 2-1　硅质原料的成分范围(%)

	SiO_2	Al_2O_3	Fe_2O_3	CaO	MgO	R_2O
硅砂	90～98	1～5	0.1～0.2	0.1～1	0～0.2	1～3
砂岩	95～99	0.3～0.5	0.1～0.3	0.05～0.1	0.1～0.15	0.2～1.5

2. 引入 Al_2O_3 的原料

引入 Al_2O_3 的原料主要有长石和高岭土。

(1)长石　在自然界中常见的长石有:呈淡红色的钾长石($K_2O \cdot Al_2O_3 \cdot 6SiO_2$)、呈白色的钠长石($Na_2O \cdot Al_2O_3 \cdot 6SiO_2$)和钙长石($CaO \cdot Al_2O_3 \cdot 6SiO_2$)。在矿物中它们常以不同的比例存在,所以长石的化学组成波动较大。对长石的质量要求是:Al_2O_3>16%;Fe_2O_3<0.3%;R_2O>12%。

(2)高岭土　又称粘土($Al_2O_3 \cdot 2SiO_2 \cdot 2H_2O$),由于所含 SiO_2 及 Al_2O_3 均为难熔氧化物,所以在使用前应进行细磨。对高岭土的质量要求是:Al_2O_3>25%;Fe_2O_3<0.4%。表 2-2 为长石和高岭土的成分范围。

表 2-2　长石和高岭土的成分范围(%)

	SiO_2	Al_2O_3	Fe_2O_3	CaO	MgO	R_2O
长　石	55～65	18～21	0.15～0.4	0.15～0.8	－	13～16
高岭土	40～60	30～40	0.15～0.45	0.15～0.8	0.05～0.5	0.1～1.35

3. 引入 Na_2O 的原料

(1)纯碱(Na_2CO_3)　纯碱是微细白色粉末,易溶于水,它是一种含杂质少的工业产品,主要杂质有 NaCl(不大于1%)。纯碱易潮解、结块,它的水含量通常波动在9%～10%之间,应贮存在通风干燥的库房内。对纯碱的质量要求是:Na_2CO_3>98%;NaCl<1%;Na_2SO_4<0.1%;Fe_2O_3<0.1%。

(2)芒硝(Na_2SO_4)　芒硝有无水芒硝和含水芒硝($Na_2SO_4 \cdot 10H_2O$)两类。使用芒硝不仅可以代碱,而且又是常用的澄清剂,为降低芒硝的分解温度常加入还原剂(主要为碳粉、煤粉等)。使用芒硝也有如下缺点:热耗大、对耐火材料的侵蚀大、易产生芒硝泡,当还原剂使用过多时,Fe_2O_3 还原成 FeO 而使玻璃着色成棕色。对芒硝的质量要求是:Na_2SO_4>85%;NaCl>2%;$CaSO_4$>4%;Fe_2O_3<0.3%;H_2O<5%。

4. 引入 CaO 的原料　引入 CaO 的原料主要有石灰石、方解石。它们的主要成分均为 $CaCO_3$,后者的含量比前者高。对含钙原料的质量要求是:CaO≥50%;Fe_2O_3<0.15%。

5. 引入 MgO 的原料　主要是白云石($MgCO_3 \cdot CaCO_3$),呈蓝白色、浅灰色、黑灰色。对白云石的质量要求是:MgO≥20%;CaO≤32%;Fe_2O_3<0.15%。

6. 引入 B_2O_3 的原料

(1)硼酸　硼酸是白色鳞片状固体,易溶于水,含 $B_2O_3$56.45%,H_2O43.55%。

（2）硼砂　硼砂（$Na_2B_4O_7 \cdot 10H_2O$）含 B_2O_3 6.65%，含水硼砂是坚硬的白色菱形结晶，易溶于水；无水硼砂或煅烧硼砂（$Na_2B_4O_7$）是无色玻璃状小块。含 B_2O_3 69.2%，Na_2O 30.8%。对硼砂的质量要求：B_2O_3>35%，Fe_2O_3<0.01%，SO_4^{2-}<0.02%。

7. 引入 BaO 的原料

（1）硫酸钡　硫酸钡（$BaSO_4$）为白色结晶，天然硫酸钡矿物称为重晶石。对硫酸钡的要求：$BaSO_4$>95%，SiO_2<1.5%，Fe_2O_3<0.5%。

（2）碳酸钡　碳酸钡（$BaCO_3$）是无色晶体，天然的碳酸钡称为毒重石。对碳酸钡的要求：$BaCO_3$>97%，Fe_2O_3<0.1%。

8. 引入其它成分的原料

引入 ZnO 的原料有 ZnO 粉和菱锌矿（主要成分 $ZnCO_3$）。引入 PbO 的主要原料为铅丹（Pb_3O_4）和密陀僧（又称为黄丹，PbO）。

2.1.2　辅助原料

1. 澄清剂

凡在玻璃熔制过程中能分解产生气体，或能降低玻璃粘度促使玻璃液中气泡排除的原料称为澄清剂。常用的澄清剂可分为以下三类。

（1）氧化砷和氧化锑　As_2O_3、SbO_3 均为白色粉末。它们在单独使用时将升华挥发，仅起鼓泡作用。与硝酸盐组合作用时，它在低温吸收氧气，在高温放出氧气而起澄清作用。由于 As_2O_3 的粉末和蒸气都是剧毒物质，目前已很少使用，大都改为 SbO_3。

（2）硫酸盐原料　主要是硫酸钠，它在高温时分解逸出气体而起澄清作用，玻璃厂大都采用此类澄清剂。

（3）氟化物类原料　主要有萤石（CaF_2）及氟硅酸钠（Na_2SiF_6）。萤石是天然矿物。氟硅酸钠是工业副产品。在熔制过程中，此类原料是以降低玻璃液粘度而起澄清作用的。但该种原料产生的气体（HF、SiF_4）污染环境，目前已限制使用。

2. 着色剂

根据着色机理，着色剂可分为以下三类。

（1）离子着色剂

锰化合物原料　软锰矿（MnO_2）、氧化锰（Mn_2O_3）、高锰酸钾（$KMnO_4$）。Mn_2O_3 使玻璃着成紫色，若还原成 MnO 则为无色。

钴化合物原料　绿色粉末状氧化亚钴（CoO）、深紫色的 Co_2O_3 和灰色 Co_3O_4。热分解后的 CoO 使玻璃着成天蓝色。

铬化合物原料　重铬酸钾（$K_2Cr_2O_7$）、铬酸钾（K_2CrO_4）。热分解后的 Cr_2O_3 使玻璃着成绿色。

铜化合物原料　蓝绿色晶体硫酸铜（$CuSO_4$）、黑色粉末状氧化铜（CuO）、红色结晶粉末状氧化亚铜（Cu_2O）。热分解后的 CuO 使玻璃着成湖兰色。

（2）胶体着色剂

金化合物原料　三氯化金（$AuCl_3$）熔液。为了得到稳定的红色玻璃，应在配合料中加入 SnO_2。

银化合物原料　硝酸银（$AgNO_3$）、氧化银（Ag_2O）。其中以 $AgNO_3$ 所得的颜色最为均匀,添加 SnO_2 能改善玻璃的银黄着色。

铜化合物原料 Cu_2O 及 $CuSO_4$。添加 SnO_2 能改善铜红着色。

(3)化合物着色剂

硒与硫化镉 常用原料有金属硒粉、硫化镉、硒化镉。单体硒使玻璃着成肉红色;$CdSe$ 使玻璃着成红色;CdS 使玻璃着成黄色;Se 与 CdS 的不同比例可使玻璃着成由黄到红的系列颜色。

3. 脱色剂

脱色剂主要是指减弱铁氧化物对玻璃着色的影响。根据脱色机理可把脱色剂分为化学脱色剂和物理脱色剂两类。

常用的物理脱色剂有 Se,MnO_2,NiO,Co_2O_3 等;常用的化学脱色剂有 As_2O_3,Sb_2O_3,Na_2S 及硝酸盐等。

4. 氧化剂和还原剂

在熔制玻璃时能释出氧的原料称氧化剂,能吸收氧的原料称还原剂。属于氧化剂的原料主要有硝酸盐(硝酸钠、硝酸钾、硝酸钡)、CeO_2,As_2O_3,Sb_2O_5 等。属于还原剂的原料主要有碳(煤粉、焦炭、木屑)、酒石酸钾、氧化锡等。

5. 乳浊剂

使玻璃产生乳白而不透明的原料称乳浊剂。最常用的原料有氟化物(萤石、氟硅酸钠)、磷酸盐(磷酸钙、骨灰、磷灰石)等。

6. 其它原料

玻璃工业所采用的原料主要是矿物原料与工业原料两类。随着工业的发展,新的矿物原料不断发现,工业废渣、尾矿的不断增加,严重影响了环境。为此,应根据玻璃制品的要求而选用新矿与废渣来改变现有的原料结构。

国内目前采用的有含碱矿物、矿渣、尾矿,用它们来引入部分氧化钠。这类原料主要有以下几种。

天然碱 其中含有较多的 Na_2CO_3 和 Na_2SO_4,是一种较好的天然矿物原料,它的成分为:SiO_2 5% ~6%;Na_2CO_3 67%;Na_2SO_4 17%;Fe_2O_3 0.3%。

珍珠岩 它是火山喷出岩浆中的一种酸性玻璃熔岩,其成分随各地而异,一般为灰绿、绿黑,并有珍珠状光泽。其成分主要为:SiO_2 73%;Al_2O_3 13%;R_2O 9%;Fe_2O_3 0.9% ~4%。

钽铌尾矿 其主要成分为:SiO_2 70%;Al_2O_3 17%;R_2O 8%;Fe_2O_3 0.1%,它是目前应用较多的一种代碱尾矿。

碎玻璃 它是生产玻璃时的废品,常用作回炉料。

对制品质量要求不高的低档玻璃企业也可全部采用碎玻璃生产玻璃制品。

2.2 配合料的制备

保证配合料质量,是加速玻璃熔制和提高玻璃质量,防止产生缺陷的基本措施,它对玻璃的生产有着重要的意义。

一般配合料的制备过程是:计算出玻璃配合料的料方,根据料方称取各种原料,再用混合机混合均匀即制得了玻璃配合料。

2.2.1 原料的选择与加工

1. 选择原料的原则

在引入玻璃中的每一种氧化物时都可以选用不同种原料,但在原料选择时,应根据已确定的玻璃组成,玻璃的性质要求,原料的来源,价格与供应的可靠性等全面地加以考虑。一般在选择原料时应遵循以下原则。

(1)原料的质量应符合玻璃制品的技术要求,其中包括化学成分稳定、含水量稳定、颗粒组成稳定,有害杂质(主要指 Fe_2O_3)少等。

(2)便于日常生产中调整成分。

(3)适于熔化与澄清,挥发与分解的气体无毒性。

(4)对耐火材料的侵蚀要小。

(5)原料应易加工、矿藏量大、运输方便、价格低等。

2. 原料的加工

若采用块状原料进厂都必须经过破碎、粉碎、筛分、称量、混合而制成配合料,一般的工艺流程如图 2-1。

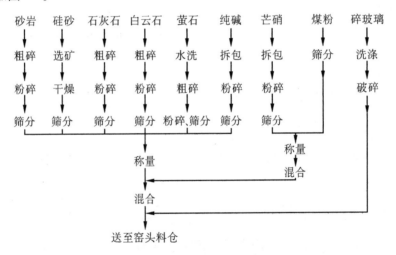

图 2-1　原料加工一般工艺流程图

实际上,各工厂的原料加工工艺流程不尽相同,在确定加工工艺时都要根据本厂的具体情况进行。

2.2.2 玻璃组成的设计与确定

玻璃的化学组成是计算玻璃配合料的主要依据。在生产中也往往通过改变玻璃的组成来调整性能和控制生产。同时,对新品种玻璃的研制或对现有玻璃性质的改进,也必须首先从设计和确定它们的组成开始。

1. 设计玻璃组成的原则

(1)根据组成、结构和性质的关系,使设计的玻璃能满足预定的性能要求。

(2)根据玻璃形成图和相图,使设计的组成能够形成玻璃析晶倾向小(微晶玻璃除外)。

(3)根据生产条件使设计的玻璃能适应熔制、成型、加工等工序的实际要求。

（4）所设计的玻璃应当价格低廉,原料易于获得。

2. 设计与确定玻璃组成的步骤

（1）列出设计玻璃的性能要求

针对不同品种的玻璃,列出主要的性能要求作为设计组成的指标,如热膨胀系数、软化点、热稳定性、机械强度等。

（2）拟定玻璃的组成

按设计原则,根据设计玻璃的性能要求,参考现有玻璃组成,采用适当的玻璃系统并结合给定的生产工艺条件,拟定出设计玻璃的最初组成（原始组成）。

（3）实验、测试、确定组成

按拟定的玻璃组成进行实验研究,根据实验测试结果,对组成进行反复调整,直至设计的玻璃达到给定的性能和工艺要求。

2.2.3 配合料的计算

配合料的计算是以玻璃的质量分数（%）组成和原料的化学成分为基础,计算出熔化100kg 玻璃所需的各种原料的用量,然后再算出每付配合料,即 500kg 或 1000kg 玻璃配合料的各种原料用量。

下面以一实例来说明玻璃配合料的计算。

某厂生产安瓿玻璃,根据其物理化学性能要求和本厂的熔制条件,确定玻璃组成如下:

$SiO_2$70.5% , $Al_2O_3$5.0% , $B_2O_3$6.2% , CaO3.8% , ZnO2.0%。计算其配合料的配方。

选用石英粉引入 SiO_2,长石引入 Al_2O_3,硼砂引入 B_2O_3,方解石引入 CaO,锌氧粉引入 ZnO,纯碱引入 R_2O（Na_2O+K_2O）。采用白砒与硝酸钠为澄清剂,萤石为助熔剂。原料的化学组成见表 2-3。

表 2-3　原料的化学组成（%）

	SiO_2	Al_2O_3	B_2O_3	Fe_2O_3	CaO	Na_2O	ZnO	As_2O_3
石英粉	99.89	0.18		0.01				
长石粉	66.09	18.04		0.20	0.83	14.80		
纯　碱						57.80		
氧化锌							99.86	
硼　砂			36.21			16.45		
硝酸钠						36.35		
方解石					55.78			
萤　石					68.40			
白　砒								90.90

设原料均为干燥状态,计算时不考虑其水分问题。

计算石英粉与长石的用量。

设熔制 100kg 玻璃需石英粉 Xkg,长石粉 Ykg,按照玻璃组成中 SiO_2 与 Al_2O_3 的含量可列出以下方程组

$$\begin{cases} 0.9989X + 0.6609Y = 70.5 \\ 0.0018X + 0.1804Y = 5 \end{cases}$$

解此方程得 $X = 52.6$, $Y = 27.2$

即熔制 100kg 玻璃,需用石英粉 52.6kg,长石粉 27.2kg。

由石英引入的 Fe_2O_3 为 $52.6 \times 0.000\ 1 = 0.005\ 3(kg)$

由长石同时引入的 R_2O,CaO 和 Fe_2O_3 的量

$$NaO:27.2 \times 0.1480 = 4.03(kg)$$
$$CaO:27.2 \times 0.0083 = 0.226(kg)$$
$$Fe_2O_3:27.2 \times 0.0024 = 0.054(kg)$$

计算硼砂量。

根据硼砂的化学成分和玻璃组成中的 B_2O_3 含量,硼砂用量为

$$\frac{6.2 \times 100}{36.21} = 17.1(kg)$$

同时引入 $Na_2O:17.1 \times 0.1645 = 2.82(kg)$

计算纯碱用量。

扣除由长石和硼砂引入的 Na_2O 后,尚需引入 $Na_2O:12.5 - 4.03 - 2.82 = 5.65(kg)$

故纯碱的用量为 $\frac{5.65 \times 100}{57.8} = 9.78(kg)$

计算方解石的用量。

扣除由长石引入的 CaO 后,尚需引入 CaO 量为 $3.8 - 0.226 = 3.574(kg)$

故方解石用量 $\frac{3.574 \times 100}{55.78} = 6.41(kg)$

计算氧化锌用量。

氧化锌用量 $\frac{2.0 \times 100}{99.80} = 2.01(kg)$,由以上计算得熔制 100kg 玻璃各原料用量为:

石英粉	52.6kg	纯　碱	9.78kg
长石粉	27.2kg	方解石	6.41kg
硼　砂	17.1kg	氧化锌	2.01kg
总　计	115.10kg		

计算辅助原料及挥发损失的补充。

考虑用白砒作澄清剂为配合料的 0.2% ,则白砒用量 $115 \times 0.002 = 0.23(kg)$

因白砒应与硝酸钠共用,设硝酸钠的用量为白砒的 6 倍,则硝酸钠的用量为 $0.23 \times 6 = 1.38(kg)$。

由硝酸钠引入的 Na_2O 为 $1.38 \times 0.3635 = 0.502(kg)$,相应地应减去纯碱用量为 $\frac{0.502 \times 100}{57.8} = 0.87(kg)$,所以纯碱用量为 $9.78 - 0.87 = 8.91(kg)$。

用萤石为助熔剂。以引入配合料的 0.5 氟计,则萤石大致为配合料的 1.03% ,故萤石用量为 $115.10 \times 0.0103 = 1.18(kg)$。

由萤石引入的 CaO 为 $1.18 \times 0.684 = 0.8(kg)$,相应地应减去方解石的用量为 $\frac{0.80 \times 100}{55.78} = 1.45(kg)$,故方解石实际用量为 $6.41 - 1.45 = 4.96(kg)$。

考虑 Na_2O,B_2O_3 的挥发损失,根据一般情况,B_2O_3 的挥发损失为本身质量的 12% ,

Na_2O 的挥发损失为本身质量的 3.2%，应补足 B_2O_3 为 $6.2×0.12=0.74(kg)$，Na_2O 为 $12.5×0.032=0.4(kg)$，故还需加入硼砂 $\dfrac{0.74×100}{36.21}=2.04(kg)$。2.04kg 的硼砂引入 Na_2O 量为 $2.04×0.1645=0.34(kg)$，故纯碱的补足量为 $\dfrac{(0.4-0.34)×100}{57.8}=0.1(kg)$。即纯碱实际用量为 $8.91+0.1=9.01(kg)$，硼砂的实际用量为 $1.17+2.04=19.14(kg)$。

熔制 100kg 玻璃实际原料用量为：

石英粉	52.6	方解石	4.96
长石粉	27.2	氧化锌	2.01
硼　砂	19.14	硝酸钠	1.38
纯　碱	9.01	白　砒	0.23
总　计	117.71kg		

计算配合料气体率。

配合料气体率为 $\dfrac{117.71-100}{117.71}×100=15.05\%$，玻璃产率为 $\dfrac{100-15.05}{100}×100=84.95\%$。

如玻璃每次配合料量为 500kg，碎玻璃用量为 30%，碎玻璃中 B_2O_3，Na_2O 的挥发损失略去不计，则碎玻璃用量 $500×30\%=150(kg)$，粉料用量为 $500-150=350(kg)$，增大倍数为 $\dfrac{350}{117.71}=2.973$。

500kg 配合料中各原料的粉料用量=熔制 100kg 玻璃各原料用量×增大倍数。

每付配合料中

石英粉的用量为	$51.4×2.973=156.38kg$
长石粉的用量为	$27.1×2.973=80.87kg$
硼　砂的用量为	$19.14×2.973=56.90kg$
纯　碱的用量为	$9.02×2.973=26.79kg$
方解石的用量为	$3.63×2.973=14.75kg$
氧化锌的用量为	$2.00×2.973=5.98kg$
萤　石的用量为	$11.7×2.973=3.51kg$
白　砒的用量为	$0.23×2.973=0.08kg$
总　计	349.96kg

原料中如含水分，按下列公式计算其湿基用量

$$湿基用量=\dfrac{干基用量}{1-水分\%}$$

计算结果见表 2-4。

拟定配合料粉料中含水量为 5%，计算加水量

$$加水量=\dfrac{粉料干基}{1-水分\%}-粉料湿基$$

即为 $\dfrac{349.96}{1-0.05}-353.070=14.68(kg)$，即在制备配合料时，需要加湿润水的水量为

14.68kg。

表 2-4　玻璃配合料的湿基计算

原　料	熔制 100kg 玻璃原料用量/kg	原料的含水率 %	每次制备 500kg 配合料减去碎玻璃后各种原料用量/kg	
			干　基	湿　基
石英粉	52.6	1	156.38	157.95
长石粉	27.2	1	80.87	81.62
硼　砂	19.14	2	56.90	58.06
纯　碱	9.01	0.5	26.79	26.92
方解石	4.96	0.8	14.75	14.86
氧化锌	2.01	0.5	5.98	6.01
硝酸钠	1.38	1	4.10	4.14
萤　石	1.18	1	4.10	4.14
白　砒	0.23		0.68	0.68
总　计			349.96	353.70

2.2.4　配合料的制备

1. 对配合料质量要求

保证配合料的质量,是加速玻璃熔制和提高玻璃质量,防止产生缺陷的基本措施。对配合料的主要要求有

(1)具有正确性和稳定性

配合料必须能保证熔制成的玻璃成分正确和稳定。为此必须保证原料成分、水分、颗粒度等稳定,并正确计算配方,根据原料成分和水分的变化及时调整配方,同时要求称量准确。

(2)具有一定的水分

使用一定量的水,可以润湿石英类原料,在其表面形成水膜,并熔解纯碱和芒硝有助于加速熔化。原料颗粒表面润湿后粘附性增加,配合料易于混合均匀,不易分层,同时可以减少和输送过程中的粉料飞扬,减小粉料损失。

(3)具有一定气体率

为了使玻璃易于澄清与均化,配合料中必须含有一部分能受热分解放出气体的原料。配合料逸出的气体量与配合料重量之比,称为气体率。

$$气体率(\%)=\frac{逸出气体量}{配合料量}\times100\%$$

对于钠–钙硅酸盐玻璃来说,气体率为 15% ~ 20% ,硼硅酸盐玻璃的气体率一般为9% ~15% 。

(4)混合均匀

配合料在物理化学性质上，必须均匀一致。否则，纯碱等易熔物较多之处熔化速度快，难熔物较多之处熔化较困难，甚至会残留未熔化的石英颗粒而延长熔化时间，乃至使玻璃产生缺陷。

2. 配合料的混合

配合料混合的均匀度不仅与混合设备的结构和性能有关，而且与原料的物理性质如比重、平均颗粒组成、表面性质、静电荷、休止角等有关。在工艺上也与配合料的加料量，原料的加料顺序，加水量及加水方式，混合时间以及是否加入碎玻璃等都有很大关系。

配合料的加料量一般为混料设备容量的 30% ~ 50%。加料顺序不尽相同，但均是先加石英原料，同时喷水润湿，然后在按顺序加入其它原料。碎玻璃对配合料的混合均匀度有不良影响，一般在配合料混合终了将近卸料时再加入。

3. 配合料的质量检验

配合料的质量指标主要有配合料的均匀性、化学组成的正确性和配合料的水分。

配合料的均匀性是配合料制备过程操作管理的综合反应，一般用滴定法和电导法进行测定。化学组成是通过对玻璃试样的组成氧化物进行分析后，给定玻璃组成进行比较、进行检验的。配合料的水分通过配合料试样在 110℃ 下进行干燥失重来检验。

第三章 玻璃的熔制及成型

3.1 玻璃的熔制过程

合格的配合料经高温加热形成均匀的、无缺陷的并符合成型要求的玻璃液的过程,称为玻璃的熔制过程。玻璃熔制是玻璃生产的重要环节,玻璃制品的产量、质量、成品率、成本、燃料耗量、窑炉寿命都与玻璃熔制过程密切相关。因此,进行合理的玻璃熔制是非常重要的。

玻璃熔制过程是一个很复杂的过程,它包括一系列的物理、化学及物理化学现象和反应,其综合结果是使各种原料的混合物形成透明的玻璃液。

配合料在高温加热过程中所发生的变化,如表3-1所示。

表3-1 配合料加热时的各种过程

物 理 过 程	化 学 过 程	物 理 化 学 过 程
1. 配合料加热	1. 固相反应	1. 共熔体的生成
2. 配合料脱水	2. 各种盐分解	2. 固态熔解、液态互熔
3. 各个组分熔化	3. 水化物分解	3. 玻璃液、炉气、气泡间的相互作用
4. 晶相转化	4. 结晶水分解	4. 玻璃液与耐火材料间的作用
5. 个别组分的挥发	5. 硅酸盐形成与相互作用	

从加热配合料直到熔成玻璃液,常可根据熔制过程中的不同变化而分为五个阶段:硅酸盐形成阶段;玻璃形成阶段;玻璃液的澄清阶段;玻璃液的均化阶段;玻璃液的冷却阶段。

玻璃熔制的五个阶段互不相同,但又彼此关联,在实际熔制过程中并不严格按上述顺序进行。例如,在硅酸盐形成阶段中有玻璃形成过程,在澄清阶段中又包含有玻璃液的均化。熔制的五个阶段在玻璃池窑中不同空间同一时间内进行,在玻璃坩埚炉中是在同一空间不同时间内进行。

以下分别叙述玻璃熔制的五个阶段

3.1.1 硅酸盐形成阶段

硅酸盐生成反应在很大程度上是在固体状态下进行的,配合料各组分在加热过程中,经过了一系列物理的、化学的和物理化学的变化,结束了主要反应过程。大部分气态产物逸出,到这一阶段结束时配合料变成了由硅酸盐和剩余 SiO_2 组成的烧结物。对普通钠钙硅玻璃而言,这一阶段在 $800 \sim 900℃$ 终结。

在这一阶段中所发生的变化为

多晶转变:如 Na_2SO_4 的多晶转变,斜方晶型 $\Longleftrightarrow$ 单斜晶型;

盐类分解:如 $CaCO_3 \longrightarrow CaO + CO_2\uparrow$;

生成低共熔混合物:如 $Na_2SO_4-Na_2CO_3$;

形成复盐:如 $MgCO_3 + CaCO_3 \longrightarrow MgCa(CO_3)_2$;

生成硅酸盐:如 $CaO + SiO_2 \longrightarrow CaSiO_3$;

排出结晶水和吸附水:如 $Na_2SO_4 \cdot 10H_2O \longrightarrow Na_2SO_4 + 10H_2O$。

3.1.2 玻璃的形成

烧结物继续加热时,硅酸盐形成阶段生成的硅酸钠、硅酸钙、硅酸铝、硅酸镁及反应后剩余的 SiO_2 开始熔融,它们之间相互熔解和扩散,到这一阶段结束时烧结物变成了透明体,不存在尚未反应的配合料颗粒,在 1 200 ~ 1 250℃ 范围内完成玻璃形成过程。但玻璃中还有大量气泡和条纹,因而玻璃体本身在化学组成上是不均匀的,玻璃性质也是不均匀的。

由于石英砂粒熔解和扩散速度比其它各种硅酸盐熔解和扩散速度低得多,所以玻璃形成过程的速度实际上取决于石英砂粒的熔解扩散速度。

石英砂的分解扩散过程分为两步,首先是砂粒表面发生熔解,而后熔解的 SiO_2 向外扩散。这两者速度是不同的,其中扩散速度最慢,所以玻璃的形成速度实际上取决于石英砂粒的扩散速度。由此可知,玻璃形成速度与下列因素有关:玻璃成分、石英颗粒直径以及熔化温度。除 SiO_2 与各硅酸盐之间的相互扩散外,各硅酸盐之间也相互扩散,后者的扩散有利于 SiO_2 的扩散。

硅酸盐形成和玻璃形成的两个阶段没有明显的界线,在硅酸盐形成阶段结束前,玻璃的形成阶段就已开始,而且两个阶段所需时间相差很大。例如,以平板玻璃的熔制为例,从硅酸盐形成开始到玻璃形成阶段结束共需 32min,其中硅酸盐形成阶段仅需 3 ~ 4min,而玻璃形成却需要 28 ~ 29min。

3.1.3 玻璃液的澄清

玻璃液的澄清是玻璃熔化过程中极其重要的环节,它与制品的产量和质量有着密切的关系。对普通的钠钙硅玻璃而言,此阶段的温度为 1 400 ~ 1 500℃。

在硅酸盐形成与玻璃形成阶段中,由于配合料的分解,部分组分的挥发,氧化物和氧化还原反应,玻璃液与炉气及耐火材料的相互作用等原因析出了大量的气体,其中大部分气体将逸散于空间,剩于气体中的大部分将熔解于玻璃液中,少部分以气泡形式存在于玻璃液中,也有部分气体与玻璃液中某种组分形成化合物,因此,存在于玻璃液中的气体主要有三种状态,即可见气泡、物理溶解的气体、化学结合的气体。

随着玻璃成分、原料种类、炉气性质与压力、熔制温度等不同,在玻璃液中的气体种类和数量也不相同。常见的气体有 CO_2,O_2,N_2,H_2O,SO_2,CO 等,此外尚有 H_2,NO_2,NO 及惰性气体。

熔体的"无泡"与"去气"是两个不同的概念,"去气"的概念应理解为全部排除前述三类气体,但在一般生产条件下是不可能的,因而澄清过程是指排除可见气泡的过程。从形式上看此过程是简单的流体力学过程,但实际上还包括一些复杂的物理化学过程。

以下介绍与玻璃澄清机理有关的几个主要方面。

1. 在澄清过程中气体间的转化与平衡

在高温澄清过程中,熔解在玻璃液内的气体、气泡中的气体及炉气这三者间会相互转移与平衡,它决定于某类气体在上述三相中的分压大小,气体总是由分压高的一相转入分压低的另一相中,如果用 $p_A^{炉}$,$p_A^{液}$,$p_A^{泡}$ 分别表示炉气中、玻璃液中和气泡中 A 气体的分压,则将存在以下转变关系

$$
炉气中的气体 \underset{p_A^{炉}<p_A^{液}}{\overset{p_A^{炉}>p_A^{液}}{\rightleftharpoons}} 玻璃液中溶解的气体
$$

$$
漂浮排除 \longleftarrow 气泡中气体
$$

根据道尔顿分压定律可知,气体间的转化与平衡除与上述气体的分压有关外,还与气泡中所含气体的种类有密切关系。

气体在玻璃液中的熔解度与温度有关。在高温下(1 400 ~ 1 500℃)气体的熔解度比低温(1 100 ~ 1 200℃)时为小。

由上可知,气体间的转化平衡决定于澄清温度、炉气压力与成分、气泡中气体的种类和分压、玻璃成分、气体在玻璃液中的扩散速度。

2. 在澄清过程中气体与玻璃液的相互作用

在澄清过程中气体与玻璃液的相互作用有两种不同的状态。一类是纯物理熔解,气体与玻璃成分不产生相互的化学作用;另一种是气体与玻璃成分间产生氧化还原反应,其结果是形成化合物,随后在一定条件下又析出气体,这一类在一定程度上还有少量的物理熔解。

(1)O_2 与熔融玻璃液的相互作用。氧在玻璃液中的熔解度首先决定于变价离子含量,O_2 使变价离子由低价转为高价离子,如 $2FeO+\dfrac{1}{2}O_2 \longrightarrow Fe_2O_3$。氧在玻璃液中的纯物理熔解度是微不足道的。

(2)SO_2 与熔融玻璃液的相互作用。无论何种燃料一般都含有硫化物,因而炉气中均含有 SO_2 气体,它能与配合料,玻璃液相互作用形成硫酸盐,如

$$
xNa_2O \cdot ySiO_2+SO_2+\dfrac{1}{2}O_2 \longrightarrow Na_2SO_4 \cdot (x-1)Na_2O \cdot ySiO_2
$$

由此可知,SO_2 在玻璃液中的溶解度与玻璃中的碱含量、气相中 O_2 的分压及熔体温度有关。单纯的 SO_2 气体在玻璃液中的溶解度较上述反应式为小。

(3)CO_2 与熔融玻璃液的相互作用。它能与玻璃液中某类氧化物生成碳酸盐而熔解于玻璃液中,如

$$
BaSiO_3+CO_2 \rightleftharpoons BaCO_3+SiO_2
$$

(4)H_2O 与熔融玻璃液的相互作用。熔融玻璃液吸收炉气中的水汽的能力特别显著,甚至完全干燥的配合料在熔融后其含水量可达 0.02%。当在 1 450℃的熔体中通 1h 的水蒸气后,其含水量可达 0.075%。H_2O 在玻璃熔体中并不是以游离状态存在,而是进入玻璃网络。如

$$
\equiv Si-O-Si \equiv +H_2O \longrightarrow 2(\equiv Si-OH)
$$

或 $2(\equiv Si{-}O{-}Si\equiv){+}Na_2O{+}H_2O\longrightarrow(\equiv Si{-}O{-}H\cdots\cdots O^-{-}Si\equiv)^{Na^+}$

其它气体如 CO,H_2,N_2 惰性气体与玻璃液的相互作用也都是通过化学结合或物理溶解的方式进行。

3. 澄清剂在澄清过程中的作用机理

为了加速玻璃液的澄清过程,常在配合料中添加少量澄清剂。根据澄清剂的作用机理可把澄清剂分为三类。

(1)变价氧化物类澄清剂。这类澄清剂的特点是在低温下吸收氧气,而在高温下放出氧气,它溶解于玻璃液中经扩散进入核泡,使气泡长大而排除。这类澄清剂如 As_2O_3,Sb_2O_3,其作用如下

$$As_2O_3+O_2 \underset{>1\,300℃}{\overset{400\sim1\,300℃}{\rightleftharpoons}} As_2O_5$$

(2)硫酸盐类澄清剂。它分解后产生 O_2 和 SO_2,对气泡的长大与溶解起着重要的作用。属这类澄清剂的主要有 Na_2SO_4,它的澄清作用与玻璃熔化温度密切相关,在 $1\,400\sim1\,500℃$ 就能充分显示其澄清作用。

(3)卤化物类澄清剂。它主要降低玻璃粘度,使气泡易于上升排除。属这类澄清剂的主要有氟化物,如 CaF_2,NaF。氟化物在熔体中是以形成 $[FeF_6]^{3-}$ 无色基团、生成挥发物 SiF_4、断裂玻璃网络而起澄清作用。如

$$\equiv Si{-}O{-}Si\equiv{+}NaF\longrightarrow\equiv Si{-}O{-}Na{+}F{-}Si\equiv$$

4. 玻璃性质对澄清过程的影响

排除玻璃液中的气泡主要有两种方式同时进行,大于临界泡径的气泡上升到液面后排除,小于临界泡径的气泡,在玻璃液的表面张力作用下气泡中的气体熔解于玻璃液而消失。如前所述,在上述过程中伴随有各种气体的交换。因此,玻璃液的粘度和表面张力与澄清密切相关,实际上前者作用大大高于后者。

玻璃液的粘度 η 与气泡上升速度 V 有如下关系

$$V=\frac{2}{9}gr^2\frac{d-d'}{\eta}$$

式中 g—— 重力加速度;r—— 气泡半径;

d,d'—— 璃液的密度和气泡中气体的密度。

3.1.4　玻璃液的均化

玻璃液的均化包括对其化学均匀和热均匀两方面的要求,本节主要叙述玻璃液的化学均匀性。

在玻璃形成阶段结束后,在玻璃液中仍带有与主体玻璃化学成分不同的不均体,消除这种不均体的过程称玻璃液的均化。对普通钠钙硅玻璃而言,此阶段可在低于澄清温度下完成,不同玻璃制品对化学均匀度的要求也不相同。

当玻璃液存在化学不均体时,主体玻璃与不均体的性质也将不同,这对玻璃制品产生不利的影响。例如,两者热膨胀系数不同,则在两者界面上将产生结构应力,这往往就是玻璃制品产生炸裂的重要原因;两者光学常数不同,则使光学玻璃产生光畸变;两者粘度不同,是窗用玻璃产生波筋、条纹的原因之一。由此可见,不均匀的玻璃液对制品的产量

与质量有直接影响。

玻璃液的均化过程通常按下述三种方式进行。

1. 不均体的熔解与扩散的均化过程

玻璃液的均化过程是不均体的熔解与随之而来的扩散。由于玻璃是高粘性液体,其扩散速度远低于熔解速度。扩散速度取决于物质的扩散系数、两者的接触面积、两相的浓度差,所以要提高扩散系数最有效的方法是提高熔体温度,降低熔体粘度,但它受制于耐火材料的质量。

显然,不均体在高粘滞性、静止的玻璃液中仅依自身的扩散是极其缓慢的,例如,为消除1mm宽的线道,在上述条件下所需时间为277h。

2. 玻璃液的对流均化过程

熔窑和坩埚内的各处温度并不相同,这导致玻璃液产生对流,在液流断面上存在着速度梯度,这使玻璃液中的线道被拉长,其结果不仅增加扩散面积,而且会增加浓度梯度,这都加强了分子扩散,所以热对流起着使玻璃液均化的作用。

热对流对玻璃液的均化过程也有其不利的一面,加强热对流往往同时加剧了对耐火材料侵蚀,这会带来新的不均体,在生产上常采用机械搅拌,强制玻璃液产生流动,这是行之有效的均化方法。

3. 因气泡上升而引起的搅拌均化作用

当气泡由玻璃液深处向上浮升时,会带动气泡附近的玻璃液流动,形成某种程度的翻滚,在液流断面上产生速度梯度,导致不均体的拉长。

在玻璃液均化过程中,除粘度对均化有重要影响外,玻璃液与不均体的表面张力对均化也有一定的影响。当不均体的表面张力大时,则其面积趋向于减少,这不利于均化。反之,将有利于均化过程。

在生产中对池窑底部的玻璃液进行鼓泡,也可强化玻璃液的均化,这是行之有效的方法。对坩埚炉常采用往窑底压入有机物或无机气化物的方法,可产生大量气体达到强制搅拌的目的。

3.1.5 玻璃液的冷却

为了达到成型所需粘度就必须降温,这就是熔制玻璃过程冷却阶段的目的。对一般的钠钙硅玻璃通常要降到 1 000 ~ 1 100℃左右,再进行成型。

在降温冷却阶段有两个因素会影响玻璃的产量和质量,即玻璃的热均匀度和是否产生二次气泡。

在玻璃液的冷却过程中,不同位置的冷却强度并不相同,因而相应的玻璃液温度也会不同,也就是整个玻璃液间存在着热不均匀性,当这种热不均匀性超过某一范围时会对生产带来不利的影响,例如造成产品厚薄不均、产生波筋、玻璃炸裂等。

在玻璃液的冷却阶段,它的温度、炉内气氛的性质和窑压与前阶段相比有了很大的变化,因而可以认为它破坏了原有的气相与液相之间的平衡,要建立新的平衡。由于玻璃液是高粘滞液体,要建立平衡是比较缓慢的,因此,在冷却过程中原平衡条件改变了,虽不一定出现二次气泡,但又有产生二次气泡的内在因素。

二次气泡的特点是直径小(一般小于0.1mm)、数量多(每1cm³ 玻璃中可达到几千个小气泡）、分布均匀。二次气泡又称为再生泡，或称尘泡。

生产实践表明，产生二次气泡的主要情况有：

1. 硫酸盐的热分解。在澄清的玻璃液中往往残留有硫酸盐，这种硫酸盐可能来源于配合料中的芒硝以及炉气中的 SO_2，O_2 与玻璃中的 Na_2O 的反应结果。当已冷却的玻璃液由于某种原因又被再次加热，或炉气中存在还原气氛，这样就使硫酸盐分解而产生二次气泡。

2. 物理熔解的气体析出。在玻璃液中有纯物理熔解的气体，气体的溶解度随温度的升高而降低，因而冷却后的玻璃若再次升温就放出二次气泡。

3. 玻璃中某些组分易产生二次气泡，例如 BaO_2 随温度的变化

$$BaO_2 \xrightarrow[\text{高温}]{\text{低温}} BaO + \frac{1}{2}O_2$$

3.2 影响玻璃熔制过程的工艺因素

在玻璃生产中往往需要不断地研究燃料耗量、熔窑生产率、产品的产量及质量、产品成本等，而这些均与玻璃熔制过程的状况密切相关。因此，研究影响玻璃熔制过程的因素是必要的。影响玻璃熔制过程的主要因素有以下几个。

3.2.1 玻璃成分

玻璃的化学组成对玻璃的熔制速度有决定性的影响。不同组成的玻璃其相应配合料熔化速度不同，一般而言，玻璃中的高熔点组分（SiO_2，Al_2O_3 等）含量越多熔化速度越慢，而配合料中助熔剂含量越多熔化速度越快。也就是说，玻璃组成中碱金属氧化物和碱土金属氧化物与高熔点氧化物的比值越高，则相应的配合料熔化速度越快。

3.2.2 原料及配合料的性质

原料及配合料的性质及其种类选择，对熔制过程影响很大。如石英砂颗粒的大小和形状，所含杂质的难熔性，配合料的气体率，配合料的均匀性及颗粒组成，以及配合料用碎玻璃的质量、粒度及用量等都具有极重要的作用。

玻璃形成过程的反应速度取决于反应表面的大小，原料的颗粒越细，反应表面就越大，反应速度就越快。但在实际生产中，原料的颗粒不益过细，否则会引起配合料分层而破坏其均匀性，同时也会产生粉料飞扬现象。一般在实际生产中，对于钠钙硅系统玻璃来说，石英砂的粒度在 0.15 ~ 0.8mm 比较适益。纯碱一般使用"重碱"，颗粒度为 0.1 ~ 0.5mm。

配合料中加入部分碎玻璃，可以促进玻璃的熔化。其组成应与生产的玻璃相同，一般使用量为配合料的 25% ~ 30%。

配合料的颗粒组成、润湿、矿物原料化学组成的稳定程度等对配合料的均匀性有影响。

配合料的润湿能改善配合料的均匀性，因为配合料中保持一定的水分，能使配合料中芒硝和纯碱等助熔剂覆盖粘附于石英砂颗粒表面，提高了内摩擦系数，并使配合料颗粒的位置相互巩固，减小分层倾向，提高配合料的反应能力及减轻飞料现象。

3.2.3　加速剂的使用

在配合料中引入适量的氟化合物、氧化砷、硝酸盐、硼酸盐、铵盐等均能加速玻璃形成过程。

常用的氟化物有萤石（CaF_2）、硅氟化钠（$NaSiF_6$）和冰晶石（Na_2AlF_6）等。氟化物的引入能降低玻璃液的粘度，提高玻璃液的透热性。另外，氟化物所蒸发的 SiF_4 气体也有助于澄清过程的进行，因此大大加速了玻璃的形成过程。但氟化物的排放，危害人体健康，所以目前已限制使用。

B_2O_3 是一种极有效的玻璃熔制的加速剂，它能降低玻璃熔体的高温粘度，加速玻璃液的澄清和均化过程，提高玻璃质量。

As_2O_3 的混合物能使 FeO 转化为 Fe_2O_3 并生成无色的铁砷酸盐络合物，提高玻璃的透明度，增高透热性，并放出含氧气体，从而加速熔制过程。

$(NH_4)_2SO_4$ 在 350℃ 熔化，加速配合料间的相互作用。它分解放出的气体起均化作用，并可以吸附在配合料颗粒的表面，与之进行中间反应，例如

$$(NH_4)_2SO_4 \longrightarrow NH_3 + SO_3 + H_2O$$

$$NH_3 + H_2O \longrightarrow NH_4OH$$

$$NH_4OH + SiO_2 \longrightarrow H_2SiO_3 + NH_3$$

中间反应产物在继续加热时，又进行分解。新分解的化合物是具有活性状态的物质，从而加速了熔融的进行。

3.2.4　加料方式

加料方式影响到熔化速度，熔化区的温度、液面状态和液面高度的稳定，从而影响产量和产品质量。

采用薄层加料时，配合料容易在上层受到火焰的辐射和对流加热，在下层接受玻璃液传导的热量，配合料中各组分容易保持分布均匀使硅酸盐形成和玻璃形成速度增加。

配合料和碎玻璃也可不预先混合，而是按一定比例同时加入，并使碎玻璃垫在配合料层的下面。这种加料方式，可增加配合料表面的受热面积、强化玻璃的熔融过程。

为了能获得较合理的加料方式，对加料机的选择是很重要的。常用的有螺旋式、垄式、地毯式、裹入式、辊筒式等。

3.2.5　玻璃的熔制制度

主要的是温度制度、压力制度和气氛制度。

熔制温度是影响玻璃熔制过程的重要因素。熔制温度决定玻璃的熔化速度，温度越高，硅酸盐生成的反应越剧烈，石英颗粒熔解越快，玻璃的形成速度也越快。可见，提高熔制温度是强化玻璃熔制，增加池窑生产能力的有效措施。但在采用高温熔化时要考虑耐火材料使用温度及其寿命的限制。

熔窑压力制度直接影响到温度制度，故压力制度的准确与稳定对玻璃的熔制起到了一定的保障作用。一般保持微正压或零压。

窑内的气氛按窑气的性质要分为氧化、中性和还原气氛。气氛的控制要根据配合料和玻璃的组成及各项具体工艺要求而定。如：在熔制无色瓶罐玻璃的普通纯碱配合料时，必须保持氧化气氛。熔制以碳粉作还原剂的纯碱-芒硝配合料时，为了保持碳粉不在加

料口烧尽,第一、二对小炉必须保持还原焰,在最后的小炉区又必须将碳粉完全烧尽,必须保持氧化焰。

3.2.6 辅助电熔和搅拌

在用燃料加热的熔窑作业中,同时向玻璃液通入电流使之增加一部分热量,从而可以在不增加熔窑容量下增加产量,这种新的熔制方式称为辅助电熔。一般分别设在熔化部、加料口、作业部,可提高料堆下的玻璃液温度40～70℃,这就大大提高了窑炉的熔化率。

在窑炉内进行机械搅拌或鼓泡是提高玻璃液澄清速度和均化速度的有效措施。

3.3 玻璃熔制的温度制度

目前在工业上,玻璃的熔制设备主要有间歇式生产的坩埚窑和连续生产的池窑两种。在两种设备中玻璃熔制过程的几个阶段进行的时间和空间是不同的,所以玻璃熔制的温度制度也是不同的。

3.3.1 坩埚窑中玻璃熔制的温度制度

制定合理的熔窑温度制度是熔制高质量玻璃的必要条件。

在坩埚窑内熔制玻璃是间歇作业,玻璃熔制的全部过程是在同一空间、不同时间内顺序进行的。对于不同化学组成的玻璃,它们的熔制条件也有不同。因此一般不能在同一坩埚窑内的各个坩埚中同时熔制各种不同熔制条件的玻璃,只有在必要的情况下才考虑在温度较低的坩埚位置上熔制需要温度较低的玻璃。

在整个熔制过程中温度是基本条件。配合料必须在高温下才能形成玻璃液,又必须在更高的温度下澄清才能获得无气泡的均一的玻璃液,最后,又必须冷却至一定温度以提供符合成形所要求粘度的玻璃液。

熔化温度主要根据玻璃和配合料的组成来确定。澄清、均化和冷却温度,则根据玻璃液在澄清、均化和冷却时所需的粘度来进行确定。澄清温度一般相当于粘度为 $10^{0.7}$ ～ $10\mathrm{Pa} \cdot \mathrm{s}$ 时的温度。冷却温度一般是达到开始成型所要求的 10^2 ～ $10^3\mathrm{Pa} \cdot \mathrm{s}$ 时的温度。由熔化温度、澄清均化温度以及冷却温度,所需的时间规定坩埚窑中玻璃熔制的温度制度。

在坩埚窑中熔制玻璃遵循下列五个阶段。

1. 加热熔窑

在熔制日用器皿玻璃时,熔窑开始的温度大约为 1 200～1 250℃ 左右。每次使用新坩埚时,须将坩埚预先烧至 1 450～1 480℃ 高温,并一昼夜不加料,使坩埚烧结,具有较高的耐侵蚀能力。

在加热阶段中炉中的气氛可保持还原性或中性,以避免温度升高过快而损坏坩埚。同时应保持窑内微正压,否则会吸入冷空气影响温度顺利地升高。

在添加配合料前,须先加入与熔制玻璃同一化学组成的碎玻璃,使在低温下熔化,形成保护釉层,以减少对坩埚底部的侵蚀,还可以缩短熔化时间。

2. 熔化

碎玻璃熔化涂布坩埚内壁四周,形成保护层后,开始加料熔化。

熔化阶段的温度非常重要,一般有下列几种操作方式。

(1)在温度为1 400~1 420℃时开始加料,保持这个温度直到配合料熔透为止,然后再升高到玻璃澄清的温度约1 450~1 460℃。

(2)在1 350℃时即开始加料,然后逐渐地升高温度,直到配合料熔透为止,再升温至14 50~1 460℃,开始玻璃的澄清。

(3)加料和熔化均保持在较低而恒定的1 360~1 380℃温度下进行,直到配合料熔透。然后再提高到1 450~1 460℃进行澄清。这种方法在熔化含有最易熔化组分的配合料时被采用,例如熔制铅晶质玻璃。

熔化温度制度和选择须随不同条件而变化。例如熔窑的结构、坩埚的容积、玻璃和配合料组成、加入碎玻璃的数量以及坩埚中残留下来的玻璃等。

3. 澄清与均化

玻璃液澄清与均化时,为了降低玻璃粘度,需要保持稍高的温度,常采用"沸腾"的办法。当玻璃液中残留气体合并扩大时,才进行"沸腾"。多数情况下采用一次"沸腾",有时也需要进行多次。如熔制晶质玻璃就是这样。

澄清过程应十分剧烈,澄清结束前试样上只能有极少量的大气泡。如果迟缓地进行,通常将制得有缺陷的玻璃。

在这个阶段保持恒定的温度及气体制度是特别重要的,这些条件的改变就会使玻璃液难于澄清,甚至重新出现小气泡。

4. 冷却

玻璃澄清完毕之后,应当特别细心地注意冷却过程,以便获得具有较高质量和成型所需粘度的玻璃液。只有当玻璃液仅存着个别气泡或没有气泡时,才能开始冷却。这时应将玻璃液降低到必要的温度,一般约为1 180~1 250℃,依玻璃的组成而不同。降低温度应缓慢地进行,这时窑膛的压力可以是负的。应该指出的是,在冷却过程中要避免将玻璃液冷却到低于所需的温度,然后再重新加热,这样将会产生二次气泡。

5. 成型

在成型制品时,必须保持窑内与玻璃操作粘度相适应的温度。

3.3.2 池窑中玻璃熔制的温度制度

在连续作业的池窑中玻璃熔制的各个阶段是沿窑的纵长方向按一定顺序进行的,并形成未熔化的、半熔化的和完全熔化的玻璃液的运动路线。也就是玻璃熔制的各个阶段是在同一时间、不同空间进行的。

在连续作业的池窑中可沿窑长方向分为几个不同的区域来对应配合料的熔化、澄清与均化、冷却及成型的各个阶段,我们通常分别称之为熔化带、澄清与均化带和冷却带。在熔制过程中各个带必须保持进入这种过程所需要的温度。配合料从加料口加入,进入熔化带,在已熔制的玻璃表面上熔化,并沿着窑长向最高温度的澄清均化带运动,在到达澄清均化带之前,熔化过程必须完成。进入高温区后玻璃熔体进行澄清和均化。已澄清均化好的玻璃液继续流向前面的冷却带,温度逐渐降低,玻璃液也逐渐冷却,然后流入成形部,使玻璃冷却到符合于成型操作所必须的粘度,即可用不同方法来进行成型。

沿窑长的温度曲线上,玻璃澄清时的最高温度点(热点)和成型时的最低温度点是具有决定意义的两点。玻璃液流经热点后,无论在什么样条件下,也不允许玻璃在继续熔制的过程中经受比热点更高的温度,否则将重新析出气体,产生气泡。

图3-1,3-2是典型的平板玻璃和瓶罐玻璃在连续作业池窑中的熔制温度制度。

连续作业池窑沿窑长的每一点温度是不同的,但对时间而言则是恒定的,因而有可能建立稳定的温度制度。

在此应特别指出,玻璃熔制工艺制度除温度制度之外,还有压力制度、气氛制度、泡界线制度及玻璃液面制度,通常把它们称为玻璃熔制的五大工艺制度。在实际生产中,必须控制这五个制度的稳定才能有效地提高玻璃的质量和产量。

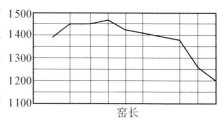

图3-1　池窑内熔制玻璃的
温度制度(窗玻璃)

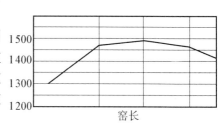

图3-2　池窑内熔制玻璃的
温度制度(瓶罐玻璃)

3.4　玻璃的成型

玻璃的成型方法可分为两类:热塑成型和冷成型,后者包括物理成型(研磨和抛光等)和化学成型(高硅氧质的微孔玻璃)。通常把冷成型归属到玻璃冷加工中,而这里所言玻璃成型是指热塑成型。

玻璃的成型是指从熔融的玻璃液转变为具有固定几何形状的制品的过程。主要的成型方法有吹制法(空心玻璃制品)、压制法(某些容器玻璃)、压延法(压花玻璃)、浇铸法(光学玻璃等)、焊接法(仪器玻璃)、浮法(平板玻璃)、拉制法(平板玻璃)等。

以下简要介绍几种典型的玻璃成型方法。

3.4.1　日用玻璃的成型

日用玻璃主要包括瓶罐玻璃、器皿玻璃等,这类玻璃的成型方法有人工成型和机械成型两种。

1. 人工成型

人工成型是一种比较原始的成型方法,但目前在一些特殊的玻璃制品成型中仍在延用,如仪器玻璃的成型等。

这种方法目前最常用的是人工吹制法。具体是由操作工人用一空心吹管,将一端挑起熔制好的玻璃料,然后依次均匀吹成小泡、吹制、加工等操作而使玻璃制品成型。这种成型方法要求操作工人具有丰富的工作经验和熟练的操作手法。

2. 机械成型法

玻璃制品的机械成型起源19世纪末,其雏形是模仿人工操作的半机械化方法成型。19世纪80~90年代发明的压-吹法和吹-吹法,使玻璃制品的成型完全实现了机械化。

一般空心制品的成型机大多数采用压缩空气为动力。用压缩空气推动气缸来带动机器动作。压缩空气容易向各个方向运动,可以灵活地适应操作制度,而且也便于防止制动事故。除压缩空气外也有一部分空心制品的成型机是采用液压传动的。

空心制品的机械成型可以分为供料与成型两大部分。

（1）供料

如何将玻璃液供给成型机，是机械化成型的主要问题。不同的成型机，要求的供料方法不同，主要有以下三种。

a. 液流供料：利用池窑中玻璃液本身的流动进行连续供料。

b. 真空吸料：在真空作用下将玻璃液吸出池窑进行供料的方法。主要用于罗兰特和欧文斯成型机。它的优点是料滴的形状、重量和温度均匀性比较稳定，成型的温度较高，玻璃分布均匀，产品质量好。

c. 滴料供料：滴料供料是使窑池中的玻璃液流出，达到所要求的成型温度，由供料机制成一定重量和形状的料滴，按一定的时间间隔顺次将料滴送入成型机的模型中。

（2）成型

空心玻璃制品的成型通常有压制法与吹制法两种

a. 压制法

压制法所用的主要机械部件有模型、冲头和模杯，采用供料机供料和自动压机成型。其成型过程如图3-3所示。

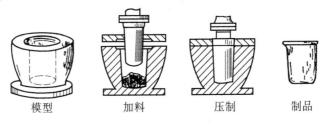

| 模型 | 加料 | 压制 | 制品 |

图3-3　压制成型示意图

压制法能生产多种多样的实心和空心玻璃制品，如玻璃砖、透镜、电视显像管的面板及锥体、耐热餐具、水杯、烟灰缸等。压制法的特点是制品的形状比较精确，能压出外面带花纹的制品，工艺简便，生产能力较高。

b. 吹制法

机械吹制可以分为压-吹法、带式吹制法。

压-吹法：该法的特点是先用压制的方法制成制品的口部和雏形，然后再移入成型模中吹成制品。因为雏形是压制的，制品是吹制的，所以称为压-吹法。

成型时口模放在雏形模上，由滴料供料机送来的玻璃液料滴落入雏形模后，冲头开始向下压制成口部和雏形，然后将口模连同雏形移入成型模中，重热伸长并放下吹气头，用压缩空气将雏形吹成制品。最后，将口模打开取出制品，送往退火。

压-吹法主要用于生产广口瓶、小口瓶等空心制品，其成型过程如图3-4所示。

吹-吹法：该方法的特点，是先在带有口模的雏形模中制成口部和吹成雏形，再将雏形移入成型模中吹成制品。因为雏形和制品都是吹制的，所以称为吹-吹法。

吹-吹法主要用于生产小口瓶。根据供料方式不同又分为翻转雏形法和真空吸吹法。

翻转雏形法的特点是用雏形倒立的办法使滴料供料机送来的玻璃料滴落入带有口模

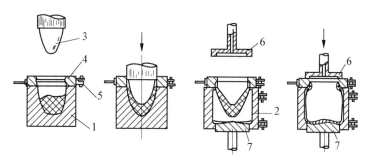

图 3-4　压–吹法成型广口瓶示意图

1—雏形模;2—成形模;3—冲头;4—口模;

5—口模铰链;6—吹气头;7—模底

的雏形模中,用压缩空气将玻璃液向下压实形成口部(俗称扑气)。在口模中心有一特制的型芯,称为顶芯子,以便使压下的玻璃液作出适当的凹口。口部形成后,口模中的顶芯子即自行下落,用压缩空气向形成的凹口吹气(倒吹气)形成雏形,然后将雏形翻转移入正立的成型模中,经重热、伸长、吹气,最后吹成制品。其成型过程如图 3-5 所示。

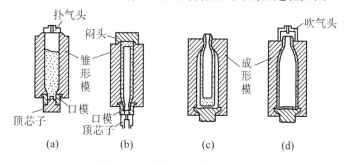

图 3-5　翻转料泡吹制法示意图

（a）落料扑气　（b）倒吹气

（c）反转入成形模　（d）吹制

　　真空吸料法是将袋式供料机或窑池中的玻璃液直接吸入正立的雏形模中。雏型模下端开口,上端为口模。模的下端浸入玻璃液中,借真空的抽吸作用,将模内空气从口模排除,使整个雏形模和口模吸满玻璃液。然后,将雏形模提高使之离开玻璃液面,并用滑刀沿模型下端切断玻璃液。打开雏形模使雏形自由地悬挂在口模中,微吹气并进行重热和伸长,接着移入成型模,用压缩空气吹成制品。

　　真空吸料吹制法的示意图如图 3-6 所示。

　　转吹法:转吹法是吹–吹法的一种,只是在吹制时料泡不停地旋转。所用 模型是用水冷却的衬碳模。

　　转吹法主要吹制薄壁器皿、电灯泡、热水瓶胆等。

　　带式吹制法:带式吹制法是以液流供料的方式,使玻璃液从料碗中不断地向下流泻,经过用水冷却的辊角压成带状。依靠玻璃本身重力和扑气,在有孔的链带上形成料泡,再由旋转的成形模抱住料泡,吹成制品。带式吹制主要用于生产电灯泡和水杯。

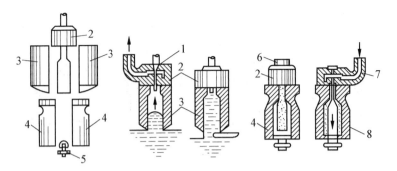

图 3-6　真空吸料成形示意图

1—吸气头;2—口模;3—雏形模;4—成形模;

5—模底板;6—闷头;7—吹气头;8—制品

3.4.2　平板玻璃的成型

平板玻璃的成型方法主要有:浮法、垂直引上法、平拉法、压延法。

1. 浮法成型

浮法是指熔窑熔融的玻璃液流入锡槽后在熔融金属锡液的表面上成型平板玻璃的方法。

熔窑的配合料经熔化、澄清均化、冷却成为 1 150 ~ 1 100℃左右的玻璃液,通过熔窑与锡槽相接的流槽,流入熔融的锡液面上,在自身重力、表面张力以及拉引力的作用下,玻璃液摊开成为玻璃带,在锡槽中完成抛光与拉薄,在锡槽末端的玻璃带已冷却到600℃左右,把即将硬化的玻璃带引出锡槽,通过过渡辊台进入退火窑。其过程如图 3-7。

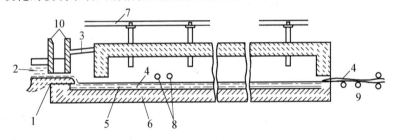

图 3-7　浮法生产示意图

1—流槽;2—玻璃液;3—碹顶;4—玻璃带;5—锡液;6—槽底;

7—保护气体管道;8—拉边器;9—过渡辊台;10—闸板

(1) 浮法玻璃的成型机理

浮法玻璃的成型是在锡槽中进行的。玻璃液由熔窑经流槽进入锡槽后,其成型过程包括自由展薄、抛光、拉引等。以下讨论四个问题。

a. 玻璃液在锡液面上的浮起高度

玻璃液与锡液互不浸润,互无化学反应。锡液密度大于玻璃液,因而玻璃液浮于锡液表面,如图 3-8 所示。其浮起高度 h_1 和沉入深度 h_2 可用下式表示

$$h_1 = \left(1 - \frac{d_g}{d_\tau}\right) \cdot H \tag{3-1}$$

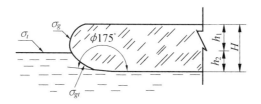

图 3-8　玻璃液在锡液面上的浮起高度

式中　　d_g, d_τ—— 为玻璃液与锡液的密度；

　　　　H—— 玻璃液在锡液面上的自由厚度。

$$h_2 = H - h_1 \tag{3-2}$$

b. 浮法玻璃的自由厚度

当浮在锡液面上的玻璃液不受到任何外力作用时所显示的厚度称为自由厚度。它取决于以下因素：玻璃液的表面张力 σ_g、锡液的表面张力 σ_t、玻璃液与锡液的界面张力 σ_{gt} 以及玻璃液与锡液的密度 d_g、d_t。这些因素之间的关系为

$$H^2 = \frac{2d_t(\sigma_g + \sigma_{gt} - \sigma_t)}{gd_g(d_t - d_g)} \tag{3-3}$$

式中　　g—— 重力加速度。

应用上述公式对浮法玻璃的自由厚度 H 作如下估算：当成型温度为 $1\,000℃$ 时，$\sigma_g = 340 \times 10^{-3}\,\mathrm{N/m}$；$\sigma_t = 500 \times 10^{-3}\,\mathrm{N/m}$；$\sigma_{gt} = 550 \times 10^{-3}\,\mathrm{N/m}$；$d_t = 6.7\,\mathrm{g/cm^3}$；$d_g = 2.5\,\mathrm{g/cm^3}$，代入式 3-3 得 $H = 7\mathrm{mm}$，与实测值相近。

c. 玻璃在锡液面上的抛光时间

玻璃液由流槽流入锡槽时，由于流槽面与锡液面存在落差，以及流入时的速度不均将形成正弦状波纹，在进行槽向扩展的同时向前漂移，此时正弦波状波纹将逐渐减弱（如图 3-9）。处于高温状态下的玻璃液由于表面张力的作用，使其具有平整的表面，达到玻璃抛光的目的，其过程所需要的时间即为抛光时间。它对设计锡槽的长度与宽度是一个重要的技术参数。

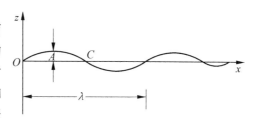

图 3-9　玻璃带的纵向断面

可以把玻璃液由高液位（流槽面）落入低液位（锡槽面）所形成冲击波的断面曲线，近似地看作正弦函数

$$z = A\sin\frac{2\pi}{\lambda}x \tag{3-4}$$

把 OC 段的玻璃液视为一个玻璃滴，因而其中任一点的 x 所受的压力 P 是玻璃表面张力所形成的压强和流体的静压强之和，即

$$p = \sigma_g\left(\frac{1}{R_1} + \frac{1}{R_2}\right) + d_ggz \tag{3-5}$$

式中　　σ_g—— 玻璃液在成型温度（$1\,000℃$）时的表面张力，N/m；

　　　　R_1, R_2—— 分别为玻璃液在长度和宽度方向的曲率半径；

d_g——玻璃液在成型温度时的密度；

g——重力加速度；

$\sigma_g\left(\dfrac{1}{R_1}+\dfrac{1}{R_2}\right)$——表面张力形成的附加压强，又称拉普拉斯公式。

经运算可得下式

$$p=\left(\frac{4\pi^2}{\lambda^2}\sigma_g+d_g g\right)z \tag{3-6}$$

玻璃板的抛光作用主要是表面张力，因而表面张力值应不低于静压力值。此时

$$\lambda^2\leqslant\frac{4\pi^2}{d_g g}\sigma_g \tag{3-7}$$

由上式可求得 λ 的临界值 λ_0。

在表面张力作用下，波峰与波谷趋向于平整的速度 V，可以应用粘滞流体运动的管流公式计算

$$\sigma_g=\eta V \tag{3-8}$$

式中　η——玻璃粘度。

应用上述各式可以估算浮法玻璃的抛光时间。

例：设某浮法玻璃的成型温度为 1 000℃，其相应参数分别为 $\eta=10^3\text{Pa}\cdot\text{s}$，$\sigma_g=350\times10^{-3}\text{N/m}$，$d_g=2.4\text{g/cm}^3$，$g=1\,000\text{cm/s}^2$ 把上述各值代入式(3-7)及式(3-8)，可得 $\lambda_0=2.4\text{cm}$，$V=3.5\times10^{-2}\text{cm/s}$。因 $t=\lambda/V$，故 $t=68.5\text{s}$。

生产实践表明，若流入锡槽的是均质玻璃液，则它在抛光区内停留的时间为 1min 左右，就可以获得光亮平整的抛光面，所以上述估算与生产实践相符。

d. 玻璃的拉薄

浮法玻璃的拉薄在工艺上有两种方法，高温拉薄法与低温拉薄法，如图 3-10 所示。

在高温拉薄时(1 050℃)，其宽度与厚度变化如图中 POQ 所示；在低温拉薄时(850℃)其曲线为 PBF。

从图上可以看出两种不同的拉薄法其效果并不相同。例如，设原板在拉薄前的状态为 P 点，即原板宽为 5m，厚为 7mm。若分别用高温拉制法与低温拉制法进行拉薄，若使两者的宽度均为 2.5m，则相应得 F 点和 O

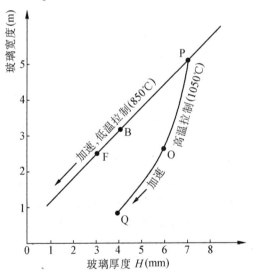

图 3-10　高温和低温拉薄曲线

点，其厚度却分别为 3mm(低温法)和 6mm(高温法)。可见用低温法可以拉制更薄的玻璃。若拉制厚度为 4mm 的玻璃，则相应的 B 点和 Q 点，其板宽分别为 3mm(低温法)和 0.75m(高温法)。

由上可知，采用低温拉薄比高温拉薄更有利。实际上低温拉薄可以分为两种，即低温

急冷法和低温徐冷法。两者拉薄过程如图 3-11 所示。

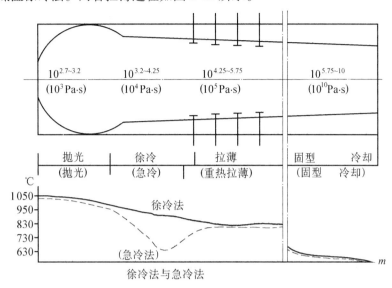

图 3-11　徐冷拉薄法和强冷拉薄法

有括号和虚线者为强冷法,其余为徐冷法

低温急冷法　玻璃在离开抛光区后,进入强制冷却区,使其温度降到 700℃,粘度为 10^7 Pa·s;而后玻璃进入重新加热区,其温度回升到 850℃,粘度为 10^5 Pa·s,在使用拉边器情况下进行拉薄,其收缩率达 30% 左右。

低温徐冷法　玻璃在离开抛光区后,进入徐冷区,使其温度达到 850℃,再配合拉边器进行高速拉制。这种方法的收缩率可达到 28% 以下。

在进行拉薄时必须配用拉边器,其配用台数与拉制的厚度有关,如表 3-2 所示。

表 3-2　拉边器配用台数

玻璃厚度(mm)	5	4	3	2	1.6
拉边器配用台数(台)	1	2~3	3~4	4~5	7

(2)锡液的物理性质

浮抛液在玻璃成型过程中的主要作用是托浮和抛光玻璃,在选用的各种金属及合金中,尤以金属锡液最符合浮法工艺的成型条件,从表 3-3~3-7 中显示了它的综合优点。

由表 3-3 可知,锡中所含各种杂质都是组成玻璃的元素,它们可以在玻璃成型过程中夺取玻璃中的游离氧成为氧化物,这种不均质的氧化物成为玻璃表面的膜层;当金属锡中的含铁量达 0.2% 时会在锡液表面形成铁锡合金 $FeSn_2$,它增加了锡液的"硬度";Al_2O_3 含量过多会在锡液表面生成 Al_2O_3 薄膜使锡表面呈现不光滑;杂质 S 能生成 SnS,是形成浮法玻璃缺陷的原因之一。以上都会影响玻璃的抛光度,因此,对于浮抛玻璃用锡液,其纯度要求在 99.90% 以上,为此常选用特级锡。

表 3-3　锡的标准（GB728-729-65）

牌　号	Sn 含量 大于(%)	杂质含量小于(%)						
		As	Fe	Cu	Pb	Bi	Sb	S
01	99.95	0.003	0.004	0.004	0.003	0.003	0.005	0.001
1	99.90	0.015	0.007	0.01	0.005	0.015	0.015	0.001
2	99.75	0.02	0.01	0.03	0.008	0.05	0.05	0.01
3	99.56	0.02	0.02	0.03	0.3	0.05	0.05	0.01
4	99.00	0.1	0.05	0.1	0.6	0.06	0.15	0.02

由表 3-4、表 3-5 可知锡的密度大大高于玻璃的密度($2.7g/cm^3$)，有利于对玻璃托浮；锡熔点($231.96℃$)远低于玻璃出锡槽口的温度($650 \sim 700℃$)，有利于保持玻璃的抛光面；锡的导热率为玻璃的 $60 \sim 70$ 倍，有利于玻璃板面温度的均匀等；锡液的表面张力$[(426 \sim 502) \times 10^{-3}N/m]$高于玻璃的表面张力$[(220 \sim 380) \times 10^{-3}N/m]$，有利于玻璃的拉薄。

表 3-4　锡的物理性质

性　　质	单　　位	数　　值
密　度	g/cm^3	7.298
熔　点	℃	231.96
沸　点	℃	2 270
导热率(20℃)	$W/(m \cdot K)$	65.73
熔化潜热	J/g	60.3
蒸发潜热	J/g	3 018
固-液相体积变化	%	2.7
表面张力(232℃)	N/m	531×10^{-3}

表 3-5　锡液密度、表面张力与温度间的关系

温度(℃)	600	700	800	900	1 000	1 050	1 100
密度(g/cm^3)	6.711	6.643	6.574	6.505	6.437	6.403	6.368
表面张力($\times 10^{-3}N/m$)	502	494	486	478	470	466	462

由表 3-6 可知，锡液有极低的粘度，这表明有良好的热对流的运动性能，这对均匀浮法表面温度有较大的影响。

表 3-6　锡液粘度与温度间关系

温度(℃)	301	320	351	450	604	750
粘度($Pa \cdot s$)	1.68×10^{-3}	1.593×10^{-3}	1.52×10^{-3}	1.27×10^{-3}	1.045×10^{-3}	0.905×10^{-3}

由表 3-7 可知，在浮法玻璃成型温度范围内蒸气压变化在 $1.94 \times 10^{-4} \sim 0.133Pa$ 之间，所以锡液的挥发量极小。

表 3-7　锡液蒸气压与温度间关系

温度(℃)	730	880	940	1 010	1 130	1 270	1 440
蒸气压(Pa)	1.94×10^{-4}	2.3×10^{-2}	4.13×10^{-2}	0.133	1.33	13.3	133

使用锡液作浮抛介质的主要缺点是 Sn 极易氧化成 SnO 及 SnO_2，它不利于玻璃的抛光，同时又是产生虹彩、沾锡、光畸变等玻璃缺陷的主要原因，为此采用保护气体。

（3）保护气体

在锡槽中引入保护气体的目的在于防止锡氧化以保持玻璃的抛光度，减少产生虹彩、粘锡、光畸变等缺陷，减小锡的损失等。一般保护气体由 N_2+H_2 组成，两者可采用如下比例

表 3-8　N_2 与 H_2 的比例

H_2(%)	4~6	6~7	8~9
N_2(%)	96~94	94~93	92~91

实际上在锡槽各部的 N_2 与 H_2 的比例并不相同，在锡槽的进出口处 H_2 的比例要稍大些。

2. 垂直引上法成型

垂直引上法成型可分为有槽垂直引上和无槽垂直引上两种。

（1）有槽垂直引上法

有槽垂直引上法是使玻璃通过槽子砖缝隙成型平板玻璃的方法。其成型过程如图3-12所示，玻璃液由通路 1 经大梁 3 的下部进入引上室，小眼 2 是供观察、清除杂物和安装加热器用的。进入引上室的玻璃液在静压作用下，通过槽子砖 4 的长形缝隙上升到槽口。此外玻璃液的温度约为 920~960℃ 左右，在表面张力的作用下，槽口的玻璃液形成葱头状板根 7，板根处的玻璃液在引上机 9 的石棉辊 8 拉引下不断上升与拉薄形成原板 10。玻璃原板在引上后受到主水包 5、辅助水包 6 的冷却而硬化。槽子砖是成型的主要设备，其结构如图3-13所示。

用有槽法生产窗玻璃的过程是玻璃液径槽口成型、水包冷却、机膛退火而成原板，原板经采板而成原片。其中，玻璃的性质、板根的成型、原板的拉伸力和边子的成型是玻璃成型机理的四个关键部分。玻璃性质前已叙及，以下讨论后三个部分。

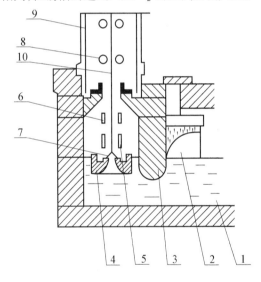

图 3-12　有槽垂直引上室

1—通路；2—小眼；3—大梁；4—槽子砖；
5—主水包；6—辅助水包；7—板根；
8—石棉辊；9—引上机；10—原板

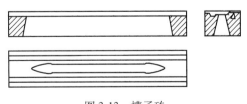

图 3-13　槽子砖

a. 板根的成型

在生产情况下,板根的大小、形状与位置决定于以下四方面因素。

槽子砖沉入玻璃深度的影响　槽子砖沉入越深,则槽口的玻璃液就越多,玻璃液在槽口的停留时间增长、冷却增强,所以引上量可增大,反之,则引上量减小。

玻璃液温度的影响　若玻璃液的温度升高,导致玻璃液的粘度下降,玻璃液在流动时的热阻减小,使槽口流出的玻璃液量增多,此时,板根上升。反之,则下降。

窑压的影响　当熔化部窑压增加时,熔化部的高温废气压向冷却通路,使玻璃液温度升高,则板根上升。反之,则下降。

熔窑玻璃液面波动的影响　玻璃液面的升降将直接影响板根的位置。

b. 边子的成型

在原板的成型过程中,原板的宽度与厚度将同时产生两类收缩。第一类是自然收缩,由热塑状玻璃的表面张力和流动度(粘度)的共同作用所形成;第二类是强制收缩,热塑状玻璃与其它材料一样,当受到外力作用时,只要有力的传递,就会在纵向受拉时产生横向收缩,其收缩率决定于纵向的拉力大小、材料性质与材料所处温度。由于原板存在纵向拉力,所以在原板的厚度与宽度方向上都将产生强制收缩。所以要得到与槽口长度相等的原板是不可能的。

c. 原板的拉伸力

原板在恒速上升时要克服三类矢力:一是原板的自身重力;二是在槽口的玻璃液不断拉伸时形成新的表面,引上后的原板在其固化前厚度不断地变薄而形成二次表面,要克服的第二类矢力是形成新表面所需的表面力;三是沿槽口长度方向上的板根的体积是不相同的,而引上的原板是等厚的,则在引上过程中塑状玻璃内部的质点间存在着速度梯度,这种速度梯度不仅存在于原板的宽度上,也存在于原板的厚度上,这就形成了玻璃液的粘滞力。

提高引上速度就相应地提高了原板的拉伸力,它伴随纵向拉力的增加产生横向的收缩也增加,在此时有两种情况:其一,当边子的自由度较大时,边子向内收缩,维持原有的厚度引上,即提高引上速度并不能使原板变薄;其二,当边子两边添置拉边器时,边子的自由度极小,即纵向受拉时横向收缩较小,因而由于提高引上速度而增加的拉伸力必然导致玻璃液质点间的相对位移增加,这使原板变薄。反之,则变厚。

(2)无槽垂直引上

图 3-14 为无槽引上室的结构示意图。可以看出,有槽与无槽引上室的主要区别是:有槽法采用槽子砖成型,而无槽法采用沉入玻璃液内的引砖并在玻璃液表面的自由液面

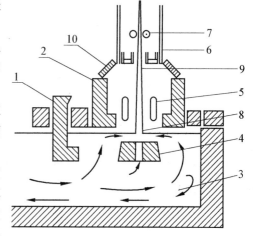

图 3-14　无槽垂直引上室

1—大梁;2—L 型砖;3—玻璃液;4—引砖;
5—冷却水包;6—引上机;7—石棉辊;
8—板根;9—原板;10—八字水包

上成型。

由于无槽引上法采用自由液面成型,所以由槽口不平整(如槽口玻璃液析晶,槽唇侵蚀等)引起的波筋就不再产生,其质量优于有槽法,但无槽引上法的技术操作难度大于有槽引上法。

3. 平拉法成型

平拉法与无槽垂直引上法都是在玻璃液的自由液面上垂直拉出玻璃板。但平拉法垂直拉出的玻璃板在500~700mm高度处,经转向辊转向水平方向,由平拉辊牵引,当玻璃板温度冷却到退火上限温度后,进入水平辊道退火窑退火。玻璃板在转向辊处的温度约为620~690℃。图3-15为平拉法成型示意图。

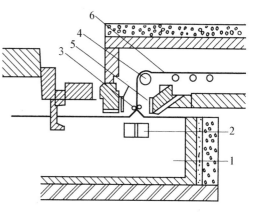

图3-15 平拉法成型示意图
1—玻璃液;2—引砖;3—拉边器;4—转向辊;
5—水冷却器;6—玻璃带

4. 压延法成型

用压延法生产的玻璃品种有:压花玻璃(2~12mm厚的各种单面花纹玻璃)、夹丝网玻璃(制品厚度为6~8mm)、波形玻璃(有大波,小波之分,其厚度为7mm左右)、槽形玻璃(分无丝和夹丝两种,其厚度为7mm)、熔融法玻璃马赛克、熔融微晶玻璃花岗岩板材(厚度为10~15mm)等。目前,压延法已不再用来生产光面的窗用玻璃和制镜用的平板玻璃。压延法有单辊压延法和对辊压延法两种。

单辊压延法是一种古老的方法。这是把玻璃液倒在浇铸平台的金属板上,然后用金属压辊滚压而成平板(如图3-16a),再送入退火炉退火。这种成型方法无论在产量、质量上或成本上都不具有优势,是属淘汰的成型方法。

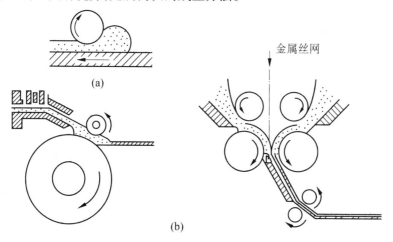

图3-16 压延法

连续压延法是玻璃液由池窑工作池沿流槽流出,进入成对的用水冷却的中空压辊,经滚压而成平板,再送到退火炉退火。采用对辊压制的玻璃板两面的冷却强度大致相近。

由于玻璃液与压辊成型面的接触时间短,即成型时间短,故采用温度较低的玻璃液。连续压延法的产量、质量、成本都优于单辊压延法。各种压延法示于图3-16中。

对压延玻璃的成分有如下要求:在压延前玻璃液应有较低的粘度以保持良好的可塑性,在压延后,玻璃的粘度应迅速增加,以保证固型,保持花纹的稳定与花纹的清晰度,制品应有一定的强度并易于退火。

对夹丝网玻璃所用丝网有以下要求

(1)丝网的热膨胀系数应与玻璃匹配;

(2)丝网与玻璃不起化学反应,防止碳素钢中的碳素与玻璃中的游离氧生成CO_2;

(3)丝网应有一定高的强度和熔点,防止在夹入过程中发生拉断与熔断;

(4)丝网应具有磁性,以便在处理碎玻璃时容易除去;

(5)在掰断夹丝网玻璃时丝网应比较容易掰断;

(6)价格便宜,易于采购。

通常采用的丝网是由直径为0.46~0.53mm的低碳钢丝编成的丝网。

第四章　玻璃的退火与淬火

在生产过程中,玻璃制品经受激烈的、不均匀的温度变化,会产生热应力。这种热应力能降低玻璃制品的强度和热稳定性。热成型的玻璃制品若不经退火令其自然冷却,则在冷却、存放、使用、加工过程中会产生炸裂。

退火就是消除或减少玻璃制品中的热应力至允许值的热处理过程,不同玻璃制品有不同的要求,如表4-1所示。

表4-1　各种玻璃的容许应力(以光程差表示)

玻璃种类	nm/cm	玻璃种类	nm/cm
光学玻璃精密退火	2～5	镜玻璃	30～40
光学玻璃粗退火	10～30	空心玻璃	60
望远镜、反光镜	20	玻璃管	120
平板玻璃	20～95	瓶罐玻璃	50～400

薄壁制品(如灯泡等)和玻璃纤维在成型后由于热应力很小,除适当地控制冷却速度外,一般都不再进行退火。

若玻璃表面具有有规律的、均匀分布的压应力就能提高玻璃的强度和热稳定性。玻璃的淬火增强就是应用这一原理。

4.1　玻璃的应力

玻璃中的应力一般可分为三类:热应力、结构应力及机械应力。

4.1.1　玻璃中的热应力

玻璃中由于存在温度差而产生的应力,称为热应力,按其存在的特点,分为暂时应力和永久应力。

1. 暂时应力

在温度低于应变点时,处于弹性变形温度范围内(即脆性状态)的玻璃在经受不均匀的温度变化时所产生的热应力,随温度梯度的存在而存在,随温度的梯度的消失而消失,这种应力称为暂时应力。

把温度低于应变点以下(t_1)、无应力的玻璃板进行双面均匀自然冷却至室温,在冷却过程中玻璃板内的温度分布和应力分布情况见图4-1所示。

注:有应力的玻璃是光学各向异性体。光在不同方向的传播速度不同,即有双折射现象。玻璃中的内应力可用双折射的光程差表示,单位为nm/cm。

从图中可知,当玻璃刚刚冷却时表面温度急剧下降,由于玻璃的导热系数低,故内层冷却缓慢,由此在玻璃内部产生温度梯度,沿厚度方向的温度场分布呈抛物线形。较低温度的外层收缩量应大于内层,但由于受到内层的阻碍而不能收缩到正常收缩量,所以外层产生张应力,内层处于压缩状态而产生了压应力。这时玻璃厚度方向的应力分布为外层张应力,内层压应力其应力分布呈抛物线形。在玻璃中间的某层,压应力和张应力大小相等,应力方向相反,相互抵消,该层应力为零,称中性层。

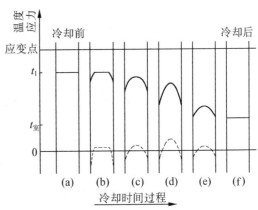

图 4-1　玻璃暂时应力产生的示意图
—— 温度分布曲线；······ 应力分布曲线

玻璃继续冷却,当表面层冷却到室温后,表面温度不再下降,其体积也不再收缩,但内层温度高于外层,它将继续降温收缩,这样外层开始受到内层的拉引而产生压应力,此部分应力将部分抵消冷却开始时受到的张应力,而内层收缩时受到外层的拉伸受到张应力,将部分抵消冷却开始时的压应力。随着内层温度的不断下降,外层的张应力和内层的压应力不断相互抵消,当内外层温度一致时,玻璃中不在存在应力。

反之,若玻璃板由室温开始加热,直到应变点以下某温度保温时,其温度变化曲线与应力变化曲线恰与上述相反。

暂时应力虽然随温度梯度的消失而消失,但其应力值应严加控制,若超过了玻璃的抗张强度的极限,玻璃会发生炸裂。通常应用这一现象以骤冷却来切割玻璃制品及玻璃管、玻璃棒等。

2. 永久应力

当玻璃内外温度相等时所残留的热应力称为永久应力。

将一玻璃板加热到高于玻璃应变点以上的某一温度,待均热后板两面均匀自然冷却,经一定时间后玻璃中温度场呈抛物线分布,如图 4-2 所示。玻璃外层为张应力而内层为压应力,由于应变点以上的玻璃具有粘弹性,即此时的玻璃为可塑状态,在受力后会产生位移和变形,使由温度梯度所产生的内应力消失。这个过程称为应力松弛过程,这时的玻璃内外层虽存在着温度梯度但不存在应力。当玻璃冷却到应变点以下,玻璃已成为弹性体,以后的降温与应力变化与前述的产生暂时应力情况相同,待冷却到室温时虽然消除了应变点以下产生的应力,但不能消除

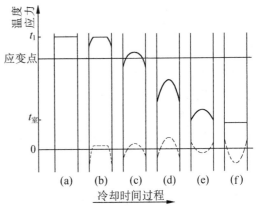

图 4-2　玻璃永久应力产生的示意图
—— 温度分布曲线；······ 应力分布曲线

应变点以上所产生的应力,此时,应力方向恰好相反,即表面为压应力,内部为张应力,这种应力为永久应力。

4.1.2 玻璃中的结构应力

玻璃因化学组成不均导致结构上的不均而产生的应力称结构应力。它属于永久应力,玻璃即使经退火也不能消除这种应力。玻璃中的成分不均体,其热膨胀系数与主体玻璃不相同,因而主体玻璃与不均体的收缩、膨胀量也不相同,在其界面上产生了应力,所以退火也不能消除这类应力。

4.1.3 机械应力

由外力作用在玻璃上引起的应力,当外力除去时应力随之消失,此应力称机械应力。在生产过程中,若对玻璃制品施加过大的机械力也会使玻璃制品破裂。

4.2 玻璃的退火

4.2.1 玻璃的退火温度

为了消除玻璃中的永久应力,必须将玻璃加热到低于玻璃转变温度 T_g 附近的某一温度进行保温均热,以消除玻璃各部分的温度梯度,使应力松弛。这个选定的温度,称为退火温度。玻璃的最高退火温度是指在此温度下经三分钟能消除应力 95%,也叫退火上限温度;最低退火温度是指在此温度下经三分钟只能消除应力 5%,也叫退火下限温度。最高退火温度至最低退火温度之间称为退火温度范围。

4.2.2 玻璃退火工艺

玻璃的退火制度与制品的种类、形状、大小、容许的应力值、退火炉内温度分布等情况有关。目前采用的退火制度有多种形式。一般根据退火原理,退火工艺可分为四个阶段:加热阶段、均热阶段、慢冷阶段和快冷阶段。按上述四个阶段可作出温度–时间曲线,此曲线称为退火曲线,如图 4-3 所示。

1. 加热阶段

不同品种的玻璃有不同的退火工艺。有的玻璃在成型后直接进入退火炉进行退火,称为一次退火;有的制品在成型冷却后再经加热退火,称为二次退火。所以加热阶段对有些制品并不是必要的。在加热过程中,玻璃表面产生压应力,所以加热速率可相应高些,例如 20℃ 的平板玻璃可直接进入

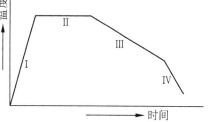

图 4-3 玻璃退火曲线示意图
Ⅰ—加热阶段;Ⅱ—均热阶段;
Ⅲ—慢冷阶段;Ⅳ—快冷阶段

700℃ 的退火炉,其加热速率可高达 300℃/min。考虑到制品大小、形状、炉内温度分布的不均性等因素,在生产中一般采用的加热速率为 $20/a^2 \sim 30/a^2$(℃/min),光学玻璃一般小于 $5/a^2$,式中 a 为制品厚度的一半,其单位为 cm。

2. 均热阶段

把制品加热到退火温度进行保温、均热以消除应力。在本阶段首先要确定退火温度,其次是保温时间。一般把此退火上限温度低 20~30℃ 作为退火温度。保温时间可按

$70a^2 \sim 120a^2$ 计算,或者按应力容许值进行计算

$$t = 520 \frac{a^2}{\Delta n} \tag{4-1}$$

式中 Δn—— 玻璃退火后容许存在的内应力,nm/cm。

3. 慢冷阶段

为了使玻璃制品在冷却后不产生永久应力,或减小到制品所要求的应力范围内,在均热后必须进行慢冷,以防止过大的温差。一般按下式计算冷却速度

$$h_0 = \frac{6\lambda(1-\mu)\sigma}{E\alpha(a^2 - 3x^2)} \tag{4-2}$$

式中 α—— 膨胀系数;E—— 弹性模量;

λ—— 导热系数;μ—— 泊松比;

h_0—— 冷却速度;a—— 制品厚度的一半;

x—— 应力测试点离壁厚中线的距离。

对一般工业玻璃

$$\frac{\alpha E}{6\lambda(1-\mu)} \approx 0.45 \tag{4-3}$$

$$\sigma = 0.45h_0(a^2 - 3x^2)(\text{MPa}) = 13h_0(a^2 - 3x^2)(\text{nm/cm}) \tag{4-4}$$

此阶段冷却速度的极限值为:$10/a^2$(℃/min),每隔10℃冷却速度增加0.2℃/min,所以也可按下式计算

$$h_t = h_0\left(1 + \frac{\Delta t}{300}\right)(\text{℃/min}) \tag{4-5}$$

式中 h_0—— 开始时的冷却速度;h_t—— 在 t℃ 时的冷却速度。

4. 快冷阶段

玻璃在应变点以下冷却时,如前所述,只产生暂时应力,只要它不超过玻璃的极限强度,就可以加快冷却速度以缩短整个退火过程、降低燃料消耗、提高生产率。此阶段的最大冷却速度可按下式计算

$$h_c = 65/a^2 \tag{4-6}$$

生产上一般都采用较低的冷却速度,这是由于制品或多或少地存在某些缺陷,以免在缺陷与主体玻璃的界面上产生张应力。对一般玻璃采用此值的 15% ~ 20%,甚至采用

$$h_c < \frac{2}{a^2} \tag{4-7}$$

上述参数确定后,通常还应在生产实践中加以调整。

4.3   玻璃的淬火

玻璃的实际强度比理论强度低很多,根据断裂机理,可以通过在玻璃表面造成压应力层的办法——淬火(又称物理钢化)使玻璃得到增强。这是机械因素起主要作用的结果。

玻璃的淬火,就是将玻璃制品加热到转变温度 T_g 以上 50 ~ 60℃,然后在冷却介质中(淬火介质)急速均匀冷却,在这一过程中玻璃的内层和表面将产生很大的温度梯度,由

此引起的应力由于玻璃的粘滞流动而被松弛,所以造成了有温度梯度而无应力的状态。冷却到最后,温度梯度逐渐消除,松弛的应力即转化为永久应力,这样造成了玻璃表面均匀分布的压应力层。

这种内应力的大小与制品的厚度,冷却速度及玻璃的膨胀系数有关。因此认为薄玻璃和具有低膨胀系数的玻璃较难淬火。淬火薄玻璃制品时,结构因素起主要作用;而淬火厚玻璃制品时则是机械因素起主要作用。

用空气作淬冷介质称风冷淬火;用液体如油脂、硅油、石腊、树脂、焦油等作淬火介质时称液冷淬火。此外,还用盐类如硝酸盐、铬酸盐、硫酸盐等作为淬火介质。

4.3.1 淬火玻璃的特性

淬火玻璃同一般玻璃相比较,其抗弯强度,抗冲击强度及热稳定性等都有很大的提高。

1. 抗弯强度

淬火玻璃的抗弯强度比普通玻璃大 4~5 倍。厚度 5~6mm 的淬火玻璃,抗弯强度可达 167MPa。

淬火玻璃的应力分布,在玻璃厚度方向上呈抛物线型。表面层为压应力,内层为张应力(如图 4-4a),当其受到弯曲载荷时,由于力的合成结果,最大应力值不在玻璃表面,而是移向玻璃的内层,这样玻璃就可以经受更大的弯曲载荷(图 4-4(b),(c))。

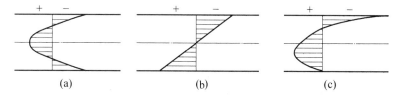

图 4-4　淬火玻璃受力时应力沿厚度分布图
(a)淬火玻璃应力分布;(b)退火玻璃受力应力分布;
(c)淬火玻璃受力应力分布
图中正号表示张应力,负号为压应力

2. 抗冲击强度

淬火玻璃抗冲击强度比一般玻璃大几倍。淬火玻璃和普通玻璃的强度对比见表 4-2。

3. 热稳定性

淬火玻璃的抗张强度提高,弹性模量下降,此外,密度也较退火玻璃为低,从热稳定性系数 K 的计算公式可知,淬火玻璃可经受温度突变的范围达 250~320℃,而一般玻璃只能经受 70~100℃,见表 4-2。

表 4-2　淬火平板玻璃同普通玻璃性能对比

种类	厚度 (mm)	热　稳　定　性		抗冲强度 kg. m	抗弯强度 (MPa)
		0% 破坏	100% 破坏		
普通玻璃	2	100℃	140℃	0.07	73.5
	3	80℃	120℃	0.14	63.7
	5	60℃	100℃	0.17	49
淬火玻璃	5	170℃	220℃	0.83(6mm 厚)	
	8	170℃	220℃	1.2	147
	10	150℃	200℃	1.5	

4. 其它性能

淬火玻璃也称安全玻璃,它破坏时首先是在内层,由张应力作用引起破坏的裂纹传播速度很大,同时外层的压应力有保持破碎的内层不易散落的作用,因此淬火玻璃在破裂时,只产生没有尖锐角的小碎片。

淬火玻璃中有很大的相互平衡着的应力分布,所以一般不能再行切割。

在淬火加热过程中,玻璃的表面裂纹减少,表面状况得到改善,这也是淬火玻璃强度较高和热稳定性较好的原因之一。

4.3.2 玻璃的淬火工艺

根据玻璃制品的种类及性能的要求不同,玻璃的淬火常采用两种不同的工艺。

1. 风冷淬火

玻璃器皿及平板玻璃一般均用风冷淬火。淬火制品是平板状的,称为平面淬火(平淬火),如为曲面的,称为弯面淬火(弯淬火)。一般的淬火工艺流程如下

玻璃→电加热淬火炉→风栅急冷→性能检测→包装

2. 液冷淬火

厚度小于 2.5~3mm 的玻璃制品,在风冷淬火时由于玻璃内外层温差小,产生的热弹性应力也小,所以淬火程度很低。为使薄壁制品淬火程度提高,必须加大急冷强度。可以采用热容量大的低温液体作为淬火介质,常用的除了树脂(硅树脂)等之外,还可用低熔点金属熔盐等。其工艺流程为

制品→加热→液冷→洗涤→检验→包装

4.3.3 影响玻璃淬火的工艺因素

玻璃淬火后所产生的应力大小与淬火温度、冷却速率、玻璃的化学组成以及厚度等有直接关系。

玻璃开始急冷时的温度称为退火温度。淬火过程中应力松弛的程度,取决于产生的热弹性应力的大小及玻璃的温度,前者由冷却强度及玻璃厚度决定,当玻璃厚度一定时,玻璃中永久应力的数值随淬火温度及冷却强度的提高而提高。淬火温度提高到某一数值时,应力松弛程度几乎不再增加,永久应力趋近于一极限值。

在其它条件不变时,淬火冷却速度越快则淬火程度越大。

应力同玻璃的热膨胀系数 α、杨氏弹性模量 E 及温差 ΔT 成正比,与泊松比 μ 成反比,而玻璃的这些性质都是由玻璃的组成所决定,所以,玻璃的淬火程度与玻璃的组成有密切的关系。

在相同的淬火条件下,玻璃越厚,淬火程度越高。在非平板玻璃制品淬火时,要求厚度要均匀,厚度差不能太大,否则会因应力分布不均而破裂。

第五章　玻璃的缺陷

玻璃缺陷的形成与各工艺环节是否正常进行有密切的关系,如配合料的质量、熔制过程、成型以及退火等都能产生各种玻璃缺陷。通常所谓玻璃缺陷是指玻璃体内所存在的、引起玻璃体均匀性破坏的各种夹杂物,如气泡、结石、条纹、节瘤等。有缺陷的制品在使用过程中极易炸裂。

理想的、均一的玻璃是很少的。根据玻璃制品的用途不同,一般对缺陷程度有不同要求。例如,光学玻璃,即使肉眼看来不明显的条纹也是不允许存在的;在厚壁瓶罐玻璃中一般可容许一些条纹或尺寸小的气泡存在,但在容器玻璃中同样的条纹与气泡就要作为疵病来对待。通常,在生产中应尽量地减少缺陷。因此,研究玻璃缺陷形成的原因并提出相应的预防措施对提高玻璃制品的产量和质量有着重要的意义。

5.1　气　　泡

玻璃制品常以气泡的直径及单位体积内的气泡个数来划分质量等级。制品中气泡的形状呈球形、椭圆形、细长形,它的形状与成型过程有关。大部分气泡为无色透明的,也有极少量的有色气泡,如白色的芒硝泡。气泡直径过小的称灰泡或尘泡。气泡中的气体有:O_2,N_2,H_2O,CO_2,CO,H_2,SO_2,H_2S,NO_2 等。也有的是真空泡或空气泡。

通常气泡的形成有以下几种原因。

5.1.1　残留气泡的形成

在玻璃熔制过程中,配合料中各种盐类都将在高温下分解,所放出的大量气体不断地从熔体中排除。熔体进入澄清阶段还继续排除气泡。为加速排除气泡,一般采用高温熔制以降低玻璃的粘度,或加入降低表面张力的物质,或使窑内压力降低以使气泡逸出。但尽管如此,有些气泡仍然会残留在玻璃液内,或者由于玻璃液与炉气相互作用后又产生气泡而又未能及时排除,这就形成了残留气泡。

要防止这种气泡,必须严格遵守配料与熔制制度,或调整熔制温度,改变澄清剂种类和用量,或适当改变玻璃成分,使熔体的粘度和表面张力降低。以上都是排除玻璃液中气泡的有利措施。

5.1.2　二次气泡的形成

二次气泡的形成可以有两种原因,即物理的和化学的。

玻璃液澄清结束后,玻璃液处于气液两相平衡状态,若降温后的玻璃液又一次升温超过一定的限度,原溶解于玻璃液中的气体由于温度增高而引起熔解度下降,所以析出了极细小的、分布均匀的、数量极多的气泡,这就是二次气泡。这种情况属物理上的原因。

由于化学上原因产生二次气泡的成因可以有多种多样。在使用芒硝的玻璃液中,未分解完全的芒硝在冷却阶段继续分解而形成二次气泡;含钡玻璃由于过氧化钡在低温时的分解形成二次气泡;以硫化物着色的玻璃与含硫酸盐的玻璃接触也产生二次气泡等。

由于二次气泡产生于玻璃液的低温状态下,其粘度很大,因而微小的气泡极难排除,且由于玻璃液是高粘滞液体,要建立新的平衡是比较缓慢的。

由于二次气泡的成因不同,为防止二次气泡应有相应的措施。

5.1.3 耐火材料气泡的形成

玻璃液与耐火材料相互进行物理化学作用而产生气泡。

耐火材料本身有一定的气孔率,当与玻璃液接触后,因毛细管作用,玻璃液进入缝隙将气体挤出而成气泡,耐火材料的气孔率比较大,因而放出的气体量是相当可观的。耐火材料所含铁的氧化物对玻璃液中残留的盐类的分解起着催化作用,这也会使玻璃液产生气泡。另外由还原焰烧成的耐火材料,在其表面上或缝隙中会留有碳素,这些碳素与玻璃液中的变价氧化作用而生成气泡。

为防止这类气泡的产生,必须提高耐火材料的质量,降低气孔率,并在熔制工艺操作上严格遵守作业制度,减少温度的波动。

5.1.4 金属铁引的气泡

在玻璃窑炉的操作和维修过程中,有时因操作不慎,偶然会有铁器落入玻璃液中,并逐渐熔解,使玻璃着色,而铁中的碳也将氧化成 CO 及 CO_2 而形成气泡。这种气泡周围常常有一层为氧化铁所着色而成的褐色玻璃薄膜。

5.1.5 其他气泡形成的原因

由于粉料颗粒间的空气在高温熔化时未能及时排除,或由成型时因挑料而带入的空气,或搅拌叶带入的空气等都可以形成空气泡。

当玻璃表面遭受急冷而使外层结硬,而内层还将继续收缩,这时只要内层中有极小的气泡就造成了真空泡。

在玻璃电熔过程中,如果电流密度过大,在电极附近就会产生氧气泡。

5.2 结 石

结石是出现在玻璃中的结晶夹杂物。结石是玻璃制品中最严重的缺陷,它不仅破坏了玻璃制品的外观和光学均一性,而且降低了制品的使用价值。另外,由于结石与主体玻璃的热膨胀系数不同,因而在制品加热或冷却过程中造成界面应力,它是制品出现裂纹和炸裂的主要原因。

根据结石产生的原因,它可以分为以下几类。

5.2.1 配合料的结石

配合料结石是配合料中未熔化的颗粒。在大多数情况下,配合料结石是石英颗粒。这类结石通常呈白色,其边缘由于逐渐熔解而变圆,其表面常有沟槽,在石英颗粒周围有一层 SiO_2 含量较高的无色圈,它粘度高,不易扩散,常导致形成粗筋。石英颗粒边缘往往会出现方石英和鳞石的晶体。除石英结石外,氧化铝颗粒也可能生成结石。

配合料结石的产生和原料的选择与加工、配合料制备工艺、加料方法、熔制条件等工艺因素有关。

5.2.2 耐火材料结石

当耐火材料受到侵蚀剥落,或在高温下玻璃液与耐火材料相互作用后有些碎屑就可能夹杂到玻璃制品中而形成耐火材料结石。另外,硅砖彻筑的窑碹、胸墙在高温下受到碱气和碱飞料及其它挥发物的作用,而在其表面形成熔溜物,逐渐形成液滴而落入玻璃中形成结石。

出现耐火材料结石的主要原因可归结如下:

1)耐火材料质量低劣;

2)耐火材料使用不当;

3)熔化温度过高;

4)助熔剂用量过大;

5)易起反应的耐火材料砌在一起。

由此可见,要减少耐火材料结石,必须选用优质耐火材料,注意耐火材料的匹配合理使用,同时还应严格控制熔制工艺制度。

5.2.3 析晶结石

玻璃体的析晶结石,是由于玻璃在一定温度范围内,本身的析晶所造成的,这种析晶作用在生产中通常称之为"失透",是影响玻璃质量的一个很重要的因素。

当玻璃液长期停留在有利于晶体形成和生长的温度条件下,玻璃中的化学组成不均匀部分,是促使玻璃体产生析晶的主要因素。析晶结石往往首先出现在各相分界线上(如玻璃液面、气泡附近、与耐火材料接触部分等)和各种其它缺陷中开始产生,然后生长成为析晶结石。

析晶结石常见的晶体有磷石英与方石英(SiO_2)、硅灰石($CaO \cdot SiO_2$)、失透石($Na_2O \cdot 3CaO \cdot 6SiO_2$)、透辉石($CaO \cdot MgO \cdot 2SiO_2$)及二硅酸钡($BaO \cdot 2SiO_2$)等。

玻璃成分对产生析晶结石有明显的影响,因为成分不同其晶核生长速度及晶体成长速度都不同。另外窑炉的温度制度及其结构也对产生析晶结石有较大的影响。

因此,防止产生析晶结石的主要措施有:

1)选择析晶倾向小的玻璃成分,降低析晶氧化物的含量。

2)尽量减小玻璃液在窑炉的易析晶区的停留时间。

3)尽量减少窑炉结构中使玻璃液滞留的死角。

5.2.4 其它结石

在玻璃液中,常见结石除上述几种情况外,还有硫酸盐夹杂物及黑色夹杂物等。

玻璃熔体中所含硫酸盐若超过所能熔解量,它就会以硫酸盐的形式成为浮渣析出,在冷却后硬化而成为结晶体,即所谓硫酸盐夹杂物。

玻璃中常见的黑色夹杂物多数是直接或间接来自于配合料,常见的有氧化铬晶体、氧化镍晶体、铬铁晶体等。

5.3 条纹和节瘤

玻璃主体内存在的异类玻璃夹杂物称为玻璃态夹杂物(条纹和结瘤),它属于一种比较普遍的玻璃不均匀性缺陷,在化学组成和物理性质上都与玻璃主体不同。

由于条纹、节瘤在玻璃主体上呈不同程度的凸出部分,它与玻璃的交界面不规则,表现出由于流动或物理化学性的熔解而互相渗透的情况。它分布在玻璃的内部,或在玻璃的表面上。大多呈条纹状,也有的呈线状、纤维状,有时似疙瘩而凸出。有些细微条纹用肉眼看不见,必须用仪器检查才能发现,然而这在光学玻璃中也是不允许的。对于一般的玻璃制品,在不影响其使用性能情况下,可以允许存在一定程度的不均匀性。呈滴状的、保持着原有形状的异类玻璃称为节瘤。在制品上它以颗粒状、块状或片状出现。条纹和节瘤由于它们产生的原因不同,可以是无色的、绿色的或棕色的。

根据扩散机理,比玻璃粘度低的条纹和节瘤,通常可以熔解在玻璃熔体中。残留在玻璃中的条纹和节瘤,一般其粘度都比玻璃粘度高。在生产实践中常常遇到的条纹和节瘤大多富含二氧化硅和氧化铝。

根据条纹和节瘤产生的原因不同,一般可将其分为以下几类。

5.3.1 熔制不均匀引起的条纹和节瘤

玻璃在熔化过程中,通过"均化"阶段的作用,使熔体各部分互相扩散,消除不均一性。若均化进行不够完善,玻璃体中必将存在不同程度的不均一性。这是导致条纹和节瘤的一个重要原因。除此之外,熔制制度的稳定和窑内的气体也对条纹和节瘤的产生有较大的影响。当熔制温度不稳定时,破坏了均化的温度制度,同时也引起冻凝区的玻璃液参加液流,导致条纹和节瘤的出现。对于含硫酸盐的玻璃来说,窑内气体的作用就有可能对它产生着色(棕黄色)条纹。

5.3.2 窑碹玻璃滴引起的条纹和节瘤

在窑碹和胸墙等部位的耐火材料侵蚀后所形成的玻璃滴,多属于富二氧化硅或富氧化铝质。这两种玻璃的粘度都很大,在玻璃熔体中扩散很慢,往往来不及熔解就形成了条纹和节瘤。

5.3.3 耐火材料被侵蚀引起的条纹和节瘤

玻璃熔体侵蚀耐火材料,被破坏的部分可能以结晶状态落入玻璃体内形成结石。也可能形成玻璃态物质熔解在玻璃体内,使玻璃体内增加了提高粘度和表面张力的组分,所以形成条纹。

5.3.4 结石熔化引起的条纹和节瘤

结石在玻璃体中受玻璃熔体的作用,逐渐以不同的速度熔解,当结石具有较大的熔解度和在高温停留一定时间后,就可以消失。结石熔解后所形成的玻璃体与主体玻璃仍具有不同的化学组成,形成节瘤或条纹。

第六章　建筑玻璃及其深加工

建筑玻璃按其用途可分为两大类。第一类是透视采光用的窗用平板玻璃;第二类是作为墙体装饰用的建筑玻璃饰面材料。

对建筑玻璃实行深加工,是当前平板玻璃厂在生产上的第二条主线。一次产品经深加工后,不但增添了新的性能与扩大了用途,而且它的增值远远超过了一次产品,目前,深加工的产品主要有:钢化玻璃、夹层玻璃、中空玻璃、镀膜玻璃等。

6.1　玻璃马赛克

玻璃马赛克是建筑材料中用量较大的内外墙饰面材料。它是继陶瓷马赛克之后发展起来的一种玻璃墙体装饰材料,它色彩鲜艳、化学稳定性好、力学强度高、价格便宜且施工方便,而且对阳光的漫反射使色泽更加优雅,因而获得了广泛的应用。

玻璃马赛克的生产方法有熔融法和烧结法两类。目前普遍使用的是熔融法。

6.1.1　熔融法

最常用的生产玻璃马赛克的方法是池窑熔融连续压延法,其特点是产量高、质量好、成本低,尤其是色泽稳定、色差小。

1. 工艺流程

熔融法生产玻璃马赛克的工艺流程为

原料→配料→池窑熔化→连续压延→退火→折断→挑选→拼装→粘贴纸皮→成品→入库。

根据马赛克制品的特点(在制品中必须留有部分未熔化的砂粒),一般在窑炉设计上常采用换热式双碹顶池窑,池底成斜坡式,配合料经高温熔化后,带有砂粒、气泡、不均体的玻璃液以薄层方式沿斜坡流向出料口,在此过程中气泡大部分排除、不均体进一步均化,成为压制玻璃马赛克所需的、具有特定状态(砂粒、乳浊、彩色)的合格玻璃液。经压延后成型的玻璃马赛克由网带输送机在密闭通道中以较低冷却速度缓冷,退火后经挑选、拼排、贴纸而成产品。

2. 原料及配方

玻璃马赛克所用原料可分为以下四类。

主要原料　包括硅砂、石灰石、白云石、纯碱、硝酸钠、长石、三氧化砷等。

着色原料　主要有重铬酸钾(黄绿色)、氧化钴(兰色)、氧化铜(湖兰色)、氧化锰(紫色)、硫化镉和碘粉(红色、橙色、黄色)、氧化镍(灰色)等,有时为了得到系列色彩,常采用组合着色剂。

乳浊原料　主要有石英砂、氟化物、氧化物(Al_2O_3)、磷化物(Ca_3PO_4、骨灰、天然磷灰石等），其中石英砂的常用量为成分外加 10% ~20%，且只适用于有色玻璃马赛克。采用氟化物时，为了达到饱和乳浊度须引入 4% ~5% 的 F⁻。采用 Al_2O_3 时一般加入量为玻璃液量的 5% ~6%。

在玻璃配合料中加入一定量的着色剂就可熔制出适用于生产彩色玻璃马赛克的玻璃液，表 6-1 给出了玻璃马赛克的参考组成。

当前国内生产玻璃马塞克的成分并不统一，而且相差较大，这主要决定于生产厂所能提供的生产条件，对制品的质量要求及对利润的企求等。

表 6-1 彩色玻璃马赛克成分(%)

	SiO_2	CaO	Al_2O_3	R_2O	ZnO	F^-	CdS	Se	酒石酸钠
红色	60	7	1.5	18	10	3.5	1.5	0.6	2
黄色	65	7	3	13	8	3.5	2.0	0.1	2
兰色	70.5	8	3	15	–	2.5	0.015(CoO)		
白色	70	5.5	3	13	3	5.5	1(CuO)　1.5(Cr_2O_3)		
绿色	67.5	8	2	15.5	–	3.5			

3. 压延系统

压延机是生产玻璃马赛克的成型设备。当前采用的压延机主要是对辊式，如图 6-1 所示。

熔制好的玻璃液经出料孔（图 6-1(a)）或经料道（图 6-1(b)）流入压机的第一对辊，把玻璃液压成规定厚度与宽度的玻璃带，进入第二对辊时，由辊上的辊切刀切成 20mm×20mm 或 25mm×25mm 的正方形玻璃马赛克片，然后经过渡板进入网带传送机送入空间密闭的遂道式退火窑。最后经过折断、拼装、粘贴即成为成品玻璃马赛克。

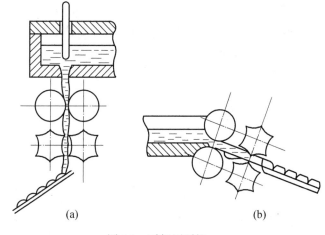

(a)　　　　　　　(b)

图 6-1 对辊压延机

6.1.2 烧结法

烧结法玻璃马赛克生产工艺流程如下（流程图见下页）。

1. 玻璃粉制备

把碎玻璃按颜色分类，用水进行冲洗后，送入球磨机粉碎，为提高粉碎效率与防尘，应往球磨机内加入 30% ~50% 的水，球磨中球与玻璃的质量比为 1 时，研磨 12 小时出料，其细度为 60 目以下，经沉淀、干燥即成玻璃粉。

2. 配料与成型

所用粘合剂是硅酸钠的水溶液，防泡剂是氧化锌和缩合剂是磷酸盐（磷酸铝、磷酸

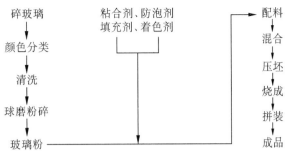

钙、磷酸镁、磷酸钙镁等），填充剂主要是高岭土，其配方如下

玻璃粉	氧化锌	磷酸盐	高岭土	着色剂	硅酸钠水溶液	水
100	3	1.5	3	按需加入	8	2

使用30t摩擦压力机成型，压力为25MPa，配合料的总水分控制在7%～10%范围内。

3. 着色剂的添加量

玻璃马赛克颜色	无机颜料添加剂
白　色	氧化钛
浅绿色	兰色料0.5+黄色料0.1
粉红色	粉红色料0.2+氧化钛0.1
黄　色	黄色料0.5+氧化钛0.1
黑　色	氧化铁0.2
绿　色	兰色料0.5+黄色料0.3

4. 制品的烧成

制品的烧成温度为700～800℃，烧成时间为0.5h～4h。

6.2　建筑用微晶玻璃

把加有晶核剂（或不加晶核剂）的特定组成的玻璃在有控条件下进行晶化热处理，使原单一的玻璃相形成了有微晶和玻璃相均匀分布的复合材料，称之为微晶玻璃。

6.2.1　组成的选择

作为建筑用微晶玻璃装饰板材要求具有强度大、硬度高、耐酸碱侵蚀、吸水率低及热膨胀系数小等性能。

微晶玻璃的综合性能主要决定于析出晶相和种类、微晶体的尺寸与数量、残余玻璃相的性质与数量。第一项由所选组成决定，后四项主要由热处理制度所决定。微晶玻璃的原始组成不同，其晶相的种类也不同。常见的晶相有 β-硅灰石、β-石英、氟金云母、霞石、二硅酸锂、铁酸钡、钙黄长石、青石等。各种晶相赋予微晶玻璃不同的性能。

符合建筑微晶玻璃性能要求的是 β-硅灰石晶相。为此常选用 $CaO-Al_2O_3-SiO_2$ 系统为该类微晶玻璃的玻璃系统，常见成分见表6-2。

表 6-2　CaO–Al$_2$O$_3$-SiO$_2$ 微晶玻璃组成(%)

颜色\组成	SiO$_2$	Al$_2$O$_3$	B$_2$O$_3$	CaO	ZnO	BaO	Na$_2$O	K$_2$O	Fe$_2$O$_3$	Sb$_2$O$_3$
白色	59.0	7.0	1.0	17.0	6.5	4.0	3.0	2.0		0.5
黑色	59.0	6.0	0.5	13.0	6.0	4.0	3.0	2.0	6.0	0.5

6.2.2　建筑微晶玻璃的性能

建筑微晶玻璃饰面板材与天然石材大理石、花岗岩的性能列于表 6-3。

表 6-3　建筑用微晶玻璃与大理石、花岗岩的性质

	β–硅灰石型微晶玻璃	大理石	花岗岩
30~380℃热膨胀系数(×10^{-7}/℃)	62	80~260	80~150
密度(g/cm^3)	2.72	2.71	2.61
耐压强度(MPa)	118~549	90~230	60~300
硬度：莫氏	6	3.5	5.5
维氏(100g)	600	130	130~570
吸水率(%)	0.00	0.02~0.05	0.23
热传导率(W/cm^2℃)	17.17	21.7~23.0	20.9~23.0
耐酸性(1% H$_2$SO$_4$)	0.08	10.30	0.91
耐碱性(1% NaOH)	0.054	0.28	0.08

由表 6-3 可以看出,含 β–硅灰石晶相的微晶玻璃在材料尺寸稳定性、耐磨性、抗冻性、光泽度的持久性、强度等均优于天然石材的大理石及花岗岩。

6.2.3　微晶玻璃的生产工艺

建筑微晶玻璃的生产方法有两种,即压延法和烧结法,其工艺流程为

1. 原料

生产微晶玻璃时,一般都使用矿物原料和化工原料。矿物原料主要有硅砂、石灰石、白云石、长石、重晶石等;化工原料主要有锌白、纯碱、钾碱、锑粉、硼砂、硼酸以及各种着色剂。

矿渣微晶玻璃原料以矿渣为主,如铁渣、矾矿渣等,它们的用量可达 40%~50%,另加硅砂、粘土、化工原料。所得颜色以黑色为主,若加锌可得灰白色微晶玻璃。

为加速晶核形成,一般都加入晶核剂,当氧化钙含量较高时也可不加晶核剂。常用的晶核剂有硅氟酸钠、氟化钙、硫化锌、硫化镁、铁矿石等。

所用着色剂与制造一般颜色玻璃相同。

2. 玻璃熔制

红色与黄色微晶玻璃因使用硒粉着色,其挥发量可达 90%,所以常用密封性好的坩

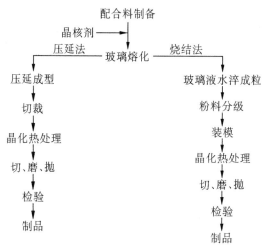

```
                        配合料制备
                            │
                 晶核剂 ───→│
                            │
         压延法        玻璃熔化        烧结法
        ┌───────────────┴───────────────┐
        ↓                               ↓
     压延成型                       玻璃液水淬成粒
        ↓                               ↓
      切裁                          粉料分级
        ↓                               ↓
    晶化热处理                        装模
        ↓                               ↓
    切、磨、抛                      晶化热处理
        ↓                               ↓
      检验                         切、磨、抛
        ↓                               ↓
      制品                           检验
                                        ↓
                                      制品
```

坩炉熔化。其它彩色的微晶玻璃都使用池窑熔化。建筑微晶玻璃的熔化温度为1 450~1 500℃,对玻璃液的质量要求与一般玻璃制品相同。

3. 成型

微晶玻璃成型可采用吹制、压制、拉制、压延、离心浇注、重力浇注、烧结、浮法等各种成型方法,但生产板状微晶玻璃目前以压延法和烧结法为主。

采用压延法时,其生产工艺与压延玻璃相同。玻璃经流槽直接进入两对压延辊压延成光面玻璃板。

烧结法是使玻璃液以细流状进入水槽中淬冷而成颗粒玻璃。颗粒玻璃经干燥、分级,以一定级配装模,经热处理烧结与核化晶化而成板状微晶玻璃。

压延法的主要优点是玻璃板的表面与内部均无气泡,但成品率低。烧结法的主要优点是成品率高,但玻璃板表面与内部气泡较多,尤其是表面气孔严重影响产品质量。

4. 晶化热处理

玻璃经晶化热处理后,才能形成微晶玻璃。热处理制度对主晶相种类、大小、数量,制品的炸裂、弯板、气泡的量与大小,产量、燃料耗量、成本等均有重要的影响。

在生产上热处理有两种制度,即阶梯式和等温式温度制度,如图6-2所示。

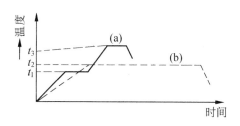

图6-2 微晶玻璃热处理温度曲线
（a）阶梯式温度制度；
（b）等温式温度制度

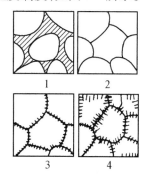

图6-3 玻璃的晶化过程
1—热处理前；2—850℃,1h;
3—950℃,1h;4—1 100℃,1h

图中 t_1 为核化温度,在此温度下持续恒温以促使晶核生成,t_3 为晶化温度,在此温度下持续恒温以促使晶体成长。t_2 是等温式温度制度下核化与晶化合一的热处理恒温温度,其值取在 t_1 与 t_3 之间。

若采用烧结法制造微晶玻璃,可以不加入晶核剂,而是利用颗粒表面的界面能低的特点,在其界面诱发 β – 硅灰石晶体,并由表及里地形成针状晶体,如图 6-3 所示。

采用压延法制造微晶玻璃通常都加入晶核剂。

6.3 钢化玻璃

玻璃是一种脆性材料,由于其抗张强度低,而使其应用受到了一定的制约。为了提高玻璃的强度,最有效的方法是将玻璃钢化。

玻璃的钢化方法通常有热钢化与化学钢化两种。

6.3.1 玻璃的热钢化

玻璃的热钢化就是在一定的条件下使玻璃进行淬火而使表面产生一层均匀分布的压应力,从而使其强度提高的热处理工艺。

1. 钢化玻璃生产工艺流程

以下流程是生产平面钢化和曲面钢化玻璃的典型流程。

2. 玻璃钢化设备

（1）钢化加热炉

钢化加热炉有多种不同的形式,按其单项功能有电加热和燃气加热、吊挂式与卧式、间歇式与连续式、接触式和气垫式等。根据制品的种类、质量要求、能源、投资量等而有多种组合形式。例如,当生产一般平钢化玻璃时,常采用电加热吊挂式间歇炉,而生产高级轿车用钢化玻璃则采用电加热、气垫型的连续式钢化加热炉。

图 6-4 为挂式间歇电加热炉,它是目前生产一般平钢化玻璃的最常用的设备。根据制品的大小,其加热段可分为一段、二段、三段或四段。

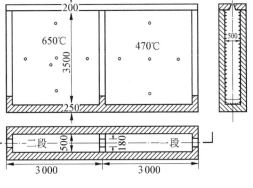

图 6-4 两段吊挂式电热炉

（2）玻璃的热弯

凡弯钢化玻璃都必须在钢化前进行热弯,通常有模压式、槽沉式和挠性弯曲成型三类。

模压式热弯是按曲面玻璃所需形状,做成阳模和阴模,在其外表面用玻璃布包裹,把热塑玻璃对压而成。

槽沉式热弯成型是热塑玻璃在加热炉内靠自重作用向下弯曲而落在模具上,如图6-5所示。

（3）风栅

风栅是热钢化法的急冷设备,它可以分为箱式风栅和气垫式风栅两类。箱式风栅又分为手风琴式风栅、固定式风栅和旋转式风栅。箱式风栅是使用最广的风栅。

手风琴式风栅的特点是鼓风钢化时,在气压作用下,喷嘴前壁向前移动,在钢化结束停止供气时,在弹簧作用下,恢复原位。其优点是玻璃板和喷嘴头部之间的距离可由60mm缩短为25mm,其结构如图6-6所示。

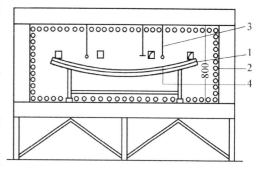

图 6-5　槽沉式热弯炉

1—模具;2—电阻元件;
3—热电偶;4—热弯后玻璃

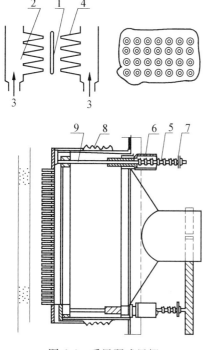

图 6-6　手风琴式风栅

1—玻璃板;2—风栅;3—进气口;
4—喷嘴长度55mm,喷嘴中心距为15mm;5—弹簧;6—圆管;7—阻挡器;8—伸缩套;9—拉杆

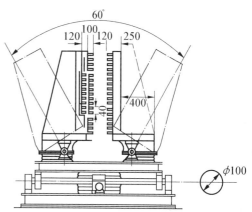

图 6-7　固定式弯钢化用风栅

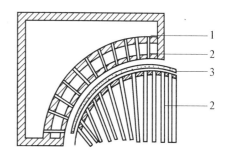

图 6-8　气垫式风栅

1—气箱;2—喷管;3—玻璃

固定式风栅的结构如图6-7所示。为提高钢化玻璃质量,利用偏心装置使风栅作100mm的圆周运动,为便于热弯后的玻璃进入风栅,常把风栅做成开启式的,其夹角为60℃。

旋转式风栅就是把固定风栅固定的旋转轴上而得。在生产上很少使用。

气垫式风栅的结构如图 6-8 所示,是目前最新型的风冷设备。其优点是钢化后应力均匀,无吊痕,因是连续钢化,所以产量大。

3. 热钢化工艺制度的确定

(1)炉壁温度的确定

玻璃对不同波长的射线具有不同的吸收能力,为此选择适宜的热源温度是必要的。表 6-4 列出了其间的关系。

表 6-4 热源温度、波长及玻璃的吸收

热源温度(℃)	900	600	500
热源波长(μm)	2.5	3.5	3.7
波　长(μm)	<2.7	2.7~4.5	>4.5
玻璃吸收状况	透射	部分吸收	吸收

平板玻璃钢化温度一般都在 630~750℃,因此炉壁温度选择在 750~850℃ 范围内是合适的,它的热辐射波长对玻璃是部分吸收,有利于玻璃内外层的均匀加热。

(2)钢化温度的确定。

应用经验公式确定

$$T_c = T_g + 80 \tag{6-1}$$

式中　　T_c —— 钢化温度;

　　　　T_g —— 玻璃的转变温度,以理论计算来确定。

也可以按玻璃粘度为 $10^{7.5}$ Pa·s 时的温度为钢化温度。

(3)炉子温度的确定

常用下式确定

$$\log(T_v - T_c) = ct + \log(T_v - T_r) \tag{6-2}$$

式中　　T_v —— 炉子温度;

　　　　T_r —— 室温;

　　　　T_c —— 玻璃钢化温度;

　　　　t —— 加热时间;

　　　　c —— 与玻璃组成、厚度有关的常数。

(4)电炉的宽度

选择炉堂宽度应考虑玻璃能否均匀加热。其与玻璃和辐射元件间的距离,玻璃和炉堂砖之间的距离密切相关。此外,为使玻璃均匀受热,炉子上下前后可采用分区调节。

(5)风冷时间

玻璃过度冷却是使玻璃产生翘曲的原因之一。一般采用先急冷、后缓冷的两段冷却法。急冷时间一般为 15s 左右。在冷却 15s 以后玻璃表面温度已降到 500℃ 以下,此时已不会再增加钢化强度,所以可以缓冷。

4. 影响热钢化的因素

热钢化产生的应力是二维各向同性的平面应力,只是随平板的厚度而变,习惯上把中

心面上的张应力 σ_M 称为"钢化程度",以作为钢化的量值。

影响玻璃钢化度的因素与玻璃淬火的影响因素相同,详见"玻璃的淬火"一节。

6.3.2 玻璃的化学钢化

在玻璃网络结构中,高价阳离子的迁移能力小,一价的碱金属离子的迁移率最大。化学钢化就是基于玻璃表面离子的迁移为机理的。其过程是把加热的含碱玻璃浸于熔融盐中处理,通过玻璃与熔盐的离子交换改变玻璃表面的化学组成,使得玻璃表面形成压应力层。

按压应力产生的原理可以分为以下几种类型。

1. 低温型处理工艺

这种工艺是以熔盐中半径大的离子(K^+)置换玻璃中半径小的离子(Na^+),使玻璃表面挤压产生压应力层。这种离子交换工艺都是在退火温度下进行的,故称为低温型处理工艺。

2. 高温型处理工艺

它是在转变温度以上,以熔盐中半径小的离子置换玻璃中半径大的离子,在玻璃表面形成热膨胀系数比主体玻璃小的薄层,当冷却时,因表面层与主体玻璃收缩不一致而在玻璃表面形成压应力。

3. 电辅助处理

上述两种工艺都是在浓度梯度情况下进行离子交换的,促进离子交换的另一途径是产生电场梯度,即使用电流以增大玻璃中离子迁移率。这种方法称为电辅助处理。

6.4　夹层玻璃

夹层玻璃是由两片或两片以上的玻璃用合成树酯胶片(主要是聚乙烯醇缩丁醛薄膜)粘结在一起而制成的一种安全玻璃。

一般要求的夹层玻璃多用于汽车、船舶、电视屏保护罩等。对安全要求高的夹层玻璃常用于防盗、防弹、飞机前风档、水下建筑物、银行窗口等。除安全性能外,还可以有其它附加性能,例如具有遮阳、电讯、加热等性能。

6.4.1 一般夹层玻璃的生产工艺流程

一般夹层玻璃(称 SR)的生产工艺流程为

1. 原片及中间膜片的清洗与干燥

原片的洗涤是为去除板面上的油污及杂物,中间膜片的洗涤是为去除 $NaHCO_3$ 粉。

2. 洒粉

玻璃板洗涤干燥后,进行配对合片,为防止板面磨伤及热弯时的粘片,在合片前用硬度小的滑石粉喷洒在下玻璃的表面上。在铺中间膜前再扫去上下玻璃表面上的滑石粉。

3. 热弯

在热弯炉中采用槽沉式进行玻璃热弯。

4. 预热和预压

为驱除玻璃板与中间膜之间的残余空气以及使中间膜能初步粘住两片玻璃,必须进行预热与预压。预热温度为 $100 \sim 150℃$。

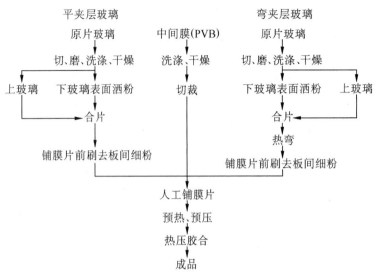

5. 热压胶合

目前主要的生产方法有两类:真空蒸压釜法和辊子法。

(1)真空蒸压釜法。把夹膜合片后的玻璃板放入蒸压釜中,先抽真空脱气,后加热预粘合,再继续加压胶粘而成。这类设备有立式油压釜和卧室气压釜之分。前者采用油作介质,用蒸气管把油加热到约130℃,同时用泵把油压升到1.5MPa,热压时间为95min,而后换水冷却,取出后送入水温为60~70℃的肥皂水池中,放置60min后清洗取出。后者用空气作介质用蒸气管加热空气到135~150℃,另外通入压力为1.1~1.4MPa的压缩空气,热压90min即成。

(2)辊子法。把夹膜合片后的玻璃板放在辊子上用夹辊排气,然后再加温加压而成。这种方法的优点是能自动化连续生产,但生产复杂形状的制品有困难。

6.4.2 抗贯穿性夹层玻璃(HPR)

该玻璃主要应用于汽车风档,它是采用两片3mm玻璃和一片0.76mm的高抗贯穿能力的胶片(称HPR)胶粘而成,采用这种玻璃,当汽车受到冲击时已无人员生命危险。

SR夹层玻璃中间膜与玻璃之间的粘着力大,玻璃破碎时不易错位,所以中间膜易为锐利的玻璃边所切断。它的耐冲击性的抗贯穿高度为1m。

HPR夹层玻璃中间膜与玻璃之间的粘着力稍低,在受冲破坏时,膜与碎片玻璃之间产生的位移量大于SR。另外,由于其厚度增加一倍,所以因锐边产生的掰断的几率远小于SR,它的耐冲击性的抗贯穿高度大于3.6m。

SR与HPR夹层玻璃除采用膜片不同外,其它生产工艺均相同。

6.4.3 加天线的弯夹层玻璃

此种玻璃用于汽车前风档玻璃。它是在中间膜中焊入0.10~1.10mm的铜线,再把此中间膜夹在玻璃板中间经热压而成。

天线的预埋方法是用一支带电热的笔,在笔杆上装有一卷直径为0.10~0.15mm的铜质天线,笔尖为一滚子,铜线加热后,被笔尖的滚子压入PVB胶片中,而后按弯夹层玻璃的生产方法制造。

6.4.4　电热线夹层玻璃

把夹层玻璃中的电热线通电加热后,使玻璃保持一定温度,从而防止玻璃表面在冬季结露、结雾、结霜、结冰等现象。这种夹层玻璃多用于车船前风档玻璃。电热线常采用钨丝而不采用康铜丝,因为前者的丝径更细而不影响视线。

6.4.5　导电膜夹层玻璃

这种玻璃是在表面上喷涂四氯化锡溶液形成一层氯化锡导电膜而成为导电玻璃,而后按夹层玻璃生产方法制得导电膜夹层玻璃。由于这种玻璃不加电热线,故不影响任何视线。

导电膜的生产过程如下:玻璃板在工作台上喷涂铜铅电极后,由链式推车机推入炉内加热,加热后的玻璃推入镀膜室,由五支喷嘴,向玻璃板喷射空气,以使玻璃板两面的压力相等。喷涂结束后,把玻璃推出喷涂室取下,洗涤、干燥,然后再由夹层工序制成夹层玻璃。

6.5　其他品种玻璃

6.5.1　中空玻璃

中空玻璃是一种节约能源的玻璃制品,它主要用于采暖和空调的建筑中,特别适用于寒冷地区的建筑物使用,也可用于建筑物内部湿度很高而又必须防止凝结水的建筑物中。

中空玻璃就是在两片玻璃之间周边镶有垫条,从而构成了一个充满干燥空气的整体。目前制造中空玻璃的方法有三种,即胶接法、焊接法、熔接法。焊接法和熔接法生产的中空玻璃具有较高的使用耐久性,而从工艺的角度看,胶接法生产却最为简便。由于胶接用的密封材料性质大有改进,所以目前仍主要以胶接法生产工艺为主。

中空玻璃具有良好的隔音、隔热和抗结露性能,总厚度为12mm、空气层厚度为6mm的双层中空玻璃(常以3+6+3表示其厚度规格)能使噪音减少到29dB。双层中空玻璃(5+6+5)和5mm的平板玻璃相比,当室内温度为20℃,相对湿度为50%时,能使开始结露时的室外温度从5℃降至−9℃。中空玻璃导热和隔热性能见表6-5。

表6-5　中空玻璃的导热和隔热性能

	玻璃厚度 （mm）	空气层厚度 （mm）	导热系数 （W/m·℃）	隔热值 （W/m²·℃）
窗 玻 璃	3		7.12	6.47
双层中空玻璃	3	6	3.60	3.41
双层中空玻璃	3	12	3.22	3.12

6.5.2　镀膜玻璃

采用镀膜法对窗用平板玻璃进行深加工是玻璃增添新的性质,拓宽新的用途的重要途经之一。玻璃镀膜可分为四种类型:从溶液中沉积薄膜、从化学蒸气中沉积薄膜、从物理蒸气中沉积薄膜以及电化学沉积薄膜。

从溶液中沉积薄膜可以制成金属膜、氧化物膜及有机膜等。

从化学蒸气中沉积薄膜的工艺又称为气相沉积(CVD)。它已成为膜技术中很重要的一类。它是使产生的蒸气相经化学反应形成固体膜。

从物理蒸气中沉积薄膜的工艺又称为物理气相沉积(PVD),是目前平板玻璃镀膜中应用最广泛的一种。它是由元素或化合物的气相直接凝结在玻璃表面上而成薄膜。

电化学是在高温下,通过电流把金属离子扩散入玻璃表面而成薄膜。

1. 气溶胶法

把金属盐类熔于乙醇或蒸馏水中而成为高度均匀的气溶胶液,然后把此溶液喷涂于灼热玻璃的表面上。由于玻璃已被加热具有足够的活性,在高温下金属盐经一系列转化而在玻璃表面上形成一层牢固的金属氧化物薄膜。

此种镀膜方法主要用来生产吸收紫外线的玻璃、颜色玻璃、对阳光有部分吸收和反射的遮阳玻璃、半透明的镜面玻璃等。

2. 溶胶凝胶法

这种方法是把金属醇化物的有机溶液在常温或近似常温下加水分解,经缩合反应而成溶胶,再进一步聚合生成凝胶。把具有一定粘度的溶胶涂覆于玻璃表面,在低温中加热分解而成镀膜玻璃。

3. 蒸发镀膜

蒸发镀膜又称为真空镀膜。它是在真空条件下使材料蒸发并在玻璃表面上凝结成膜,再经高温热处理后,在玻璃表面形成附着力很强的膜层。

具有一定的真空度是该工艺的首要条件。因为限量以上的残余气体将会影响膜的成分和性质。为实现这一工艺,一般残余气体的压力在 $1 \sim 0.1 Pa$ 之间,真空度可达 $10^{-11} Pa$。

蒸发材料目前已有 70 多种元素和 50 多种无机化合物可供选择。应该指出,在化合物材料蒸发过程中,简单组成的化合物常以化学计量比成膜,但具有复杂负离子的化合物几乎都要离解,得不到原化学计量比的化合物膜。

蒸发技术主要有直接电阻加热蒸发和间接电阻加热蒸发两类。直接电阻加热蒸发是把蒸发材料制成线材或杆材,把它置于两极之间,通过电流加热使之蒸发。这种方法目前很少使用。间接电阻蒸发主要有:容器加热蒸发、辐射加热蒸发、电子束加热蒸发等。

4. 阴极溅射法镀膜

用惰性气体(He,Ne,Ar,Kr,Xe)的正离子轰击阴极固体材料,所溅射出的中性原子或分子沉积在玻璃衬底上而成薄膜,这种镀膜方法称为阴极溅射法。

常用的溅射材料有:金属、半导体、合金、氧化物、氮化物、硅化物、碳化物、硼化物等。

5. 离子镀法镀膜

离子镀膜实质上是把真空镀膜的蒸发工艺与溅射法工艺相结合的一种新工艺,即蒸发后的气体在辉光放电中,在碰撞和电子撞击的反应中形成的离子,在电场中被加速,而后在玻璃板上凝结成膜。这种镀膜方法的优点是:膜的附着力强、密度高,适合于复杂形状材料镀膜,而且具有较高的镀膜率。

6. 电浮法镀膜

在直流电作用下,把浮在浮法玻璃表面的熔融金属中的金属离子扩散入玻璃的表面层中,在含氢的保护气体作用下,扩散入表面的离子成为胶体粒子而着色,或以离子着色。这种方法称为电浮法镀膜。

6.6 几类特种玻璃简介

在特种玻璃领域中,目前比较典型的,发展比较迅速的主要有光电子功能玻璃、微晶玻璃、溶胶-凝胶玻璃、有机-无机玻璃,以及生物玻璃。

6.6.1 光电子功能玻璃

光电子学是一门新兴科学,它包括通信、存储、光计算机、激光等高技术。所使用的玻璃材料有通信光纤、传感光纤、电光、磁光、声光、激光玻璃、光盘及液晶显示,大规模集成电路基板以及非线性光学玻璃、光导线路,二维矩阵透镜发展出来的灵巧玻璃(Smart Glass)部件等。

1. 通信光纤

光学纤维是利用光学波导原理,用低折射率玻璃作芯,外面为高折射率玻璃所包围,使光在纤维介面上全反射,达到远距离传输的目的。光纤通信具有通信容量大,价格便宜等优点,成为取代电缆的通信手段。光纤玻璃通常可分为三个类型:石英光纤、渐变光纤和非氧化物光纤。利用石英光纤作为光缆的光纤通信已于 1988 年和 1989 年分别完成横跨大西洋及太平洋的光电缆敷设。氟化物光纤在红外区有低的损耗,被称为第二代光纤。利用半导体泵浦的近红外 $1.31\,\mu m$ 和 $1.55\,\mu m$ 低损耗光纤也在近年成为研究热点。

2. 基板玻璃

在大规模集成电路、光刻基板、光盘基板及液晶、太阳能电池盖板方面都使用薄层、光学均匀和高机械强度的基板玻璃。这类玻璃随着光电子工业的发展已形成一门新兴产业,其产量跃居特种玻璃前列,凌架于光学玻璃之上,仅次于光纤而列第二位。利用光学玻璃生产工艺为基础,直接成型,并通过离子交换等化学增强方法,制成高强度薄玻璃基板是玻璃研究工作的目标。美国 Corning 与日本 Hoya 公司已就联合开发达成协议。目前,我国在这方面仍属空白,只有个别项目作了一些研究。

3. 激光及微光电子学玻璃

激光玻璃利用掺入稀土离子在强光激励下产生激光。目前强激光核聚变都使用掺钕磷酸盐玻璃。世界上已建成 600 台 $10^{12}\,W$ 以上的核聚变装置。由于核聚变和 X 射线激光都具有潜在的军事用途,美国已投入 10 亿美元以上的研究经费建立新的更大功率输出装置。我国已确定研制 $10^{13}\,W$ 装置。

非线性光学玻璃是近年来新发现的材料。由于非线性玻璃响应时间快可作为高速光电子开关(比电子开关快三个数量级),它将成为光学计算机及光电子元件的关键材料,也能在光导纤维中起重要作用。

微光电子学玻璃是一种新发展起来的玻璃材料,它是近代光学利用微型透镜,列阵透镜和具有梯度折射率结合成的灵巧玻璃制品(Smart Glass Products)。通过玻璃基板表面镀膜及交换制成所需的光学元件,可用于液晶显示、光缆、光纤等高技术。

6.6.2 微晶玻璃

微晶玻璃是 50 年代发展起来的新型玻璃。它与传统玻璃不同,利用加入晶核剂或紫外辐照等方法使玻璃内形成晶核,再经过热处理使晶核长大,成为一种受控结晶过程,形成玻璃与某些晶体共存的材料,能制成零膨胀、高强度及特定的电性质和机械性质的微晶玻璃,在航天、导弹、光学、电子学、热学等方面有着广泛用途。传统的微晶玻璃中以 Li_2O $-Al_2O_3-SiO_2$ 及 $MgO-Al_2O_3-SiO_2$ 系统使用最普遍,前者在玻璃中形成 β 锂辉石及 β 石英固熔体,具有低膨胀系数,可作望远镜及炊具,而结晶成 Li_2O-SiO_2 及 $Li_2O \cdot 2SiO_2$ 的微晶玻璃可作光刻玻璃和电子工业基板及掩膜板。镁铝硅系统析出堇青石为主晶相,这种玻璃具有良好的高频微波透过和耐高温急变性能,可作为导弹雷达的天线罩。

近年来,微晶玻璃在品种及用途方面仍然不断地发展,值得注意的有下列三个方面:

1. 锂辉石微晶玻璃与碳化硅纤维复合材料,具有很强的增韧效果,在高达 1 000℃时,其抗弯强度达到 800MPa,将成为航天方面的新材料。

2. 氧氮微晶玻璃,是近年来发展的具有潜在使用价值的一种微晶玻璃,与过去的微晶玻璃不同,不需要辐照或加入晶核剂即可直接整体微晶化。这类玻璃既降低氮化硅器件的烧结温度又可保持高强度的氮化硅结构。

3. 可切削云母微晶玻璃。这类玻璃在微晶化过程中形成氟金云母晶体,成层状结构。可用金属加工方法进行切削及钻孔等精细加工,并具有良好的电绝缘性及耐热性,是一种有前途的电子绝缘材料。云母微晶玻璃也可以用来制做无机纸。

6.6.3 Sol-gel 及 ORMOSIL(溶胶-凝胶及有机-无机材料)

与传统玻璃制备方法不同,这两类玻璃都是利用硅、钛、锆及其它金属醇盐通过水解形成凝胶,加热除去 OH 根和有机溶液,使凝胶在较低温度下烧结成透明玻璃体。利用这种方法可制成一些高温难熔玻璃,如 ZrO_2-SiO_2、$Al_2O_3-SiO_2$、TiO_2-SiO_2 玻璃,并能避免玻璃高温熔体的分相与析晶。溶胶-凝胶方法还为玻璃纤维及薄膜制造方法开辟了新的捷经。近年来,在凝胶玻璃的基础上,发明了有机无机直接键合的新型材料 ORMOSIL(Organish Modifizieten Silikat),它是一种分子水平的无机有机复合材料,制成的玻璃具有从有机塑性逐渐过渡到无机玻璃的脆性的特性。ORMLSIL 制备原理是通过利用苯核(Pheny)或环氧核(Eposy)与硅、钛等形成 $x[Ph_2SiO] \cdot (1-x)TiO$ 或 $xEposy \cdot (1-x)TiO_2$ 化合物,使玻璃性能从有机向无机过渡,从而有效地解决玻璃脆性。这类材料除作玻璃保护涂层外,还可作透光的导电膜及纤维,在光学性质方面具有特别高的色散及较低的折射率。

随着微电子器件的发展,用 Sol-gel 法制成的被动及主动光学材料已逐步出现。前者可作为玻璃表面的镀膜或特殊用途的波导膜、光栅膜等;后者则为非线性光学材料提供了广泛的用途。

6.6.4 生物玻璃

生物玻璃是利用玻璃或玻璃陶瓷制成的人工骨、人工牙齿等,将其植入人体内,玻璃中的磷酸钙在骨骼与玻璃连接的骨胶层中形成羟基磷灰石晶体,从而使骨质细胞长入玻璃内与生物体牢固结合。国内外在生物玻璃方面的研究工作已深入的展开,并有许多人工骨已成功地应用于临床。利用这类含磷酸钙或羟基磷灰石的材料,也可以制成生物胶凝材料及涂层,使植入物与生物体牢固结合。

第七章 陶瓷原料

陶瓷原料按其来源可分为天然原料和化工原料两大类。人类最初使用的陶瓷原料是粘土,就让我们从天然原料中的粘土开始了解陶瓷原料。

7.1 粘土类原料

粘土是自然界中硅酸盐岩石(如长石、云母)经过长期风化作用而形成的一种土状矿物混合体;为细颗粒的含水铝硅酸盐,具有层状结构。当其与水混合时,有很好的可塑性,在坯料中起塑化和粘合作用,赋予坯体以塑性变形或注浆能力,并保证干坯的强度及烧结制品的使用性能;是成形能够进行的基础,也是粘土质陶瓷成瓷的基础。

7.1.1 生成及分类

粘土按其生成情况可分为:

1. 原生粘土,也称一次或残留粘土。可经化学风化(如水解)生成,如:

$$4[K(AlSi_3O_8)]+6H_2O \rightarrow 2[Al_2[Si_2O_5(OH)_4]]+8SiO_2+4KOH$$

上面的钾长石$[K(AlSi_3O_8)]$在水解过程中生成的水溶物 KOH 及胶状物 SiO_2 可随水流走,而新生成的粘土矿(高岭石)及未分解矿物则残留了下来。此过程需经漫长的地质时期,并要有适当的条件才行。此种矿多成为优质高岭土的主要矿床,为风化残积型。

有时火山岩(如火山凝灰岩、火山熔岩等)也会就地风化,多成为膨润土矿床。

高温岩浆冷凝结晶后,残余岩浆含有大量的挥发性物质及水分;温度进一步降低时,水分则以液态存在,其中还溶有大量的其它化合物;当这种热液(水)作用于母岩时,也会生成粘土矿床称为热液蚀变型。原生粘土质地较纯,颗粒稍粗,可塑性略差,耐火度较高。

2. 次生粘土,也称二次或沉凝粘土,是由原生粘土在自然动力条件下转移到其它地方再次沉积而成。颗粒很细,且在迁移过程中夹入很多杂质和有色物质,可带有颜色,可塑性较好,耐火度较差。

粘土矿物的本质和性能很大程度上取决于其结构,不同的母矿和生成方式,可有不同的矿物结构。

7.1.2 矿物结构

粘土矿多具有层状结构,其结构基础是数层硅氧四面体组成的$(Si_2O_5)n$层和一层铝氧八面体组成的 $AlO(OH)_2$ 层构成一单元层。各层原子排列如图 7.1 所示,层间相互以顶角连接。若氧离子从 Si_2O_5 面凸出来进入并衔接 $AlO(OH)_2$ 层,则这两层组合成了 1:1 型双层矿 $Al_2[Si_2O_5(OH)_4]$(高岭石);如 $AlO(OH)_2$ 层在中间,上下分别为 Si_2O_5 层,又可组成 2:1 型三层矿 $Al_2[(Si_2O_5)_2(OH)_2]$(叶蜡石)。

不同的粘土矿物是由不同的层组合及含有不同的阳离子而形成。且普遍存在阳离子

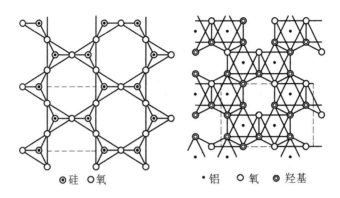

图 7-1　Si_2O_5 和 $AlO(OH)_2$ 层的原子排列

的同形置换,如 Al^{3+} 可置换四面体网络中某些 Si^{4+} 离子,而 Al^{3+},Mg^{2+} 和其它离子在八面体网络中也可以互相置换。这些同形置换在结构中导致出现多余的负电荷。在云母中这种负电荷由 K^+ 来平衡,它们位于 Si_2O_5 层内大的开口空腔中。在粘土矿物中,偶然性的置换而引起的负电荷,由松驰地镶嵌在粘土颗粒表面或夹层中的正离子米平衡。这些离了或多或少易被交换。这是粘土具有阳离子交换能力的原因。

粘土矿按其结构类型的不同主要可分为:

1. 高岭石类

属此类的有高岭石、珍珠陶土、地开石、多水高岭石等,高岭石因最先发现于江西景德镇附近的高岭村而得名,其硬度近 1(莫氏硬度,后面同)熔点约 1 785℃。1:1 型双层结构。这个双层结构可表示如下

八面体层 $\begin{cases} (OH)_3 \\ Al_2 \\ O_2(OH) \end{cases}$ $= Al_2O_3 \cdot 2SiO_2 \cdot 2H_2O$ 或 $Al_2[Si_2O_5(OH)_4]$

四面体层 $\begin{cases} Si_2 \\ O_3 \end{cases}$

前一个分子式是按氧化物组成写成的(含 Al_2O_3 39.5%,SiO_2 46.54%,H_2O 13.96%);后一分子式是结构式,方括号内表示阴离子,前面是阳离子。相邻的结构单元层通过八面体的(OH)和另一层的 O 以氢键相联系,结合力较弱,所以层间解理完整而缺乏膨胀性。高岭石晶格内部的离子是很少置换的。在晶格破裂时,最外层边缘上有断键,电荷出现不平衡时,才吸附其它阳离子,重新建立平衡。其结构表面的 OH^- 中的 H^+ 可以被 K^+ 或 Na^+ 取代。高岭石在加热时,低温先失去吸附水,约 550~650℃ 会排出结晶水,至 950℃ 后开始分解,到 1 200~1 250℃ 形成莫来石。

地开石是由两个高岭石构造层构成一单位层;珍珠陶土是由 6 个高岭石构造层组成一单位层,均较高岭石要稳定。

埃洛石(又称多水高岭石),构造特征同高岭石,但在单位层之间没有直接的氢键,而是夹入了可变的层间水,结构式是 $Al_2[Si_2O_5(OH)_4] \cdot (1~2)H_2O$,故又有变水高岭石之称。这是因层间水能抵消大部分氢键结合力,使得晶层只靠微弱的分子键相连,层间有一

定的自由活动能力,使水分子能进入层间形成可变层间水。埃洛石易吸附水化离子与有机物,可塑性优于高岭石,干燥收缩较大,加热时在 110 ~ 200℃ 间会大量脱水,易使坯体开裂。失水后不再重新吸水。

高岭石类是一般粘土中最常见的粘土矿物,由其作为主要成分的纯净粘土称为高岭土,有吸附能力小、可塑性低、结合性小、杂质少、白度高、耐火度高的特点。江苏的苏州土、湖南的界牌土、山西的大同土等均是以高岭石为主要矿物的高岭土,是优质的陶瓷原料。

2. 叶蜡石

不属于粘土矿物,因某些性质与粘土相近而划入粘土之列。硬度 1 ~ 2,熔点约 1 700℃,是传统的工艺雕刻石材。如浙江青田产的青田石、福建寿山产的寿山石。2:1 型三层结构,可表示为

$$
\begin{aligned}
&\text{四面体层}\begin{cases} O_3 \\ Si_2 \end{cases} \\
&\text{八面体层}\begin{cases} O_2(OH) \\ Al_2 = Al_2O_3 \cdot 4SiO_2 \cdot H_2O \text{ 或 } Al_2[Si_4O_{10}(OH)_2] \\ O_2(OH) \end{cases} \\
&\text{四面体层}\begin{cases} Si_2 \\ O_3 \end{cases}
\end{aligned}
$$

含 Al_2O_3 28.3%,SiO_2 66.7%,H_2O 5%。各层之间由范德华力连结,结合很弱。但四面体中的 Si^{4+} 和八面体中的 Al^{3+} 未被其它阳离子置换,故不易吸附阳离子和吸收水分,含较少的结晶水,加热时,在 500 ~ 800℃ 间缓慢脱水,总收缩小,线膨胀系数小,烧失量比高岭石少,宜于配制快速烧成的陶瓷原料。

3. 蒙脱石

亦称胶岭石、微晶高岭石。硬度 1,结晶程度差,颗粒极细小,属胶体微粒,也是 2:1 型三层结构。结构特征同叶蜡石,类似高岭石向埃洛石过渡情景。因层间水插入晶格,理论结构式为 $Al_2[Si_4O_{10}(OH)_2] \cdot nH_2O$。自然界中的蒙脱石因 Mg^{2+} 与 Al^{3+} 的置换,致使结构层中夹杂有阳离子,具有很大的阳离子交换能力,相应正确的分子式是 $(Al_{2-x}Mg_x)[Si_4O_{10}(OH)_2] \cdot Na_x \cdot nH_2O$。$Na^+$ 是可进行交换的阳离子,因此通常蒙脱石是以不同的阳离子来分类的,如钠蒙脱石、钙蒙脱石等。

结构层中存在过剩负电荷是出现层间水的根本原因,过剩电荷需由层间的阳离子来平衡,当有水分存在时,这些阳离子具有水化倾向,导致层间水的进入,层间距扩大,蒙脱石层间水的结合情况与埃洛石有明显区别,蒙脱石含水量的上限是可变的。风干后含水量约20%,相当于含 $5H_2O$;而在水中时,层间水又会增多,C 轴增长;干燥加热脱水后又可接近叶蜡石的数值。故以蒙脱石为主要矿物的粘土又有膨润土之称。它有可塑性大,离子易于交换,触变性大的特点,但也有煅烧时脱水过程长、收缩大、Al_2O_3 含量低、杂质多的缺点,用量不易太多,一般在 5% 左右。

4. 伊利石类

由云母矿风化,多数是由云母矿物水解而得。云母类的结构与叶蜡石相近,也是 2:1 三层结构。只是四面体层中每 4 个 Si 原子里有一个按一定规律被 Al 原子置换,并带进

一K原子夹在结构层间。其结构式可表示成

$$
层间\quad K
$$

$$
四面体层\begin{cases} O_6 \\ Al \cdot Si_3 \\ Al \cdot Si_3 \\ O_4(OH)_2 \end{cases}
$$

$$
八面体层\begin{cases} Al_4 = K_2O \cdot 3Al_2O_3 \cdot 6SiO_2 \cdot 2H_2O \ 或\ 2\{KAl_2[AlSi_3O_{10}(OH)_2]\} \\ O_4(OH)_2 \end{cases}
$$

$$
四面体层\begin{cases} Al \cdot Si_3 \\ O_6 \end{cases}
$$

$$
层间\quad K
$$

当上面云母结构中的碱金属离子如 K^+ 被 H^+ 及 H_2O 所替代时,云母被水解成伊利石,故伊利石又称水化云母。其氧化物分子式为 $[K_2O \cdot 3Al_2O_3 \cdot 6SiO_2 \cdot 2H_2O] \cdot nH_2O$。如果继续水解,水进一步取代其中的钾、钠离子时,最终将成为高岭石。即伊利石成分及结构介于云母与高岭石或云母与蒙脱石之间。对伊利石的结构有三种设想,(1)钾离子被水合氢离子 $(H_3O)^+$ 所代替;(2)八面体层的一个 K^+ 与一个 $(OH)^-$ 共同被两个水分子 $(2H_2O)$ 替代;(3)一个 Si^{4+} 被 4 个 H^+ 替代。其中(3)的情况已不属风化而是直接形成了伊利石。可见,伊利石的结构与蒙脱石相近。只是在四面体层中, Al^{3+} 较多,因而有较多的 K^+ 作为结构层间的阳离子,但阳离子的交换能力微弱,因 K^+ 尺寸大小恰可让其嵌入层间,致晶格结构牢固不发生膨胀。以伊利石为主要矿物的瓷石是良好的制瓷原料,可以两组分甚至单组分成瓷。江西的南港瓷石、安徽的祁门瓷石都含有大量的石英和绢云母。绢云母是受热液作用而形成的细小鳞片状白云母,有丝绢光泽,可用以生产绢云母瓷。伊利石类粘土一般可塑性低、干后强度小,干燥和烧成收缩小,烧结温度低,烧结范围窄。开始烧结温度一般在800℃左右,完全烧结温度在 1 000 ~ 1 500℃。

7.1.3　化学组成

粘土中除粘土矿物外,经常伴生一些非粘土矿物,通常以细小晶粒及其集合体分散于粘土中。这些杂质矿物有石英和母岩残渣,如长石、云母等,其它还有铁质及钛质矿物(碳酸盐、硫酸盐等)。有些会对粘土的性能、制品的质量产生不利影响,可通过淘洗、磁选等方法去除。此外,粘土中还含有不同数量的有机物质,如煤、蜡、腐殖酸衍生物等。其含量的多少和种类的不同,可使粘土呈灰黑等各种颜色。但它们在煅烧时能被烧掉,因此只要不含别的着色物质,粘土烧后呈白色。有的有机物质(如腐殖质)有显著的胶体性质,可增加粘土的可塑性和泥浆的流动性。但过多时有可能造成瓷器表面起泡和针孔,须在烧成中加强氧化才行。表 7-1 是我国主要陶瓷产区常用粘土原料的化学组成。

表中 SiO_2、Al_2O_3 是粘土的主要化学组成,加之少量 K_2O、Na_2O(未分解矿物的组成)均是陶瓷原料的有益成分。CaO、MgO 为碳酸盐杂质矿物(方解石,菱镁矿)在高温下分解的产物,可起熔剂作用,能降低陶瓷的烧成温度,亦是有益成分;但如混入硫酸盐如石膏等,则是对陶瓷材料性能不利的成分。Fe_2O_3、TiO_2 等是有害的杂质成分,它们以各种矿物的形式存在于粘土中,使坯体在烧成时产生熔洞、膨胀等缺陷,也会影响瓷体的电绝缘性,并使瓷体染色。

表 7-1　我国常用粘土原料的化学组成(%)

产　　地	SiO_2	Al_2O_3	Fe_2O_3 (TiO_2)	CaO	MgO	K_2O	Na_2O	I. L.	合计
景德镇高岭村高岭土	47.28	37.41	0.78	0.36	0.10	2.51	0.23	12.03	100.70
唐山碱干	43.50	40.09	0.63 (0.30)	0.47	–	0.49	0.22	14.28	99.98
唐山紫木节	41.96	35.91	0.91 (0.96)	2.10	0.42	0.37	–	16.96	99.58
界牌桃红泥	68.52	20.24	0.60	0.15	0.75	1.42		7.49	99.17
淄博焦宝石	45.26	38.34	0.70 (0.78)	0.05	0.05	0.05	0.10	14.46	99.80
大同土	43.25	39.44	0.27 (0.09)	0.24	0.38	–	–	16.07	100.34
广东飞天燕原矿	76.03	14.82	0.80	0.10	1.02	2.82	0.37	3.19	99.15
清远浸潭洗泥	47.96	35.27	0.52	1.05	0.42	5.48	0.51	9.06	100.27
苏州土	46.92	37.50	0.15	0.56	0.16	0.08	0.05	14.52	100.13
福建连城膨润土	66.05	17.99	0.70 (0.10)	0.10	2.83	0.50	0.10	11.43	99.89
焦作碱石	43.76	40.76	0.27	1.31	0.53	0.35	0.31	13.16	100.42
陕西上店土	45.64	37.50	0.83 (1.16)	0.46	0.56	0.11	0.02	13.81	100.59
辽宁黑山膨润土	68.42	13.12	2.90 (1.57)	1.84	1.74	0.33	1.38	9.34	100.64
吉林水曲柳粘土	56.85	27.53	1.81 (1.47)	0.92	0.11	0.58	0.20	1.07	100.17
贵阳高坡高岭土	46.42	39.40	0.10 (0.03)	0.09	0.09	0.05	0.09	13.80	100.17
四川汉源小堡高岭土	45.18	36.36	0.67	0.09	0.86	0.70	0.20	15.78	99.86
景德镇南港瓷石	76.35	15.43	0.55	0.77	0.26	3.03	0.54	3.09	100.02
景德镇三宝蓬瓷石	75.80	14.16	0.55	0.86	0.27	2.42	3.93	1.86	99.85
安徽祁门瓷石	75.67	15.89	0.56	0.54	0.13	3.35	2.02	1.67	100.60

7.1.4　工艺性质

粘土的工艺性质主要取决于其矿物组成、化学组成和粒度尺寸。

1. 可塑性

指粘土与适量的水混练以后形成的泥团,可在外力的作用下产生变形但不开裂;并在外力去除后,仍能保持原有形状的性质。此是陶瓷塑性成形的基础。

对粘土具有可塑性有多种解释。一般认为粘土在水中分解成微粒,因离子吸附在微粒周围形成吸附水膜,水膜在外力作用下起润滑作用,可任意滑移变形,又因颗粒间形成毛细管,水膜又成了张紧膜,使发生滑移的颗粒不致脱开而起保形作用。可见,只有当泥料的水分适中时,才能在粘土颗粒的周围形成一定厚度的连续水膜,粘土的可塑性才最好。此外,粘土的颗粒越细、表面积越大、分散程度越高,可塑性也就越好。粘土中的无机杂质会降低粘土的可塑性,但有些有机杂质反会增加粘土的可塑性。

2. 结合性

指粘土结合瘠性原料形成可塑泥料并具一定干坯强度的能力。一般可塑性好的粘土结合性也好。

3. 触变性

指粘土泥浆或泥团受到振动或搅拌时,粘度降低而流动性增加,静置后渐恢复原状,或泥料在放置一段时间后,在水分不变时泥料变稠和固化的性质。影响因素有矿物组成(如蒙脱石的触变性大于高岭石和伊利石,因水可渗入其晶胞内使其胀大)、粒度、形状(颗粒越细、形状越不对称越易形成触变结构)、使用电介质种类与用量和水分含量等(吸附阳离子愈多、价数愈小或同价数时离子半径越小,则水化半径越大,水化膜越厚触变性亦越大;含水量大也不易形成触变结构)。

4. 收缩性

指粘土经干燥后,自由水及吸附水相继排出,粘土颗粒间距离缩短而产生的干燥收缩,以及干燥后粘土经高温煅烧,因产生脱水分解作用和液相填充在空隙中并将颗粒粘合起来,以及某些结晶物质生成使体积进一步收缩的烧成收缩。干燥收缩和烧成收缩构成了粘土制品的总收缩,此是研制模型及制作生坯尺寸放尺的依据。与粘土的结构和颗粒尺寸有关。

收缩有线收缩(制品长度变化的百分率)和体收缩(制品体积变化的百分率)两种,一般体积收缩值约是线收缩值的3倍。

5. 烧结特性

粘土是多矿物的混合物,无固定熔点。在加热到一定温度后(>900℃)开始出现液相并逐渐增加,在液相表面张力的作用下,未熔颗粒互相靠拢,气孔率下降,体积收缩,密度提高。对应于体积开始剧烈变化的温度是开始烧结温度。当粘土完全烧结,气孔率降至最低,收缩率最大的温度是烧结温度。如继续升温,坯体因液相太多而发生变形的最低温度或开始发生变形的温度称软化温度。烧结温度至软化温度之间的温区称烧结温度范围。粘土的烧结特性与构成粘土的矿物组成、化学组成有关。

7.2　石英类原料

石英是一种结晶状 SiO_2 的天然矿物,地球上到处可见,存在的形态很多,以原生态存在的有水晶、脉石英、玛瑙,以次生态存在的有砂岩、粉砂、燧石等,以变质态存在的有石英岩和碧玉等。

7.2.1 主要矿石

1. 硅石

工业用块状 SiO_2 原料的总称。硬度较高,选用时需考虑其结晶结构及易碎性等。陶瓷工业用的硅石一般要求预烧以便粉碎。脉石英是其中的一种,质纯($SiO_2>98\%$),硬度为7。

2. 石英岩

其是砂石岩受动力作用而生成的变质岩,主要由石英的粒状集合体构成。质地致密,硬度7,是引入 SiO_2 的主要原料。根据其变质程度可分为砂岩质、再结晶和胶结石英岩。

7.2.2 结构与晶型转化

SiO_2 属同质多象晶体,在常压下有7种结晶形态,按比容和结构的差异可将它们划分为三大类:石英、方石英、鳞石英。图7-2给出了它们的比容与温度的关系,且曲线是可逆的(此是理想化的)。

1. 石英

这里是狭义所指的晶质石英。由图可知,它有低温和高温两种。常见的工业用石英是低温石英(三方晶系),常压下573℃转变为高温型(六方晶系)。此转变仅是原子的位置和键角的适当调整,为位移式转变;但已有较大的体积变化(见图0.8%),反之亦是。熔点约1 450℃,但说法不一。

2. 方石英

其是晶质石英的一种变体,石英的熔化只是在升温较快时才能看到,如果超出1 200℃后保温较长时间,就会出现另一种晶形的转化,形成方石英。此不同于上面的位移转化,是重构转化,在转变过程中需结合键断裂才能形成新的结构。由图7-2可知转变时比容差异很大,因此在陶瓷中的作用也很

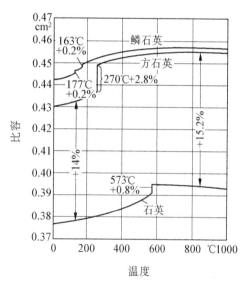

图7-2　石英、方石英、鳞石英的比容与温度的关系

大。与其它的动力学过程一样,提高温度可加速转化,且颗粒愈细,表面能高转化亦愈快。并发现其在转变的过程中先形成一过渡相(其结构尚不清楚,有人认为是有很多缺陷的方石英),再转化到方石英。

与石英一样,方石英也有高温(等轴晶系)和低温(四方晶系)两种类型。一般所称的方石英系指高温方石英,自然界极少见,与鳞石英共生于火山岩气孔和基质中。高低温晶型转变温度是270℃,与石英的高低温转化类似,为位移型转变。熔化温度1 723℃,冷却可获石英玻璃,如在低于熔点的温度下保温,又可得到方石英的结晶。如不采取特殊措施,方石英不会自动转变为石英,因重构转化需在一定的温度下长时间保温才行。

3. 鳞石英

其也是晶质石英的一种变体。由图可知,鳞石英的密度比方石英还要小,且高于100℃时有两个折点,它们也是晶型转化的标志,是可逆的位移型转变。只是曲线反映的是理想情况。鳞石英不同,测出的曲线形状亦会有所差异,这是因为鳞石英含有微量 Na、Al 等杂质。在将石英煅烧时,纯石英将转化为高温方石英,若有意加入某些组分或自身存有杂质时,将促使鳞石英形成。若用电解法去除鳞石英中的杂质后,超过 1 050℃时又会形成方石英,亦鳞石英是通过微量杂质达到稳定,高温鳞石英的形成温度是 870 ~ 1 470℃,属六方晶系,低于 870℃时为亚稳态;降至 100℃以上时发生低温的两种晶型转变,有人认为是斜方和单斜晶系,因转化情况差别太大,鉴定困难,目前尚无统一定论。

7.2.3 石英在陶瓷生产中的作用

1. 是瘠性料,可降低可塑性,减少收缩变形,加快干燥。
2. 在高温时可部分溶于长石玻璃中,增加液相粘度,减小高温时的坯体变形。
3. 未熔石英与莫来石一起可构成坯体骨架,增加强度。
4. 在釉料中增加石英含量可提高釉的熔融温度和粘度,提高釉的耐磨性和抗化学腐蚀性。

7.3 长石类原料

长石是长石族矿物的总称,也是构成地壳的最主要矿物,几乎所有的岩石中都可以见到它。这类矿石的特点是有较统一的结构规则,属空间网架结构硅酸盐。在硅氧四面体中,部分 Si^{4+} 有规则地被 Al^{3+} 替代,为满足电中性,引入 K^+、Na^+、Ca^+、Ba^+ 等离子,它们被安置在〔SiO_4〕及〔AlO_4〕四面体组合的空间网络的空隙中。长石种类很多,归纳起来都是由钾长石(K〔$AlSi_3O_8$〕)、钠长石(Na〔$AlSi_3O_8$〕)、钙长石(Ca〔$Al_2Si_2O_8$〕)、钡长石(Ba〔$Al_2Si_2O_8$〕)这四种长石组合而成。因此,长石的分类一般不是按照化学组成,而是按照长石的解理情况来分。

7.3.1 矿石种类

1. 正长石亚族

正长石亚族是钾、钠长石的连续类质同象系列,含正长石、透长石、微斜长石。

正长石是因解理面交角为直角而得名。理想化学组成同钾长石,含 K_2O 16.9%,Al_2O_3 18.4%,SiO_2 64.7%,常混入 Na_2O,BaO 等。硬度 6 ~ 6.5,比重 2.57,一般认为是亚稳定的低温变体,短程有序。

透长石是正长石的高温变体(>900℃),呈有序结构。

微斜长石含 Na_2O,含量超过 K_2O 时称钠微斜长石或歪长石。解理交角呈 89°40′,硬度 6 ~ 6.5,比重 2.54 ~ 2.57,是稳定的低温变体,呈有序结构。

2. 斜长石亚族

斜长石亚族是钙、钠长石的连续类质同象系列。解理面交角 86°,硬度 6 ~ 6.5,比重 2.61 ~ 2.76。化学组成为 (100−n)Na〔$AlSi_3O_8$〕 ~ $n$$Ca$〔$Al_2Si_2O_8$〕,其中 n = 0 ~ 100。此外,往往有钾长石以类质同象混入物存在。

3. 钡长石亚族

钡长石亚族是钾、钡长石类质同象系列,含冰长石和钡长石。解理面交角近90°,硬度6~6.5,比重2.6~3.37。

7.3.2 长石的熔解特性

长石能在陶瓷原料中作熔剂使用,是因为它能降低陶瓷产品的烧成温度,这对陶瓷工艺是很重要的,它和石英等原料高温熔化后所形成的玻璃态物质是构成釉的主要成分。从上两节可知纯高岭石和石英的完全熔化温度要在1 700℃以上。图7-3是K_2O-Al_2O_3-

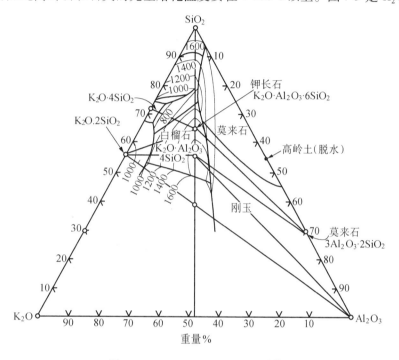

图7-3 K_2O-Al_2O_3-SiO_2 三元系

SiO_2 的三元相图,可知含高岭石的 Al_2O_3-SiO_2 系统出现液相的温度接近1 600℃。而通过长石引入碱性氧化物可降低该系统的液相出现温度。如引入 K_2O 后,系统中三元低共晶的熔点是980℃(见图)。此说明,加入长石后陶瓷坯体组分的熔化温度降低。因此,如果长石的开始熔化温度低些,熔融温度范围宽些,形成液相的粘度大些,可有利坯体有一定的高温强度,有益于烧成。此外,长石原料是瘠性物质,可提高坯体的疏水性,有利于提高干燥速度。

图7-4是钾、钠长石相图。钾长石在1 150±20℃开始分解熔融,生成白榴子石(K_2O·Al_2O_3·$4SiO_2$)和硅氧化玻璃,到1 530℃全部熔融成液相,可见其熔融温度范围很宽。高温下钾长石熔体的粘度很大,且随温度的增高降低得很慢。而钠长石的熔化温度较低,约1 120℃。熔化时无新相产生,液相的组成与晶相相同,缺少成分扩散,粘度较低。在烧成过程中易引起坯体变形,但有利釉面的平整度。由图可知,当钠长石含量大于40%时,两种长石可以任意比例互溶,形成连续固溶体,最低共熔点是1 076℃,且熔融范围很窄。钠长石含量小于40%时,钾、钠长石混合物在高温下分解熔融,析出白榴子石。液相线随

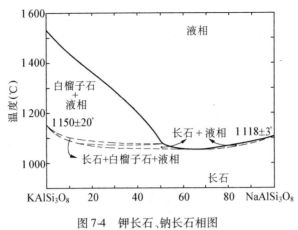

图7-4 钾长石、钠长石相图

钠长石含量降低而升高,熔融范围增大,熔化温度增高,粘度增大。

CaO,MgO 都能显著降低长石的熔化温度和粘度。瓷器坯体如 Na_2O 增多,熔制作用增强,可利坯体瓷化;但烧成收缩率变大、透明性增强。陶瓷的电学性质也与玻璃相中钾、钠离子的含量有关,钾离子增多有利瓷件的介电损耗角正切值减小而比体积电阻增大,此是高压电瓷所希望的。

钙长石的熔点较高(1 550℃),熔融温度范围窄,高温下熔体不透明,粘度也小,故斜长石在陶瓷生产中多不采用。

钡长石的熔点更高(1 710℃),熔融温度范围不宽,普通瓷制品不选用。但在无线电陶瓷中,钡长石已不仅仅是熔剂,而成为主要原料,形成了以钡长石为主晶相的基体。这是因为钡长石的电学性能好,特别是介电损耗低,且受温度影响小(300℃以下几乎与温度无关)。

7.4 其他天然原料

以上所述的三种天然原料是构成传统陶瓷的三个基本组分。它们的作用分别是:粘土提供了可塑性,以保证成型的工艺要求,石英是耐熔的骨架成分,长石则是助熔剂,促使烧结时玻璃相的形成。

在传统陶瓷生产中,除要用到上述三种基本组分外,还常会用到其它一些天然原料。

7.4.1 霞石

霞石因在酸中分解生成云霞状硅胶而得名。硬度 5~6,比重 2.6,晶体结构式为 R^+〔$AlSiO_4$〕(R = Li,Na,K),在陶瓷工业中,因优质长石资源并不多,常用霞石正长岩代替长石。其主要矿物组成是正长石、微斜长石及霞石等。除可引入 Na_2O,K_2O 外,还可引入 Al_2O_3 和 SiO_2,它们都是陶瓷的主要成分。其熔融后的粘度较高,制品不易变形。

7.4.2 滑石

滑石系天然产含水硅酸镁。化学式为 Mg_3〔$Si_4O_{10}(OH)_2$〕,或 $3MgO \cdot 4SiO_2 \cdot H_2O$,含 MgO 31.9%、$SiO_2$ 63.4%、H_2O 4.7%。硬度 1,比重 2.6~2.8。属 2:1 型层状硅酸盐,有与叶蜡石相似的晶体结构,叶蜡石八面体中 2 个 Al^{3+} 被 3 个 Mg^{2+} 替代形成三八面体结构。

因层内电价已中和,故结构稳定,但层间仅以微弱键力结合,易裂成薄片。加热至850℃开始脱出结构水,970~1 000℃全部脱水,约1 550℃熔化。有良好的耐热性、润滑性、抗酸碱性、绝缘性及对油类有强烈吸附性等优良特性,是陶瓷工业常用原料之一。无线电陶瓷中的滑石瓷、镁橄榄石瓷均是以滑石为主要原料。还可用作精陶釉面砖的配料,降低釉的后期龟裂。用滑石制造日用瓷,可生产出优质、洁白、半透明的滑石质茶具等。我国滑石资源丰富,除有闻名于世的辽宁海城和山东掖南滑石外,山西、两广、湖南等地也均有优质矿源。

7.4.3　硅灰石

硅灰石属链状结构的似辉石类矿物。化学式为 $Ca[SiO_3]$ 或 $CaO \cdot SiO_2$,含 CaO 48.25%, SiO_2 51.75%。硬度4.5~5,比重2.87~3.09,熔点1 540℃。因本身不含有机物和结构水,干燥收缩和烧成收缩都很小,作为陶瓷原料有特殊的优良性能,故用途很广。其热膨胀系数小,适于快速烧成。烧成后,瓷坯中的针状硅灰石晶体交叉排列成网状,使制品的强度提高,并有抗热冲击性能高、介电损失小等优点。可用于制造釉面砖、日用陶瓷、低损耗无线电陶瓷、卫生陶瓷、磨具、火花塞等。但烧成范围窄。加入 Al_2O_3, ZrO_2, SiO_2 等,可以提高液相粘度,达到扩大烧成范围的目的。

7.4.4　辉石

辉石是辉石族矿物的总称。根据所属晶系不同分两个亚族,斜方辉石亚族属斜方晶系,单斜辉石亚族属单斜晶系。陶瓷工业用的透辉石和锂辉石均属单斜晶系。化学通式是 $R_2[Si_2O_6]$, $R=Mg$, Fe, Ca, Na, Al, Li 等。

透辉石是 $CaMg[Si_2O_6]$,或 $CaO \cdot MgO \cdot 2SiO_2$。硬度5.5~6,比重3.27~3.38,熔点1391℃。结构为单链式链状结构,与硅灰石不同的是本身不具多晶转变,无转变带来的体积效应,也不含有机物和结晶水,故有与硅灰石相似的优点。在陶瓷生产中应用与硅灰石类似,既可作助熔剂使用,也可作为主要原料,适于低温、快速烧成。属瘠性料,产于我国东北地区。由于 Mg^{2+} 与 Fe^{2+} 进行离子交换,天然产出的透辉石都有一定量的铁,在生产白色陶瓷制品时须注意。

锂辉石化学式是 $LiAl[Si_2O_6]$,或 $Li_2O \cdot Al_2O_3 \cdot 4SiO_2$。硬度6.5~7,比重3.12~3.2。可用作陶瓷原料中的助熔剂,配合钾长石可降低坯体的吸水性和烧成温度,增加强度。

7.4.5　石灰石

石灰石属沉积岩的碳酸盐类矿石,以 $CaCO_3$ 为主,主要矿物是方解石。比重2.6~2.8。860~976℃分解生成 CaO 和 CO_2,可作引入 CaO 的原料。分解前在坯料中可起瘠化作用,分解后起熔剂作用,可在较低温度时与粘土和石英发生反应,降低烧成温度,缩短烧成时间,增加产品的透明度,增加坯釉结合强度,是石灰釉的主要原料。

7.5　化工原料

化工原料与天然原料不同的是它是由人工合成的,故也有人工合成原料之称。它较之天然原料有质纯、杂质少、粒径小等优点,可满足先进陶瓷的高性能要求,是先进陶瓷的主要原料。化工原料的种类繁多,以满足不同先进陶瓷的各种功能需求,下面介绍几种。

7.5.1 氧化物类原料

有很多氧化物可用做陶瓷原料,如简单氧化物 Al_2O_3、MgO、ZrO_2 等;及复合氧化物 $BaO \cdot TiO_2$、$3Al_2O_3 \cdot 2SiO_2$ 等。因多是以离子键为主的金属氧化物晶体,故所构成的陶瓷多具有耐高温、强度高、良好的化学稳定性和电绝缘性等。多数金属氧化物结构都是在氧离子近似密堆的基础上形成的,因氧离子半径较大,故阳离子置于合适的间隙中。

1. 氧化铝(Al_2O_3)

氧化铝具有熔点高(约 2 050℃)、硬度大(9)、绝缘性好等优点,可用作无线电陶瓷、高温陶瓷、耐磨材料等。原材料矿物资源丰富,制造工艺较成熟,价格相对较低,是制备氧化铝陶瓷和其它高性能陶瓷的主要原料之一。

(1)晶态与性能　氧化铝有多种变体,其中常见的是 α,β,γ 三种。

α-Al_2O_3　俗称刚玉,是三种形态中最稳定的晶型,一直稳定到熔点,自然界中仅以此晶型存在,如刚玉、红宝石、蓝宝石等。刚玉结构属三方晶系,氧离子做近似六角密堆,铝离子填充在 2/3 的八面体间隙中。其结构最紧密,硬度最高,有优良的机电性能。

β-Al_2O_3　不是纯 Al_2O_3,含少量杂质离子,主要是碱金属离子。其中以钠 β-Al_2O_3 最有实用价值,可利用其离子导电性。结构由碱金属或碱土金属离子如〔NaO〕⁻层和〔$Al_{11}O_{16}$〕⁺类似尖晶石单元交叠堆积而成。氧离子呈立方密堆,Na^+ 可在垂直于 C 轴的松散堆积平面内自由扩散,而具离子导电性。但在平行于 C 轴方向却不行,故沿 C 轴无离子导电性。此结构有离子导电和松散极化现象。介质损耗大,电绝缘性不好,机电性能最差,故在制造无线电陶瓷时不希望有 β-Al_2O_3。刚玉在含碱的高温气氛中可转化成 β 型,因此在生产中需注意,此转化还会使体积增大约 25%,有造成制品破裂的危害。相反,在高温不含碱的气氛中,β-Al_2O_3 有分离出碱性氧化物,转变成刚玉的可能。

γ-Al_2O_3　是一种低温形态,在 1 050~1 500℃时会不可逆地转化为 α 型。在自然界中不存在 γ 型;它是由人工将 $Al(OH)_3$ 在约 450℃时脱水制成。属尖晶石结构,氧原子做立方密堆,铝原子则填充在空隙中,因晶格松散,故比重较小,硬度亦小,机电性能较差。在用做陶瓷原料时,需经过预烧使 γ 型转化成 α 型。可利用 γ 型对着色剂有很大的吸附能力,而 α 型没有辨认 γ 与 α 型。

(2)预烧　因工业氧化铝多是 γ 型,与 α 型比容差异较大($\gamma \rightarrow \alpha$ 时体积收缩约 14.3%),故不宜直接用做陶瓷原料,需通过预烧变为稳定的 α 型后使用以减少烧成收缩,此外还可去除原料中的杂质,提高原料纯度。

预烧时加入适量的添加物可去除原料中的碱性氧化物,如添加 H_3BO_3 可发生如下反应

$$NaO_2 + 2H_3BO_3 \Longrightarrow Na_2B_2O_4 \uparrow + 3H_2O$$

预烧温度也需注意,要在 1 000℃以上才能有较大的转化速度,一般多取 1 450℃。提高预烧温度,可加速 $\gamma \rightarrow \alpha$ 的转化,但如温度选得过高,可使形成的 α-Al_2O_3 活性降低,硬度增大,不利磨细和烧结。而预烧温度偏低,则不能完全转变为 α 型,且不利杂质去除,电性能亦降低。

预烧气氛可影响杂质含量,根据实践,如在采用分解氨的还原气氛中预烧,温度为 1 500~1 550℃,NaO_2 可完全排除。

对预烧完的 Al_2O_3 可通过染色法、光显法、测密度法等来检测。

（3）制备 工业氧化铝的制备常用的有两种方法——拜耳法和烧结法。拜耳法是用铝矾土等为原料，在苛性钠中加热，分离出 Fe_2O_3，SiO_2 等不溶性氧化物残渣后加入 $Al(OH)_3$ 粒晶，冷却搅拌，水解析出 $Al(OH)_3$；再将其放入回转窑等高温窑里煅烧，制得纯度大于 99.6% 的 Al_2O_3。除对电绝缘性要求高的陶瓷如火花塞之类，需采用 Na_2O 杂质含量 <0.1% 的低钠 Al_2O_3 外，可满足大多数氧化铝陶瓷原料的要求。

超细粉的制备常用硫酸铝铵热分解法和金属醇盐水解法。硫酸铝铵分解法是逐步加热硫酸铝铵 $Al_2(NH_4)_2(SO_4)_4 \cdot 24H_2O$，使其不断分解，逐渐挥发掉水分、$NH_3$ 和 SO_3 得到 $\gamma\text{-}Al_2O_3$。金属醇盐水解法是将铝醇盐加入水中，使其水解并生成 $Al(OH)_3$，然后将其于 90℃ 干燥，于 1 000 ~ 1 200℃ 煅烧成氧化铝粉。

2. 二氧化锆（ZrO_2）

二氧化锆熔点高（2 715℃），硬度 8 ~ 9，密度 5.68 ~ 6.27。化学稳定性好，有导温导电性和氧离子导电性，是制备氧化锆陶瓷、氧化锆增韧复合陶瓷及铁电、非铁电、锆质压电陶瓷的主要材料。

（1）晶态与性能 氧化锆是多晶型氧化物，有三种晶型，转变温度为：

$$\text{常温单斜 } ZrO_2 \xrightleftharpoons{1\,170℃} \text{四方 } ZrO_2 \xrightleftharpoons{2\,370℃} \text{立方 } ZrO_2 \xrightleftharpoons{2\,715℃} \text{液相}$$

相变时伴有体积效应和剪切应变，在单斜向四方转化时，按理论计算，体积变化约 9%。

稳定化 对于纯 ZrO_2 是难以制成坚固致密陶瓷的，相变会使制品受到破坏，因此，需加入稳定剂来消除影响。最有效的稳定剂是具有立方晶型的氧化物，且金属离子半径与 Zr^{4+} 相当，并能与 ZrO_2 形成连续固溶体。主要有 CaO、MgO、Y_2O_3。通过形成无固态相变的立方型固溶体，或明显减小体积效应，减小热涨系数等稳定晶型，减小热应变能，避免 ZrO_2 陶瓷产品在烧成时出现裂纹。

相变增韧 ZrO_2 相变时伴有的体积效应与剪切应变是相变增韧的理论基础。对于 Y_2O_3，又发现在 ZrO_2 中加入一定量 Y_2O_3 时，可以单斜和四方两相共存形式存在，其中亚稳定相在受到应力产生应力集中时，可诱发相变切变向稳定相转变，吸收应变能使应力得以释放，因而增加陶瓷韧性。

（2）制备 将锆英石（$ZrSiO_4$）原料直接放在电弧炉内熔融，使 SiO_2 飞散可制得 ZrO_2；但因是直接分离，粉料粒度较大，纯度不高。可采用中和共沉淀法，锆醇盐水解，等离子喷雾热解等方法制得超纯、超细粉。如中和共沉淀法是用碱（如氢氧化钠等）将锆石分解，再用酸处理得氧氯化锆（$ZrOCl_2$），最后经氨等中和共沉淀后过滤、水洗、干燥再煅烧得 ZrO_2 细粉。

3. 莫来石（$3Al_2O_3 \cdot 2SiO_2$ ~ $2Al_2O_3 \cdot 2SiO_2$）

莫来石具有良好的化学、力学与耐高温性能，是传统陶瓷中形成的主晶相之一。用其作陶瓷原料，可减少玻璃相和体积变化，提高陶瓷强度。它属于斜方晶系，比重 3.16，硬度 8，熔点 1 830℃。

制备 通常采用烧结法或熔融法合成。烧结法是将原料混合、磨细、脱水及真空混练后经高温煅烧而成。熔融法是将原料混合加热至熔融状态,采用喷雾等方法固化合成。前者制得的晶体较大,后者可得细微粉末,但成本高。

7.5.2 非氧化合物类原料

1. 碳化物

碳化物因有高的结合强度,因而熔点高,硬度和弹性模量也高。其热涨系数较低,是很好的耐高温陶瓷原料。虽在高温下易氧化,但其抗氧化能力优于耐高温金属,且有些碳化物氧化后可形成保护性氧化膜,进一步增加其抗氧化能力。多有小的电阻率和高的导热率。

(1)结构与性能 碳化物结构特点由碳原子尺寸较小而决定,在形成金属碳化物时,碳原子常作为间隙原子分布在呈密排结构的金属原子的间隙中;金属与碳的键合介于共价和金属键之间,因此有较高的键合强度,高的导热率和小的电阻。

在与电负性相似的原子形成碳化物时,则主要是共价键,有高的硬度和熔点。

(2)制备 碳化物天然生成很少,多人工合成。主要合成方法有

利用金属与碳直接化合 如用氢气、甲烷等做保护,在 1 400 ~ 1 500 ℃(W+C→WC)。

利用氧化物与碳反应 如将金属氧化物与碳黑混合,在真空炉或石墨电炉内加热至 2 000℃左右生成 TiC;将 SiO_2 与碳粉混合后在隋性气体炉内加热至 1 500 ~ 2 100℃合成 SiC。

利用含碳气体碳化金属 如在 700℃,用甲烷碳化 Mo 生成 MoC。

利用气相沉积形成碳化物 此法可以制取高纯、难熔的碳、氮、硼、硅化物等。通过金属卤化物和碳化物或氢的气体混合物同时分解与相互作用,在难熔金属丝 W、Pt 等的灼热表面沉积生成化合物。如用 $ZrCl_4$、CH_4、H_2 制得 ZrC,在这里氢起催化作用。

(3)常用碳化物原料

SiC 硬度高(13),耐高温性优于 Al_2O_3,2 220℃分解,耐蚀,导热性好,热涨系数小,故热稳定性高。

晶态与性能:主要有两种晶体结构,低温 β 型属立方晶系,高温 α 型属六方晶系且有多型现象。高、低温晶型转变温度约 2 100℃,在 2 300 ~ 2 400℃时转变迅速,且转变是单向不可逆的。不同形态的出现,与生产工艺及杂质的存在有关,与 Al_2O_3 的生成相似。受生成温度的影响,在 2 000℃以下合成的 SiC 主要是 β 型。α 型呈绿色,密度 3.22,硬度高,可做磨料;β 型呈黑色,非常细,富于活性,硬度低,易氧化。

烧结特性:有关 α、β 的烧结特性说法不一,有人认为当 α 型含量少于 19% 时,α 的存在会降低制品密度;含量约 30% 时,α-SiC 能抑制晶粒长大;含量大于 30% 时,呈现均匀的微细晶结构。

TiC 良好的化学稳定性,熔点很高 3 400 ~ 3 500℃,硬度 9 ~ 10,密度 4.9 ~ 4.93,面心立方晶系。

2. 氮化物

作为陶瓷原料,氮化物不像氧化物的历史那么悠久,较之碳化物也略有逊色,只是在近几十年发现了它们具有很好的力学、热学和电学性能,才渐渐受到了陶瓷业的重视。

（1）结构与性能　氮化物的晶体结构与碳化物有很多相似,因此有高的键合强度,一般熔点都较高,部分是在高温下直接升华,不利在真空条件下使用;多具有非常高的硬度。但抗氧化能力差,因而对于形成不了保护性膜的氮化物,其在空气中的使用温度受限。

（2）制备　氮化物种类很多,但都不是天然矿物,都是人工合成。方法与碳化物同,如用金属粉末直接氮化;将金属氧化物用碳还原并同时进行氮化;金属卤化物与 N_2 进行气相反应等。

（3）常用氮化物原料

Si_3N_4　六方晶系,Si 位于 N 的四面体中,由每个 N 原子拿出一电子与之共价,而 N 处在 Si 的正三角形之中,由每个 Si 原子拿出一电子与 N 原子共价,由 N、Si 原子的外层电子结构可知,均达到了稳定结构,电子受束缚,因此有高的熔点、硬度及电阻率。

BN　有六方晶系和立方晶系两种。六方晶系 BN 属层状结构,与石墨相似,因此在性质上也有许多相似之处。因层间距大,以分子键结合,故易破坏,硬度低(2);但润滑性好,冠有白石墨之称,且抗氧化能力优于石墨,可用于高温到 900℃。且层内键结构与 Si_3N_4 相同,是共价键,结合力强,要到 3 000℃以上才分解,是很好的高温材料,其化学性质可用"惰性"来形容,与许多熔融金属都不润湿,而不像石墨可与金属反应形成碳化物。其难能可贵的是有低的热涨系数和较高的导热系数,因此有非常优良的热稳定性,且不同于石墨,层内没有自由电子,同时又是电的优良绝缘体,这在一般材料中是少见的,故是理想的高频绝缘、高压绝缘和高温绝缘材料。

六方的 BN 在加上触媒剂(碱金属或碱土金属)后,在高温高压下可转变成立方结构的 BN,硬度可与金刚石接近,且比金刚石耐高温、抗氧化。

AlN　热稳定性好,对熔融金属有良好的化学稳定性,是制备 Sialon 等陶瓷的必备原料。六方晶系,2 450 ℃升华分解,大于800℃时抗氧化能力变差,密度 3.26,硬度 7~8,易吸潮,水解。

第八章　配料计算及坯料制备

各种陶瓷产品对坯料和釉料的性能有不同的要求,在生产过程中原料的成份、性能也会发生变化,因此,配料方案的确定和计算是陶瓷生产的关键问题之一。通常是根据配方计算的结果进行试验,然后在试验的基础上确定产品的最佳配方。并以此为依据,选择适当的工艺进行坯料的制备。

8.1　配料方案的确定

8.1.1　确定配方的重要性

1. 影响产品的性能

坯料组成与产品性能间的关系可见下面的示意图:

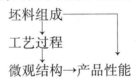

可见,坯料的组成除可通过自身的化学、物理性质影响产品的性能,如白度、透明度、绝缘性等,还能通过工艺及组成的组织影响产品的结构性能如吸水性、力学性能等。因此,不同用途的陶瓷,对性能需求会各有所异,如日用陶瓷要求坯体要有一定的白度与透明度。饮具的铅溶出量不能超标等。釉面砖要求有一定的吸水性,电瓷要求绝缘性等。而特种陶瓷还要求某些特殊的性能。这就意味着在确定坯料组成时,对于原料的成分及杂质含量的要求等相应也要各有所不同。各类陶瓷产品的性能指标可在有关的国标、部标及企业标准中查到,拟定配方时,需注意满足相应的要求。

2. 影响生产工艺

在上面的示意图中,已说明了生产工艺与坯料成分和产品、性能间的关系。即坯料的成分不但会影响产品的性能,还会影响生产工艺。如低温烧成时要求坯料要含有低熔点组成,快速烧成要求坯料要无收缩或少收缩等,且在陶瓷产品形成的一系列工序过程中,还要求坯料的可塑性、流变性、生坯强度、干燥与烧成收缩、烧成范围、烧成温度等都要与成形方法、工艺设备、烧成条件等相适应。

3. 稳定性能、降低成本

保证原料质量是稳定产品性能的前提。从上一章可知,同样是粘土,可因产地或形成过程不同,其化学组成和矿物组成均会有很大差异;化工原料也是。当生成温度和合成方式不同时,原料的结构和性能也会有差异。因此,在确定坯料配方时,需注意原料的质量,在更换原料批次时,也需注意原料质量是否变化,必要时需根据变化对坯料配方和生产工艺做及时调整。另外,合理选择坯料组成,做到就近取材,合理利用,可降低成本。

8.1.2 坯料组成

不同性能的陶瓷,其坯料组成会各不相同。大致地了解它们,可有助于选择、确定配料方案和设计坯料配方。

1. 坯料组成的表示方法

常见的坯料组成的表示方法有以下几种:

(1)实际配料比表示　此是生产中最常见的表示方法,即直接列出所用各原料的质量百分比。其优点是便于直接配料。缺点是当原料成分改变时,因缺乏可比性,不能直接引用,需重新调整配方。

(2)矿物组成(示性组成)表示　将坯料中各天然原料中的同类矿物含量合并在一起,折算成粘土、长石、石英等纯矿物的质量百分比来表示。

(3)化学组成表示　对坯料进行化学分析,将主要分析结果如 SiO_2、Al_2O_3、Fe_2O_3、CaO、K_2O 灼烧减量等,以质量百分数表示。这有利于了解坯料的化学组成,从而初步判断其基本性质。

(4)坯式表示　对坯料的化学组成中各氧化物含量的百分数,用摩尔数表示,再按碱性氧化物(R_2O+RO)、中性氧化物(R_2O_3)、酸性氧化物(RO_2)的顺序排列,并将中性氧化物的摩尔数调整为1,以便于比较。

2. 传统陶瓷的坯料组成

表8-1是传统三组分原料组成的几种陶瓷坯料组成示意图。

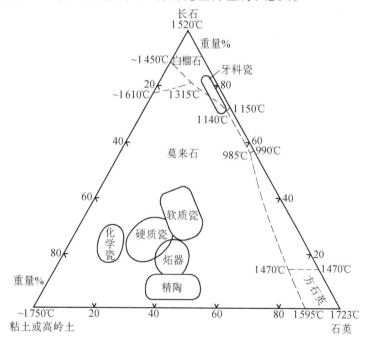

图8.1　由传统三组分原料组成的各种陶瓷坯料成份区示意图

可以看出,除牙科瓷外,所有坯料都在莫来石析出区,这是因牙科瓷要求有较高的半透明性,且制成的是小而简单的形状,故用的是高长石低粘土的组成。其它陶瓷也可通过改变坯料配比,控制瘠化料和助熔剂,坯料的细度和坯体的致密度等而获得不同的特性。

（1）瓷器　有良好的色泽，一定的透光度和热稳定性，机械强度等，多用于日用陶瓷。

国际上习惯将粘土质瓷器分为硬瓷和软瓷两类。硬瓷坯料中碱性氧化物略少，坯式是 $(0.18 \sim 0.30)RO \cdot 1Al_2O_3 \cdot (3.5 \sim 4.8)SiO_2$，烧成温度较高，一般在 $1\,300℃$ 以上，是中欧一带瓷器的主要类型，坯料由传统三组分构成。软瓷坯中熔剂数量较多，故玻璃相增多，透光度增加。坯料中除引入长石外，还可用钙、镁的碳酸盐、骨灰、滑石等作熔剂。坯式中碱性氧化物增多：$(0.3 \sim 0.45)RO \cdot 1Al_2O_3 \cdot (4.8 \sim 6)SiO_2$，烧成温度较低 $1\,250 \sim 1\,320℃$。其中：

长石质瓷是传统的三组分瓷，有瓷质洁白、半透明、不透气、吸水率低、坚硬、化学稳定性好等特点。

绢云母（$K_2O \cdot 3Al_2O_3 \cdot 6SiO_2 \cdot 2H_2O$）质瓷性能特点同长石质瓷，但色泽要好。矿物组成：绢云母（30% ～50%）、高岭土（30% ～50%）、石英（15% ～20%）、其它矿物（5% ～10%）。烧成温度 $1\,250 \sim 1\,450℃$。

骨灰（主要成分 $Ca_3(PO_4)_2$）质瓷具有白度高、透明度好、瓷质软、光泽柔和的优点；但较脆，热稳定性差，是较为少用的高级日用瓷。多用作高级餐茶具、高级工艺美术瓷。矿物组成：骨灰（20% ～60%）、长石（8% ～22%）、高岭土（25% ～45%）、石英（9% ～20%）。烧成温度 $1\,220 \sim 1\,250℃$。

日用滑石质瓷是近年来我国创造的一类新型日用瓷。有良好的透明度和热稳定性，较高的强度和电性能。可用于高级日用器皿和一般电工陶瓷。矿物组成为滑石约73%，长石约12%，高岭土11%，粘土4%。烧成温度 $1\,300 \sim 1\,400℃$。

（2）炻器（缸器）　介于陶器与瓷器之间，与陶的区别是气孔率较低，是致密烧结；与瓷器的区别是坯体带色且无半透明性。有较高的强度，良好的耐酸性和较好的热稳定性。可用于制造尺寸较大，且要求一定强度的铺地砖、耐酸砖等建筑炻器、化工炻器；及缸器、茶具、花盆等日用炻器。

炻器坯料可采用传统的三组分，但助熔剂要少于瓷。化学组成大致是 SiO_2 55% ～65%，Al_2O_3 25% ～35%，熔制总量 5% ～8%，多采用伊利石多的粘土为原料，可利于致密烧结，无釉制件也可不透水，吸水率<6%。

（3）精陶　是施釉的白坯或浅色坯陶器，吸水率较高 10% ～22%，是多孔性坯体结构，故机械强度不高，且有吸湿膨胀性，故古老的精陶制品其釉面都有网状裂纹。多用于制造釉面砖等建筑材料和卫生器皿及装饰品等日用制品。

精陶坯料的助熔剂少于炻器，故在采用传统的三组分时，当粘土中含有一定量的熔剂成分时，可不引入长石。下表是几种精陶的矿物组成。

组成类型	组　成　%				
	粘　土	高岭土	石　英	长　石	石灰石
粘土质	75 ~85		15 ~25		—
石灰质	45 ~60		25 ~40	—	10 ~15
石灰质	60 ~75		15 ~30	—	10 ~35
长石质	45 ~60		25 ~40	8 ~15	—
长石质	30 ~20	20 ~30	30 ~50	5 ~15	—
混合质	45 ~60		25 ~40	3 ~5	5 ~7

长石质精陶亦称硬质精陶,有机械强度较高,烧成范围宽的优点,应用较多。但烧成收缩较大,约 1.5% ~3.5% ,吸湿膨胀稍大,烧成温度较高 1 200 ~1 250℃。

石灰质精陶也称软质精陶,机械强度低,烧成温度范围窄,在日用精陶中用的不多。但烧成温度低(1 100 ~1 160℃),收缩及吸湿膨胀均较小,有利釉的附着,对尺寸规格要求较严的釉面砖有益,建筑精陶仍采用。

混合质精陶可兼得烧成温度低、范围宽的优点。

3. 特种陶瓷的坯料组成

这里不用"先进"而改用"特种",是为强调先进陶瓷坯料的配料原则是依据陶瓷的特殊使用性能选择主料。此外,因先进陶瓷的原料多是瘠性化工原料,故坯料中还要添加满足工艺要求的辅料以及进一步提高主料和辅料性能的改性料。

(1)主料 是决定陶瓷材料主要结构和性质的主要原料。如:为满足高的结构强度需求可选用 Si_3N_4、SiC 等为主料。而选用 $BaTiO_3$ 等为主料,可满足陶瓷的介电、压电性能。选 $\beta-Al_2O_3$、稳定型 ZrO_2 为主料,可获得离子导电性。以 BeO 为主料时,陶瓷可获得高的热稳定性能等。

(2)辅料 为满足工艺要求而使用的次要原料。各种助烧剂,成型用的粘结剂等。

解凝剂(解胶剂、稀释剂) 用于改善注浆坯料的流动性,使其在低水分时粘度适当,便于浇注。如 HCl,用于 Al_2O_3、TiO_2 等,可通过调整瘠性料浆的 pH 值来控制料浆的流动性。还有阿拉伯树胶、明胶等有机胶体,需注意在用量少时反会使料浆聚沉。这是因少量树胶无法完整覆盖料浆中的固体颗粒,反将附着在树胶链节上的固体颗粒连接起来,促使它们聚沉。而若树胶用量增多,每个颗粒粘附的树胶量增加,颗粒外表形成了保护膜,阻碍了料浆颗粒聚沉。另外,有机胶体还可提高料浆中液相的粘度,增加固体颗粒聚沉时的阻力。

塑化剂 由粘合剂、增塑剂和溶剂合成,用于增加瘠性坯料的可塑性和坯体强度。其中粘合剂,具有较高的粘结能力,可改善配料的可塑性。如阿拉伯树胶、石蜡、聚乙烯醇、酚醛树脂等。增塑剂,用来溶解有机粘合剂和湿润坯料颗粒,在颗粒形成液态间层来提高坯料的可塑性。多是有机的醇类或脂类。溶剂,能溶解粘合剂和增塑剂。有水、有机醇、汽油等。

(3)改性料 在主晶相形成的前提下,对主晶相的某些性能进行改变。如在制造低频高介电容器瓷时,为满足其使用性能,主料选择介电常数较高的 $BaTiO_3$,为使瓷料的使用性能进一步提高,添加的改性料有展宽剂。它使 $BaTiO_3$ 的介电常数与温度关系的峰值扩散、加宽,使瓷料在工作温度区域的介电常数值增大,工作温度范围增大。具有展宽作用的还有 $CaTiO_3$、$MgTiO_3$ 等。改性料还包括移动剂,它使铁电瓷料($BaTiO_3$ 有与铁石磁体类似的铁电滞后现象)居里温度移动到需要的居里温度。有铁电体 $PbTiO_3$,$SrTiO_3$,非铁电体 $BaZrO_3$,$BaSnO_3$ 等。在改性料中兼有展宽与移动效应的有 $CaZrO_3$、$MgZrO_3$ 等,它们大都能与 $BaTiO_3$ 完全互溶,还有烧结促进剂,它能降低瓷料烧结温度,抑制晶粒长大的添加物,如 ZnO,$MnCO_3$,Nb_2O_5 等。

又例如在金红石瓷的生产中,为获得高的介电性能,主料是 TiO_2。为控制晶粒长大,调节介电性能,加入的辅料有:膨润土以提高坯体的可塑性,有机增塑剂(甲基纤维素或亚硫酸纸浆废液等),萤石(CaF_2)起助熔作用,钨酸(H_2WO_4)以阻止 TiO_2 的晶粒长大。

8.2 坯料配方计算

8.2.1 坯料配方的确定

如何合理确定坯料配方,目前尚无比较完善、合理的方法。用已有的由化学分析得到的化学组成或已有的坯式为依据,用原料逐项满足的方法,虽能保证坯料的化学组成,但可因矿物组成的差异,满足不了坯料的工艺性能等。而对于以矿物组成为基准用原料逐项满足的方法,又有原料的矿物组成不易求出的不便。故现多用的是经验与理论相结合的方法。

1. 充分了解相关信息

(1)了解制品的性能要求,确定坯料的主料组成。

(2)分析和测定原料的化学成分、可塑性、烧结性、烧后颜色、收缩等性能,确定原料的选用。

(3)分析现有生产设备和生产条件,确定工艺条件;分析工艺因素,确定生产方法;对比考虑原料选择是否合适。

(4)利用已有经验、资料,考虑产品改进。

2. 初步确定配方

(1)根据坯式,按成分满足法初步确定配方。

(2)利用相图分析配方,根据相图中的主晶相及形成条件、成分、温度的变化区域,确定试验对比配方。

3. 试制确定正式配方

对上述配方试验、对比、改进、确定正式配方。

8.2.2 坯式及坯料配方的计算

对于坯式及坯料配方的计算方法没有统一的模式,都是根据已有的数据资料和工艺要求来选择适当的方法进行计算。下面通过例题介绍几种计算方法供计算时参考。

1. 由化学组成计算坯式

具体的计算过程,见下面例题。

例 1:已知坯料的化学组成如下表(质量%)。

SiO_2	Al_2O_3	Fe_2O_3	TiO_2	CaO	MgO	K_2O	Na_2O	灼减	合计
67.08	21.12	0.23	0.43	0.35	0.16	5.92	1.35	2.44	99.08

试计算坯式。

1)计算各氧化物的摩尔数

先换算成无灼减的百分含量,再将各氧化物的百分含量除以其摩尔质量,所得商即是。以 SiO_2 为例。

无灼减百分含量:$67.08/(99.08-2.44)\% = 69.41$

氧化物摩尔数:$69.41/(28.09+16×2) = 1.155\ 1$

依此计算出的各氧化物无灼减的百分含量和摩尔数的结果见下表：

SiO_2	Al_2O_3	Fe_2O_3	TiO_2	CaO	MgO	K_2O	Na_2O
69.41	21.85	0.2380	0.4449	0.3622	0.1656	6.126	1.397
1.1551	0.2143	0.0015	0.0056	0.0064	0.0650	0.0225	

（2）计算相对摩尔数

以中性氧化物 R_2O_3 的摩尔数总和为基准,令其为1,计算各氧化物的相对摩尔数作为相应系数。如：

中性氧化物的摩尔数总和:0.214 3+0.001 5 = 0.215 8

SiO_2 的相对摩尔数:1.551/0.215 8 = 5.353

依此计算各氧化物的相对摩尔数结果是：

SiO_2	Al_2O_3	Fe_2O_3	TiO_2	CaO	MgO	K_2O	Na_2O
5.353	0.993	0.007	0.026	0.030	0.018	0.301	0.104

（3）按碱性、中性、酸性氧化物的顺序排列出坯式

$$\left.\begin{array}{l} 0.301K_2O \\ 0.104NaO \\ 0.030CaO \\ 0.018MgO \end{array}\right\} 0.993Al_2O_3 \quad 0.007Fe_2O_3 \left\{\begin{array}{l} 5.353SiO_2 \\ 0.026TiO_2 \end{array}\right.$$

2. 已知坯式,求化学组成(质量%)

我们仍举例加以说明。

例2:已知某压电瓷坯的坯式为：

$0.95PbO \cdot 0.05SrO \cdot 0.5ZrO_2 \cdot 0.5TiO_2 +$ 重量%$(0.5Cr_2O_3+0.3Fe_2O_3)$,采用的原料及纯度如下表：

名　称	铅 丹	碳酸锶	二氧化锆	二氧化钛	三氧化二铁	三氧化二铬
分子式	Pb_3O_4	$SrCO_3$	ZrO_2	TiO_2	Fe_2O_3	Cr_2O_3
纯度%	98	97	99.5	99	98.9	99

试计算坯料配比。

（1）根据摩尔数、摩尔质量计算每摩尔坯料中各氧化物的重量及总量。计算结果见下表

	PbO	SrO	ZrO_2	TiO_2
摩尔数	0.95	0.05	0.5	0.5
摩尔质量	223.20	103.62	123.22	79.88
重量(g)	212.04	5.18	61.61	39.95
1mol 坯料重(g)	318.78			

（2）计算扣除烧失后氧化物的百分含量

$Pb_3O_4:3PbO/Pb_3O_4 = (3\times223.2)/685.6 = 97.67\%$

$SrCO_3 : SrO/SrCO_3 = 103.62/147.62 = 70.19\%$

（3）计算纯原料的百分含量

$Pb_3O_4 : (212.04/318.78)/0.9767 = 68.11\% + 1.5\% = 69.61\%$

（因在坯料烧结过程中 PbO 会挥发一点，为弥补损失，配料时需多加一点）

$SrCO_3$　　$(5.18/318.78)/0.7019 = 2.31\%$

ZrO_2　　$61.61/318.78 = 19.33\%$

TiO_2　　$39.95/318.78 = 12.53\%$

（4）计算实际原料用量（分）

$Pb_3O_4 : 69.61/0.98 = 71.03$

$SrCO_3 : 231/0.97 = 2.38$

$ZrO_2 : 19.33/0.995 = 19.43$

$TiO_2 : 12.53/0.99 = 12.66$

$Fe_2O_3 : 0.3/0.989 = 0.3$

$Cr_2O_3 : 0.5/0.99 = 0.5$

合　计：　　　　　　106.3

（5）由总量折算出各原料的百分含量。计算结果见下表：

Pb_3O_4	$SrCO_3$	ZrO_2	TiO_2	Fe_2O_3	Cr_2O_3	合计
66.82	2.24	18.29	11.91	0.28	0.47	100.01

3. 示性矿物组成计算

示性矿物组成是反映陶瓷原料或坯体性能的重要数据。它可用电镜，X 射线等仪器分析的方法直接获取，也可依据化学组成做粗略估算。计算方法是先根据原料的具体情况，初步判定其所含的主要矿物，再根据矿物的理论组成，将原料的化学组成折算成矿物组成，具体步骤如下。

（1）若化学组成中含有一定数量的 K_2O，Na_2O，CaO，可认为它们是长石类矿物引入的。若其中 Na_2O 比 K_2O 含量明显少，可认为是由钾长石引入的。

（2）将化学组成中 Al_2O_3 的总量减去长石代入的 Al_2O_3 后，剩余的可看成是由高岭土引入；如还有多余，可认为是由水铝石 $Al_2O_3 \cdot H_2O$ 引入。

（3）对于灼减量判断，若原料中有碳酸根存在，MgO 可认为是由菱镁矿 $MgCO_3$ 引入，CaO 可以为是由石灰石 $CaCO_3$ 引入。若不存在碳酸根，可认为灼减量是由水引起，MgO 可认为是由滑石 $3MgO \cdot 4SiO_2 \cdot H_2O$ 或蛇纹石 $3MgO \cdot 2SiO_2 \cdot 2H_2O$ 引入。

（4）若灼减量在扣除高岭土、滑石等矿物中的结晶水后还有剩余，可认为 Fe_2O_3 是由褐铁矿 $Fe_2O_3 \cdot 3H_2O$ 引入；若灼减量已扣完，则 Fe_2O_3 可认为是赤铁矿引入。

（5）TiO_2 一般可认为是由金红石引入。

（6）在扣除各矿物中的 SiO_2 含量后，仍有 SiO_2 剩余，可认为是由游离石英引入。

举例说明：

例3：已知某粘土的化学组成如下表（质量%）

SiO$_2$	Al$_2$O$_3$	MgO	CaO	K$_2$O	灼减
59.1	30.3	0.2	0.3	0.5	10.1

试计算该粘土的示性矿物组成。

(1)计算各氧化物的摩尔数。计算方法同前,计算结果见表 8-1(摩尔数一栏)。

(2)根据列出的各氧化物及其摩尔数,判定可能含有的矿物,再根据各矿物的氧化物分子式,逐一计算其摩尔数并扣除。计算结果见表 8-1。如:K$_2$O 是由钾长石引入,有 0.005 摩尔,剩余的 0.285 摩尔 Al$_2$O$_3$ 是由高岭石引入等(见钾长石和高岭石的引入计算)。

(3)求组成各矿物的质量百分比。先计算各矿物的摩尔质量,计算结果已直接列入表 8-1 的摩尔质量栏中。因各矿物的摩尔数是由已知的化学组成的百分含量计算得到,故直接用各种矿物的摩尔数乘以该矿物的摩尔质量,即可得其质量百分比,如钾长石,摩尔质量 = 94+102+(6×60.1) = 556.6

质量百分比 = 0.005×556.6 = 2.78

各矿物的质量百分比计算结果也已列入表 8-1(见质量% 一栏)。

表 8-1 示性矿物组成计算

名　称	SiO$_2$	Al$_2$O$_3$	MgO	CaO	K$_2$O	灼减	摩尔	质量
化学组成	58.3	30	0.2	0.3	0.5	10.7	质量	%
摩尔数	0.97	0.29	0.005	0.005	0.005			
(0.005)钾长石 K$_2$O·Al$_2$O$_3$·6SiO$_2$	0.03	0.005	—	—	0.005	—	556.6	2.78
余	0.94	0.285	0.005	0.005	—	10.7		
(0.285)高岭石 Al$_2$O$_3$·2SiO$_2$·2H$_2$O	0.57	0.285	—	—	—	0.285×36	258.2	73.59
余	0.37	—	0.005	0.005	—	0.44		
(0.37)SiO$_2$	0.37	—	—	—	—	—	60.1	22.23
余	—	—	0.005	0.005	—	0.44		
(0.005)MgCO$_3$	—	—	0.005	—	—	(12+32)×0.005	84.3	0.42
余	—	—	—	0.005	—	0.22		
(0.005)CaCO$_3$	—	—	—	0.005	—	0.22	100.1	0.5
合　计	—	—	—	—	—	—		99.52

计算结果。示性组成为(质量%):

钾长石 2.78,高岭土 73.59,石英 22.23,碳酸镁 0.42,碳酸钙 0.5

可见该土质是以高岭土为主,含有大量石英的粘土。

4. 依据关键指标计算

为保证产品质量，G. W. Phelps 于 1976 年提出确定粘土质陶瓷配料时，同时考虑影响坯体性质的一些其它因素的计算方法。即除化学组成外，坯料的矿物组成、颗粒分布、胶体状态物质的含量等，也将影响粘土质陶瓷性质，也需考虑。他把化学组成，矿物组成、小于 $1\mu m$ 颗粒的百分比、胶体指数(100g 坯料吸附甲基兰的当量数)等称为特征化指标。对于不同的产品来说，起主要作用的特征指标是不同的，称为"关键指标"。表 8-2 给出了一些陶瓷坯料的关键指标。它的成分可由实验测试、理论计算、生产经验，相关标准等确定。在确定粘土质陶瓷的坯料配方时，主要考虑这些关键指标的含量要求即可。

表 8-2　不同陶瓷坯料的关键指标

坯料种类 指　标	卫 生 瓷	高强度电瓷	餐 馆 瓷	墙 面 砖
化学组成：				
SiO_2	✓	✓	✓	✓
Al_2O_3	✓	✓	✓	✓
Fe_2O_3			✓	
TiO_2			✓	
CaO				✓
MgO				✓
K_2O	✓	✓	✓	
Na_2O	✓		✓	
灼　减				
矿物组成：				
粘土物质	✓	✓	✓	✓
游离石英	✓	✓	✓	
云　母	✓			
有 机 物	✓			
颗粒大小$<1\mu m\%$	✓	✓	✓	✓
胶体指数	✓	✓	✓	✓

这种采用确定关键指标的计算方法，同时考虑了坯料的组成与工艺性能，而且根据产品的性质要求提出不同的关键指标作为必须保证的数据，进一步简化了计算过程，在国外陶瓷工厂的应用中已取得了实际效果。

例4:已知某卫生陶瓷坯料的关键指标及其允许的波动范围如下表(质量%)。

SiO_2	Al_2O_3	K_2O+Na_2O(摩尔数)	粘土	云母	石英	有机物	$<1\mu m$ 颗粒	胶体指数 $mg\cdot mol$
65 ± 0.5	23 ± 0.5	$0.067\sim0.068$	37 ± 0.6	5左右	24 ± 0.5	$0.4\sim0.6$	25 ± 0.5	3.3 ± 0.2

原料的化学组成,矿物组成及其它性质列于下表。

原料的化学组成

	SiO$_2$	Al$_2$O$_3$	Fe$_2$O$_3$	TiO$_2$	CaO	MgO	K$_2$O	Na$_2$O	灼减	总量
可塑粘土 *F*	57.73	27.72	1.00	1.23	0.23	0.45	2.27	0.32	9.32	100.27
高岭土 *E*	46.78	38.21	0.64	0.03	0.14	0.10	1.46	0.07	12.57	100
长　石	68.53	18.53	0.07	–	0.71	–	5.20	6.82	0.23	100.09
石　英	99.38	0.1	0.08	0.02	–	–	–	–	0.13	99.71

原料的矿物组成及其他性质

	蒙脱石	高岭石	云　母	石　英	有机物	<1μm 颗粒	胶体指数 mg/mol
可塑粘土 *F*	12.73	40	23.18	25.90	2.09	77.27	11.72
高岭土 *E*	3.21	81.78	13.21	0.72	–	25	2.60
长　石	–	2.94	–	5.59	–	2.94	–
石　英	–	–	–	99.38	–	–	–

试根据坯料的关键指标,确定原料配比。

为便于计算,可采用列表计算的方法,直接将计算结果填入表内。

(1)将已知坯料的关键指标列于表中,再根据指标所列的项,列出原料的相应成分(见表8-3)。除 K$_2$O,Na$_2$O 外,均为百分含量,"%"省略,计算中亦是,但 K$_2$O+Na$_2$O 在坯料中给出的是摩尔数,故均按摩尔数计算。

表 8-3　坯料计算

配入	项目	SiO$_2$	Al$_2$O$_3$	K$_2$O	Na$_2$O	粘土	云母	石英	有机物	<1μm	胶体指数
	坯料	65±0.5	23±0.5	摩尔数 0.067 ~ 0.068		37±0.6	约5	24±0.5	0.4 ~ 0.6	25±0.5	3.3±0.2
22	粘土	57.73	27.72	0.024	0.005	52.73	23.18	25.90	2.09	77.27	11.72
	引入	12.70	6.10	0.0053	0.0010	11.60	5.10	5.70	0.46	17.00	2.58
	剩余	52.3	16.9	0.0607 ~ 0.0617		25.4	–0.1	18.3	–	8	0.72
28	高岭土	46.78	38.21	0.0155	0.0011	85	13.21	7.12	–	25	2.61
	引入	13.1	10.7	0.0043	0.0003	23.8	3.7	0.2	–	7	0.73
	剩余	39.2	6.2	0.0561 ~ 0.0571		1.6	–3.8	18.1	–	1	
34	高岭土	68.53	18.53	0.055	0.11	2.94	–	5.59	–	2.94	–
	引入	23.3	6.3	0.019	0.037	1	–	1.9	–	1	
	剩余	15.9	–	–		–	–3.8	16.2	–	–	
16	高岭土	99.38	0.1	–		–	–	99.28	–	–	–
	引入	15.9	0.02	–		–	–	15.9	–	–	
	剩余	–	–	–		–	–3.8	–	–	–	

（2）可采用依次递减的计算方法。如观察表 8-3，可知坯料中对有机物的需求量只有粘土能提供，可先假定由粘土提供 0.5% 有机物，则需配入粘土的量是 $(0.5/2.09) \times 100.27 \approx 24$，再观察粘土原料和坯料的成分，可知云母的需求是有机物的 10 倍，但粘土中云母的含量是有机物的 10 倍以上，虽云母的成分无严格的限制，但可看出，高岭土中也含一定的云母，仍还要提供。故再看由粘土提供 5% 云母时，需配入的粘土量：$(5/23.18) \times 100.27 \approx 22$。鉴于此，试配入粘土 22 份。由此引入的各成分量，列入表中"引入"一栏；坯料中各成分的剩余需求列入"剩余"一栏；如差值在坯料的成分允许的波动范围之内，则不再标出。

（3）高岭土可补充满足坯料中对胶体指数及 Al_2O_3 等组分的需求，因胶体指数只能由高岭土补充，故高岭土的需求量可由胶体指数计算，$(0.27/2.16) \times 100 \approx 28$。

（4）同样，长石可补充配料中其它剩余量的需求，主要是对于碱性氧化物的需求，故其配入量为

$$[0.0566/(0.055+0.11)] \times 100.09 = 34$$

（5）最后剩余的 SiO_2 由石英提供，需要量为

$$(15.9/99.38) \times 99.71 = 16$$

从最后剩余可看出，除云母提供的略多些外，其余成分均在坯料的波动范围内，而云母允许有一定的波动，故可认为此配料计算已满足了坯料要求，可以采用。如果要更换原料时，仍可采用此计算方法，重新计算。

5. 利用微机计算

上面例 4 的计算，只是对已知的配比又进行了重新计算，故较顺利。而在实际计算时，由于天然原料具有成分多样性的特点，要让多个指标同时满足，会使计算增加很多难度，如能利用微机计算，则会好得多。

利用微机计算的关键是要先建立一个数学模型。从例 4 的计算过程可看出，求解原料配入量的过程可看成是求解多元线性方程组的过程。可设原料的配入量为待求的未知量 X，原料成分为方程组的系数 A，坯料成分则为方程的自由项 C，用行列式表示有

$$A = [A_{ij}] \qquad X = \begin{bmatrix} X_1 \\ \vdots \\ X_i \\ \vdots \\ X_m \end{bmatrix} \qquad C = \begin{bmatrix} C_1 \\ \vdots \\ C_j \\ \vdots \\ C_n \end{bmatrix}$$

其中"i"为原料代号，"j"为原料中每一组成的代号，待求的线性方程组可简单地表示成

$$A^T X = C \qquad 或 \qquad C_j = \sum_{i=1}^{m} A_{ji} x_i \qquad (j = 1, 2 \cdots n)$$

其中，X 为 m 维向量，C 为 n 维向量，A 为 $m \times n$ 阶矩阵。

若方程组有解，从方程组可看出。

1）$n < m$：方程有无穷多个解。

2）$n = m$：方程有唯一解。

3）$n > m$：如表 8-3，有 $m = 4$，$n = 10$。可任选其中 m 个方程式，从中求出 m 个未知

量。但无法保证解的唯一性。即如将解代入其余各式后,不一定能满足 $C - A^T X = 0$。不过,在 $n > m$ 的情况下,仍可找到一组最佳或最恰当的解,当将解代入各方程式后,虽不能保证 $C - A^T X = 0$,但它们都是与零相近的 E 值,可在坯料指标允许的波动范围内。从整体上看,这组解是波动最小的唯一解。即在考虑此允许的波动之后,可写出下面的误差方程组。

$$C - A^T X = E \qquad E = \begin{bmatrix} e_i \\ \vdots \\ e_j \\ \vdots \\ e_n \end{bmatrix}$$

这里 E 也是一 n 维列向量,e_j 是坯料中 j 组分的波动偏差。依据最小二乘法原理,满足

$$E^T E = \sum_{j=1}^{n} e_j^2$$

最小,就可求出最佳解。此方法属数理统计的方法,有关这方面的计算机软件很多,稍加修改或补充后即可移用。除此之外,还可用它进行寻找配方组成与工艺过程和产品性能之间的制约关系,加速配方研究,改善工艺过程,在保证产品性能的前提下降低成本。

6. 利用相图计算

相图,除可利用它来了解在恒定的压力下,陶瓷的组成与温度、相之间的关系外,在坯料配方计算时,还可依据坯料在相图上的成分点,确定原料的成分配比,估计烧成温度,判断产品性能等。

陶瓷属多元系材料。目前,有关陶瓷材料的多元系相图尚未进行全面系统的研究。好在传统陶瓷材料的主要组成是 $R_2O(RO)$、Al_2O_3、SiO_2,故可用此三组元构成的三元系统相图来指导生产与开发研究。长石质瓷属 $K_2O-Al_2O_3-SiO_2$ 系统,大多数日用瓷、电瓷、卫生瓷等都可利用此三元系统,见图 8-1。镁质瓷则可利用 $MgO-Al_2O_3-SiO_2$ 三元系相图。

在利用 $K_2O-Al_2O_3-SiO_2$ 三元系相图计算长石质瓷坯配方时,需将坯料与原料中的碱性氧化物含量折算成 K_2O 量,确定此转换系数的根据是 Richters 近似原则。熔剂氧化物对粘土原料熔融温度降低的影响和各氧化物的摩尔质量相对应。如 40 份 MgO,56 份 CaO,62 份 Na_2O 作用和 94 份 K_2O 相当。将中性氧化物如 Fe_2O_3 折算成 Al_2O_3,将酸性氧化物如 TiO_2 折算成 SiO_2,再将它们的成分点标在 $K_2O-Al_2O_3-SiO_2$ 相图中,如果坯料成分点能位于由原料成分点连接的多边形中,说明原料选择合理,能满足坯料成分要求。否则需更换原料以满足坯料成分要求。配料百分比可利用杠杆定律计算。

8.3 坯料制备

坯料是指将陶瓷原料经拣选、破碎等工序后,进行配料,再经混合、细磨等工序后得到的具有成形性能的多组分混合物。可见由原料到坯料需经过一个制备过程,此过程与原料的类型及随后的成形方法有关。如可塑法成形坯料要求在含水量低的情况下有良好的可塑性,同时坯料中各种原料与水分应混合均匀且含空气量低,其制备过程的示意图如下。

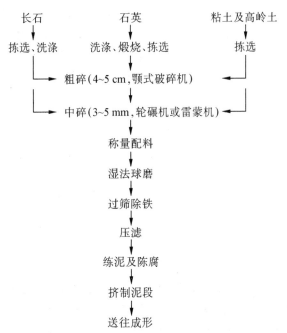

从示意图可看出,坯料的制备过程大致可分为原料处理、配料、混合制备三部分。在上一节中已介绍了配料计算,配料时可按计算的配方配制,但注意配方要准确,如原料是以干式(脱水)计算时,称料时需扣除原料的水分。

8.3.1 原料处理

1. 预烧

预烧即对原料进行的预先烧制。可用于:

(1)帮助碎化原料,如上面示意图中的石英的煅烧,在第七章石英的介绍中曾述及石英硬度高,不易粉碎,需利用晶格重构时产生的体积突变,将其粉碎。即将石英加热至相变温度以上保温,然后急冷使其产生较大的相变内应力,导致原料变脆散裂成小块。

(2)减少坯料收缩,对可塑性强的粘土,用量较多时,其坯体在干燥、烧成时收缩较大。为避免制品发生开裂,可将部分粘土预烧成熟料,减小坯料收缩,同时还可提高其纯度。

(3)改变结构形态 具有片状结构的滑石,大量使用时,成形对易造成泥料分层和坯料各向异性、引起变形、开裂。通过预烧可转变成偏硅酸镁($MgOSiO_2$)破坏原有的片状结构。

(4)稳定晶型 对于一些具有同质异构转变的多晶型原料,如 Al_2O_3 等,为避免烧成时晶型转变产生的体积效应的影响,可利用预烧先获得稳定晶型。

2. 精选

指对原料进行分离、提纯,除去原料中的各种杂质(尤是含铁杂质),使之在化学组成、矿物组成、颗粒尺寸中更符合原料的质量要求。按作用机理可分为:

(1)物理方法 此类方法有分级法(水选、风选、筛选等)、磁选、超声波选等。目的是去除原料中的粗粒杂质(如砂砾、硫铁矿、草根、树皮等);同时还可控制原料颗粒的粒径分布。图 8-2 是常用分级装置及相应粒度范围的示意图。可以看出湿法分级的精度相对较高,这是因为水可将一些在空气中难以分散的颗粒集合分散开来,尤其是粘土类。

目前,国内外普遍采用的分离装置是水力旋流器,图 8-3 是其工作示意图。

可以看出经搅拌池分散开的物料浆,在砂浆的高压作用下,通过给浆管送入水力旋流器,在旋流器旋转产生的离心作用下,粗、重物粒被抛向器壁并沿壁向下滑入沉淀池,而含细颗粒的泥浆则溢进溢流池中。

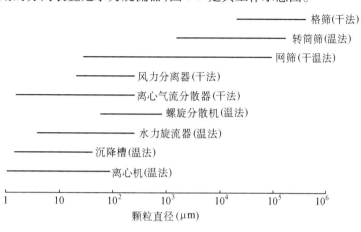

图 8-2 分级装置及适用粒度范围

磁选法是利用含铁矿物的铁磁性,将其从原料中分离出来,此方法对弱磁性矿物及细的含铁杂质的分离效果不明显。

超声波法是利用超声空化的作用,致使颗粒表面的氧化铁膜剥离,而达到除铁目的。

(2)化学方法 从上面的介绍可知,物理方法不易去除细微的含铁杂质。此时,可通过化学方法来去除。化学方法可分为溶解法和升华法两大类。

升华法是在高温下使原料中的氧化铁与氯气等气体发生反应生成可挥发或可溶性物质,如氯化铁等,而将其去除。因氯气有毒,此法已不宜采用。

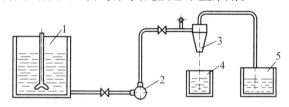

图 8-3 水力旋流器工作示意图
1—搅拌池;2—砂泵;3—水力旋流器;4—沉淀池;5—溢流池

溶解法是利用酸等对原料进行处理,通过化学反应,变含铁杂质为可溶性盐,然后再将其去除。

此外还有利用电化学来分解含铁杂质的电化学法和利用各种矿物对水的润湿性不同,用浮选剂(捕集剂)使待去除的矿物悬浮去除。

8.3.2 混合制备

1. 细粉碎

目的是增加颗粒的比表面,如将一块 $1cm^3$ 的正方体分割至边长为 $1nm(10^{-7}cm)$ 时,总表面积可由原来的 $6cm^2$ 增至 $6 \times 10^7cm^2$,活性亦大大增加,有利坯料的成形,降低烧结温度、提高致密度。

国内普通陶瓷生产采用万孔筛(250 目、$61\mu m$)来控制坯料粒度。国外要更细些,一般过 325 目筛(44μm)。特殊陶瓷材料,要求更高,通常在原料制备时就已达到。

图 8-4 是常用设备的细粉碎范围示意图。

可以看出湿磨的效率高于干磨。这与分
级法相同,有人认为是液体渗入了颗粒的缝
隙中,使颗粒胀大、变软,故有利粉碎,再是渗
入的液体对裂纹尖端产生的压力起到了劈裂
作用。其中球磨机是一种内装有一定研磨体
的旋转筒,筒体旋转时带动研磨体旋转,一方
面通过研磨体之间和与筒体之间的磨擦起到
研磨作用,另一方面利用研磨体下落时的撞
击作用可达到粉碎目的。

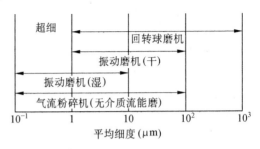

图 8-4　常用设备粉碎范围

振动粉碎是一种超细粉碎的方法,在国内外应用普遍。入料粒径小于 2mm,出料粒
径小于 60μm。主要是利用研磨体在磨机内作高频振动而将物料粉碎。

气流粉碎是超细粉碎的另一有效方法,它是利用高压气体做介质,通过细喷嘴进入粉
碎室,造成流体突然膨胀,压力降低,流速急剧增大,使物料在高气流作用下相互猛烈撞
击、摩擦而破碎,然后自动分级,达到细微粒被排出,粗颗粒则继续被粉碎。

在粉碎过程中也可通过添加助磨剂,加速进程。助磨剂是具有表面活性的物质,由亲
水的极性基团(如羧基-COOH,羟基-OH 等)和憎水的非极必基团(如烃链)组成。可定
向吸附在颗粒的表面,降低表面能。广泛采用的液体助磨剂有醇类(如甲醇)、胺类(如三
乙醇胺)等。一些气体如丙酮气体,固体物质如六偏磷酸钠等也可用作助磨剂。

2. 泥浆的脱水

采用湿法粉碎得到的泥浆,含水量约 60%,不能直接用于成形,需脱水。脱水的目的
就是去除湿法粉碎后坯料含有的多余水分。机械脱水可得到含水量为 20% ~ 25% 的坯
料,热风脱水可得到含水量在 8% 以下的坯料。

机械脱水可采用压滤机,也称榨泥机。压滤时,水通过泥层和滤布滤出。若假设料层
厚度为 L,毛细管半径为 r、泥浆粘度为 η、料层两端的压力差为 ΔP,则时间 t 内的滤出水量
V 为

$$V = [\pi \cdot r^4 \cdot \Delta P \cdot t]/[8 \cdot \eta \cdot L]$$

从此式可看出,影响压滤率的因素有 ΔP、L、r、η。V 正比于 ΔP,但 ΔP 增大,有泥层增
厚(L 增大),颗粒靠拢,r 又减小导致 V 减小。因此,压滤时要注意压滤方式,初期宜采用
较低的压力,以免泥层颗粒过早靠拢,在滤布上形成致密泥饼。随着压滤的进行,泥浆增
厚,再逐渐升至最高压力。

热风脱水(喷雾干燥)指泥浆经一定的雾化装置分散成雾状细滴,在干燥塔内经热交
换,将雾滴中的水分蒸发,得到含水量小于 8% 具有一定粒度的球形粉料过程。可见喷雾
干燥还兼有造粒的功能,故在陶瓷生产中应用很广。根据雾化方式的不同,喷雾干燥还可
分为:

离心式雾化　将待雾化的泥浆送至一高速转动的离心盘上。在离心力的作用下,泥
浆通过均匀分布在离心盘周边的槽式喷孔被撕裂成微滴,并以极高的速度离开离心盘形

成雾状,雾滴与热风接触后成为干燥的颗粒,此法具有喷孔不易堵塞,雾滴较细(干燥后粉径约 100μm)的优点。可适于粘度高,含大颗粒悬浮物的料浆。

压力式喷嘴雾化　利用浆泵的压力将泥料送至一特殊的喷嘴,使其在喷嘴中迅速旋转冲至喷嘴口,在离开孔口时被离心力撕成雾滴状喷出,经热风干燥。此法适于低粘度、不含大颗粒泥浆的雾化,与离心雾化相比,所得粉料始终较粗,但容重大,流动性好,有良好的成形性,且设备结构简单,造价低。

此外,还有气流式雾化,但应用不多。

3. 造粒

造粒是将细碎后的陶瓷粉料制备成具有一定粒度(假颗粒)的坯料,使其适于干压或半干压成形工艺。较早的方法是在瓷粉中加入适量的粘结剂,经预压、破碎、过筛后获得粒度在一定范围内的颗粒。前面讲的喷雾干燥则是现在普遍采用的一种造粒方法。

4. 陈腐(陈化)

俗称困料,指将泥坯放在阴暗而湿度大的室内(20～30℃)贮存一段时间,改善其性能的措施。坯泥经陈化后,水分因扩散而分布得更加均匀;且在水和电解质的作用下,粘土颗粒充分水化和离子交换,非可塑性矿物发生水解,变为粘土物质;在细菌的作用下,有机物发酵或腐烂,变成腐植酸类物质,一些氧化还原反应产生的气体扩散,促使泥料松散均匀,提高可塑性,减少在加工时由挤泥机中压出泥段时产生的层裂,因而降低坯件在成形及干燥时的破损率。

5. 练泥及真空处理

练泥是指捏练泥料以改善其质量的方法。从压滤机上得到的泥饼,外硬内软,泥料中的各组分混合也不均匀,必须经过练泥。练泥可分为两个步骤,第一步是用捏练机或简单的卧式双滚轴练泥机(不抽真空)先将泥料进行捏练,第二步才放到真空练泥机中再排除空气。也有用一种既将泥料捏练均匀又将空气排除的真空练泥机,通过螺旋杆搅拌挤制泥料并真空脱气。经真空脱气处理后,可提高制品强度 15%～20%。

第九章 成 型

成型,就是将坯料制成具有一定形状、强度的坯体(生坯),其过程取决于坯料的成型性能及工艺方法。

坯料在加入(或含有)液体(一般是水)后,可形成一种特殊状态,具有了所需要的工艺性能。加入大量的水(28%~35%)可使坯料颗粒形成稠厚的悬浮液、为注浆坯料;少量的水时,则形成能捏成团的粉料,在8%~15%时为水量干压坯料;3%~7%之间为干压坯料;水量适中时(18%~25%)则形成可塑坯料。

值得注意的是,同一产品可以用不同的方法来成型。因此,对于某一类产品采用什么样的成型方法,是可以选择的。生产中可按下列几方面来考虑。

产品的形状、大小、薄厚等 一般,形状复杂或较大,壁较薄的产品,多采用注浆法成型;具有简单回旋体形状的器皿,可采用旋压、滚压法等可塑成型。

坯料的性能 可塑性好的坯料适于可塑成型;可塑性较差的瘠性料,可采用注浆或干压法成型。

产品的产量和质量要求 产量大的产品可采用可塑法的机械成型;产量小的产品可采用注浆成型;产量小,质量要求亦不高的产品,可采用手工可塑成型。

各种坯料的成型性能及工艺方法介绍如下。

9.1 可塑成型

可塑成型是指对具有一定可塑能力的泥料,如可塑坯料,进行加工成型的工艺过程。

9.1.1 可塑泥团的成型性能

1. 可塑泥团的流变特性

可塑泥团是由固相、液相、气相组成的弹 - 塑性系统。当它受到应力作用而发生变形时,既有弹性性质,又出现塑性变形阶段(如图 9-1)。当应力很小时,含水量一定的泥团受到应力 σ 的作用产生形变 ε,两者呈线性关系,且是可逆的。这种弹性变形主要是由于泥团中含有少量空气、有机增塑剂等。它们具有弹性,泥团粒子表面形成的水化膜也可产生微量的弹性。若应力增大超过极限值 σ_y,将出现不可逆的假塑性变形。

由弹性变形过渡到假塑性变形的极限应力 σ_y,称为流动极限(流限、屈服值)。此值随泥团中水分增加而降低,达到流限后,增大应力会引起更大的变形速度,弹性模量减小。如去除泥团受到

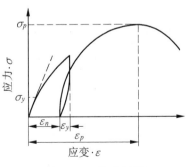

图 9-1 可塑泥团的
应力 - 应变曲线

的应力,泥团会部分恢复到原来状态(用 ε_y 表示),剩下的不可逆变形部分 ε_n 叫假塑性变形,这是由于泥团中颗粒产生相对位移所致。若应力超过强度极限 σ_p,可导致泥团开裂破坏。此时的变形值 ε_p 和应力 σ_p 的大小,取决于所加应力的速度和应力扩散的速度。在快速加压时,ε_p、σ_p 会降低。

2. 可塑性

在可塑坯料的流变性质中,有两个参数对成型过程有实际意义。一是泥团开始假塑性变形时须加的应力 σ_y,即屈服值;二是出现裂纹前的最大变形量 ε_p。屈服值 σ_y 大,有利坯体的稳定性,防止坯体坍塌变形;最大变形量 ε_p 大,有利成型过程不出现裂纹。但这两个参数互相制约,且与含水量等诸因素有关,需综合考虑。通常用"可塑指数"来表示泥团坯料的可塑性,可塑指数为 $\sigma_y \times \varepsilon_p$,其值愈大,可塑性愈好。

不过,不同的可塑成型方法对上述两参数的要求是有差异的。挤压或拉坯成型时,要求坯泥料的屈服值宜大些,有利坯体形状稳定。在石膏模内旋坯或滚压成型时,坯体在模型中停留时间较长,受力作用的次数较多,屈服值可低些。对泥料开裂前的最大变形量来说,手工成型的坯泥料可小些,因工人可根据坯料特性来适应它;机械成型时则要求坯料的变形量大些,可减少废品率。

3. 影响可塑性的因素

(1)液相含量与性质 液相(如水)是泥团出现可塑性的必要条件(如图9-2)。可以看出,泥团的屈服值和最大变形量随含水量的变化是完全不同的。因此可塑指数与含水量呈抛物线关系,其最大值在两线的交点处,相对应的含水量是可塑性最大的成分点,称可塑水量。

此外,液相介质的粘度、表面张力等也显著影响可塑性;因泥团的屈服值受控于颗粒与液相间的表面张力,张力大,可塑性亦大。液体粘度增大(如桐油等)可在颗粒表面形成粘性薄膜,增大颗粒间作用力,可塑性亦增大。

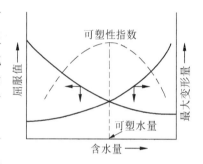

图9-2 可塑泥团含水量与可塑性的关系

(2)颗粒尺寸和形状 颗粒尺寸对可塑性的影响也很大。颗粒越细,比表面积越大;颗粒表面形成膜所需的液体越多,最大变形量也将随之增加,但屈服值不减小,因形成液膜的厚度改变不大,故最大可塑性指数增大。此外,颗粒间形成的毛细管半径减小,毛细管作用增大,有利屈服强度增加这也是可塑性增加的原因之一。反之,可塑性降低。

不同形状的颗粒对坯料的可塑性也有一定的影响。这是因不同形状颗粒的比表面不同,形成的毛细管力亦不同。板状、柱状颗粒比球状和等轴状的可塑性好。

(3)矿物种类 不同的矿物种类,可因结构形状的差异、吸附阳离子的能力不同等,可塑性亦会不同。可塑性良好的泥团,一般颗粒较细,矿物明显解理或完全解理,尤其是呈片状结构的矿物,颗粒表面有较厚的水膜。蒙脱石兼有此三个条件,故可塑性高,其结构层中存在过剩的负电荷,使略带正电荷的电化正离子易进入层间,毛细作用增加。多水高岭石呈管状,因层间水抵消了部分氢键,使得层间键减弱为分子键,易解理,可塑性优于高岭石。地开石 C 轴较高岭石增加了一倍。粒子较粗、叶蜡石和滑石颗粒虽呈片状，但水膜较薄，故塑性均不高。Marshall(1995)测得粘土中矿物的可塑性顺序为：地开石<伊利石<锂蒙脱石<高岭石<蒙脱石。

(4)吸附阳离子 粘土胶团间吸引力的变化也将显著影响泥团的可塑性。此吸引力的大小受控于吸附阳离子的交换能力及交换阳离子的大小与电荷，因原料在坯料制备的粉碎过程中可产生断键，从而带有电荷，具有了一定的吸附能力，此也是细粒原料可塑性强的原因之一。粘土吸附的阳离子不同，胶团间的引力亦不同，可塑性也不同，可塑性变化的顺序和阳离子交换的顺序是相同的。即

$$H^+-粘土>Al^{3+}>Ba^{2+}>Mg^{2+}->Ca^{2+}->NH_4^+->K^+->Na^+>Li^+-粘土$$

←──────────────────────────
可塑性增大

9.1.2 成型工艺

可塑成型工艺在传统陶瓷中应用较多，方法也很多，但一些手工的传统工艺已逐渐被机械化的现代工艺取代，仅存在小批量生产或少量复杂的工艺品生产中。现常用的成型工艺，按使用外力的操作方法不同，可分为

1. 雕塑与拉坯

这些都是古老的可塑成型方法，由于简便、灵活，一些量少而形状特殊的器物目前仍在使用这些方法。

(1)雕塑 凡产品形状为人物、鸟兽或方形、多角形器物，多采用手捏或雕塑法成型，制造时视器物形状而异，仅用于某些工艺品制做，技术要求高，效率低。

(2)拉坯 具有熟练操作技术的工人在人力或动力驱动的辘轳上完全用手工制出生坯的成型方法。要求坯料的屈服值不宜太高，而最大变形量要大些，因此坯料水分较大。特点是设备简单，劳动强度大，需有熟练的操作技术，尺寸精度低，适于小型、复杂制品的小批量生产。

2. 旋压成型

旋压成型是指利用旋转的石膏模与样板刀成型。将经真空练泥的泥团放在石膏模中（模子的含水率在4%~14%之间），将石膏模放在辘轳机上，使其转动，然后慢慢放下样板刀(型刀)。由于样板刀的压力，泥料均匀地分布在模子的内表面，多余的泥料则粘在样板刀上被清除。这样，模壁和样板刀转动所构成的空隙被泥料填满而旋制成坯件。样板刀口的工作弧线形状与模型工作面的形状构成了坯件的内外表面，样板刀口与模型工作面的距离即为坯件的胎厚。

成型方式有两种，阳模成型时，石膏模壁形成坯件的内形，样板刀旋压出坯件的外形；阴模成型时则相反。

旋压成型的优点是设备简单、适应性强，可以旋制大型深孔制品。问题是成型质量不高，劳动强度大，要有一定的操作技术，效率低等。目前体形较小的制品大都采用滚压成型。

3. 滚压成型

滚压成型是在旋压成型基础上发展起来的一种新的可塑成型方法，它与旋压不同之外是将扁平的样板刀改为回转型的滚压头。成型时，盛放泥料的模型和滚压头分别绕自己的轴线以一定速度同方向旋转。滚压头在旋转的同时逐渐靠近盛放泥料的模型，对坯

· 116 ·

泥进行滚压作用而成型。由于坯泥是均匀展开,受力由小到大比较和缓、均匀,因此坯体组织结构均匀,且滚头与坯泥的接触面积较大,压力也较大,受压时间较长,坯体较致密,强度也大。另外,成型是靠滚压头与坯体相"碾"而成型,故表面光滑,克服了旋压成型的弱点而得到广泛的应用。其与旋压成型一样,也可采用两种成型方式。由压头决定坯体外形的称外滚压,也称阳模滚压,适于扁平状宽口器皿和内表面有花纹的坯体成型。由滚压头形成坯体内表面的称内滚压,也称阴模滚压,适于口小而深的制品成型。

滚压成型对泥料的要求,与成型方式有关。如阳模时,因泥料在模外,需泥料的可塑性要好,水分较少;阴模时,要求可降低;冷滚压时,泥料水分要少些,可塑性要好些;而热滚压时,要求又可降低些。

滚压成型有坯体质量好,产量大,适于自动化生产的特点。

4. 挤压与车坯成型

挤压成型,是由真空挤泥机等将坯泥挤压成各种管状、棒状,及断面和中孔一致的产品。具有产量大,操作简单、可连续化生产的特点,但坯体形状简单,有些尚需经车坯成型,且形体较软易变形。

车坯成型,是在车床上将挤压成型的泥段再加工成外形复杂的柱状制品。可分干车,泥段含水 6% ~ 11%;湿车,泥段含水 16% ~ 18%。干车坯体尺寸精确,但粉尘大,效率低,刀具磨损大,已逐渐由湿车替代,但湿车精度低,有变形。

5. 塑压成型

亦称兰姆成型,是将泥料放在模型内,常温下压制成坯,上、下模一般由石膏制成,模型内盘绕一根多孔性纤维管,以便通压缩空气或抽真空。成型时,将泥团置于底模上,压下上模后,对上、下模抽真空挤压成型;脱模时,先对底模通压缩空气,使坯体与底模脱离,上模同时要抽真空吸附坯体;再将坯体放在托板上,对上模通压缩空气,使坯体脱模;最后对上、下模通压缩空气,使模内水分渗出擦去后待用。成型压力由坯料的含水量定,含水量为 28% 时,压力为 1.5MPa,含水量降为 23% 时,压力可增至 3.5MPa。此法特点是,适于非旋转对称的盘、碟类制品,坯体致密,自动化程度高。但模寿命短、成本高。目前国外有采用多孔树脂模的。

6. 注塑成型

又称注射成型,是瘠性物料与有机添加剂混合加压挤制成型的方法,由塑料工业移植而来。可用于复杂形状的大型制品的成型。成本高、多用于特种陶瓷,后面还会详细介绍。

7. 轧模成型

坯料多由瘠性物料和有机粘合剂构成,在轧模机上反复混练反复粗轧,以保证坯料均匀并排除气泡;然后逐渐减小轧辊间距进行精轧,直至轧成所需薄膜的厚度。特点是工艺简单,练泥与成型同时进行,膜片表面光滑、均匀、致密,适于电容器坯片等薄片状制品。

9.2 注浆成型

注浆成型是指泥浆注入具有吸水性能的模具中而得到坯体的一种成型方法。适于形状复杂、薄的、体积较大且尺寸要求不严的制品。注浆成型后的坯体结构较均匀,但含水量大,干燥与烧成收缩较大。具有适应性强、不需专用设备,易投产的优点,故在陶瓷生产中应用普遍。

9.2.1　泥浆的成型性能

供注浆成型的泥浆是坯料和添加剂在水中悬浮的分散体,影响其成型性能因素有:

1. 流动性

此是注浆成型的首要条件。流动性好,浆料才能在管道中流动并能充满模型的各个部位。

陶瓷泥浆就其固相颗粒大小来说,是介于溶胶与悬浮体之间的一种特殊分散系统。它既有溶胶的稳定性,又会聚集沉降。这种复杂的性质使得我们既要以固相颗粒本性出发,又要考虑外在条件(浓度、粒度分布、电解度的种类与数量、泥浆制备方法等)的影响,这样才能全面掌握泥浆的流变性质。影响泥浆的流变性质的因素有:

(1)固相含量、颗粒尺寸和形状　泥浆流动时,阻力可来自水分子自身的作用固力、固相颗粒与水分子之间的作用力、固相颗粒相对运动时的碰撞阻力三个方面。

它们间的关系,如下公式表示有

$$\eta = \eta_0(1 - C) + k_1 C^n + k_2 C^m$$

式中　　η——泥浆粘度;η_0——液体介质粘度;

C——泥浆浓度;

n, m, k_1, k_2——均是常数,与坯料性质有关(如高岭土泥浆:$n = 1, m = 3, k_1 = 0.08, k_2 = 7.5$)。

由上面公式可以看出,浓度低时,C小,2、3项均小,$\eta_0(1 - C)$较大,泥浆粘度主要受液体自身粘度的影响较大。浓度高时,C大,2、3项增大,1项减小,泥浆粘度主要受固相颗粒运动时,碰撞阻力的影响,与固相性质有关,与常数也有关。如固相颗粒进一步增多,会导致阻力进一步增大,泥浆粘度增大,流动性减小;而增多水分虽改善了流动性,但会增加收缩,降低强度,减慢吸浆速度;故多通过加入适当电解质来改善。

颗粒越细,颗粒间的平均距离越小,表面能增加,颗粒间吸引力增大,位移时需克服的阻力亦增大;颗粒在定向流动时,还会有旋转,不同形状的颗粒运动时受的阻力亦不同,球形或等轴形的阻力小,而形状不规则的运动阻力相对要大,流动性亦要降低。

(2)温度　温度增加,η_0减小,泥浆粘度 η 亦减小。此外,温度增加还可有利增加滤过性,缩短脱水时间,增加坯体强度,故生产中有采用热模或热浆浇注的方法。

(3)干燥温度　干燥温度可影响粘土原料中颗粒结构层中阳离子的水化膜厚度,如钠蒙脱石,在未经干燥脱水前,有较厚的水化膜,干燥脱水后,水化膜消失,在静电引力的作用下,阳离子稳定在晶格中,在加水调成泥浆后,再水化较困难,新生的水化膜较薄,对水的亲合力减小,胶团尺寸减小,自由水相应增多,泥浆的流动性增加;但若干燥温度过高,致使结构破坏,再水化时,吸附阳离子与水的耦合力增强,又可形成较厚的水膜,使结合水增加,胶团尺寸增大,自由水减少,流动性反而降低。

(4)pH 值　控制溶液的 pH 值是提高瘠性料浆流动性与悬浮性的方法之一。这在上章(9.1.2)介绍特种陶瓷坯料添加剂时曾有提及,如用 HCl 来调 pH 值,因瘠性料浆如 Al_2O_3、Cr_2O_3 等属两性物质,在酸性和碱性介质中都能胶溶,只是解凝的过程不同。pH 值可引起胶粒的动电位（ξ 电位）改变（见图 9-3），导致了胶粒表面离子吸附的变化，从而产生了粘度的变化。由图可知，在 pH 值为 1～14 之间，料浆颗粒的动电位出现了两次极值，pH 值为 3 和 12 时，粘度相应也降至最低，且酸性要较碱性明显。

（5）电解质　适当加入电解质，也可改善流动性。这是因为电解可以改变泥浆中胶团的双电层厚度及其动电位，从而起到稀释、解凝的作用。

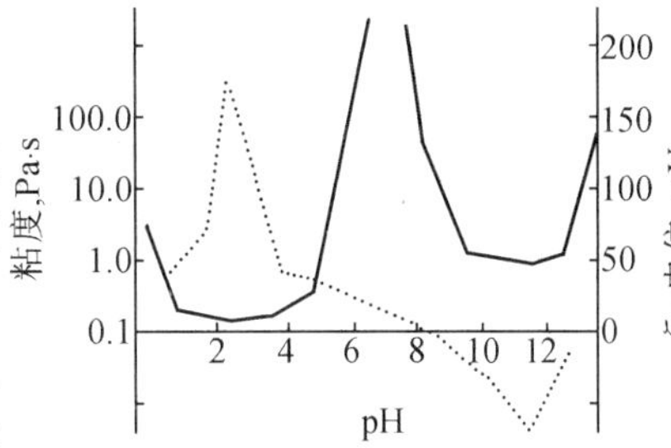

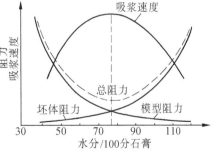

图 9-3　氧化铝料浆的 ξ 一电位（……），粘度（一）与 pH 值的关系

2. 吸浆速度

吸浆速度是指注浆时，泥浆中水分受到模型毛细孔的毛细作用，向模型渗入的速度。随着吸浆过程的进行，相应有固相粒子停留在模型表面形成吸附泥层；此泥层将阻碍水分进一步排出，与泥浆的压滤过程相似，如用公式表示吸浆速度 dl/dt

$$\frac{dl}{dt} = N \cdot \frac{\Delta P}{S^2 \eta} \cdot P \frac{1}{L}$$

式中　　L—— 吸附泥层的厚度；S—— 固体颗粒的比表面积；

ΔP—— 吸附泥层两侧的压力差；η—— 泥浆的粘度；

N—— 比例系数，与吸附层的疏松程度及泥浆有关。

将上式移项积分可得　　　　$\dfrac{L^2}{t} = 2N \dfrac{\Delta P}{S^2 \eta} = K$

从式中可知各因素对吸浆速度的影响。当式中各影响因素不变时，吸附泥层厚度 L 的平方与吸浆时间 t 成正比。L^2/t 可视为一常数 K，它反映了一定条件下吸浆速度的快慢，被称为吸浆速度常数。除式中各因素外，影响吸浆速度的因素还有：（1）注浆温度。增加注浆温度可降低泥浆的粘度 η，使 K 值增大。（2）石膏模型中气孔的数量。对于石膏模型，改变水与熟石膏粉的比例，可改变模型中气孔的数量（如图 9-4）。

增加水分可增多石膏模型中的气孔，毛细作用增强，降低模型的脱水阻力；但另一方面会增加模型表面吸附层的初期密度，从而增加了坯体对泥浆脱水所形成的阻力。从模型阻力、坯体阻力与模型的气孔率（水分与石膏的比值）间的关系可知，在两线的交点处，总阻力最小，此时水与石膏的最佳比是 78∶100，吸浆速度达最大。

目前，一些新方法可提高吸浆速度，如真空注浆、压力注浆、离心注浆等强化注浆的方法；此时，模的毛细作用已不占主要位置，被模子的强度要求而取代；坯体的形成主要是通过在压力作用下液固相的分离作用得。

图 9-4　注浆过程的阻力与吸浆速度的关系

3. 触变性

它指泥浆在外力作用下，流动性暂时增加，外力去除后具有缓慢可逆的性质。对于注浆泥浆,触变性要求要适当;既要便于泥浆的输送,又要求脱模后的坯体不致受轻微振动就软塌。

泥料会出现触变性的原因被认为是,粘土片状颗粒的表面尚残留少量电荷未被完全中和,以致形成局部的边-边或边-面结合,构成了空间网络结构。这时,泥浆中大量的自由水被分隔和封闭在网络的空隙中,使静置的整个粘土-水系统形成一种好似水分已减少,粘度增加的变稠和固化状态。但这种网络结构是疏松和不稳定的,稍有剪切力作用或振动时,就能破坏这种网络结构,使被分隔或封闭在空隙中的"自由水"又解脱出来,整个系统又变成一水分充足、粘度降低、流动性增加的状态。在放置一段时间后,上述网状结构又会重新建立,重新又出现变稠现象,此亦叫触变厚化现象。这种触变厚化现象可用泥浆粘度变化之比或剪切应力变化的百分数来表示。如用厚化系数来表征泥浆的触变性,即将100ml泥浆在恩氏粘度计中静置30min和30s后,二者流出时间的比值定义为泥浆的厚化系数。普通浆料的厚化系数接近1.2,空心注浆要求1.1~1.4,实心注浆为1.5~2.2。

9.2.2 成型工艺

传统的注浆成型是利用石膏的毛细作用,吸去泥浆中粘土的水分而形坯的过程;现注浆成型泛指具有流动性的坯料成型过程。它还可以是非粘土类的瘠性料,靠塑化剂和温度的作用而调制成具有流动性和悬浮性的料浆,这在上章中已提到过。成型的过程也不再局限于石膏模具的自然脱水,而可以通过人为施加外力来加速脱水。

注浆成型与金属中铸造时的浇注有相似之处,故可适于造形复杂的制品。

1. 空心注浆

空心注浆指采用的石膏模没有型芯,故亦称单面注浆。泥浆注满模型后,放置一段时间,待模型内壁吸附沉积形成一定厚度的坯体后,将剩余在中心部位的浆液倒出,然后带模干燥、当注件干燥收缩脱离模型后,即可脱模取出坯体。其外形取决于模的工作面,厚度取于吸浆时间,同时还与模的温度、湿度及泥浆的性质有关。为防止坯体表面有不光滑现象,要求泥浆的比重相对要小些,稳定性要高些,触变性不能太大,厚度系数为1.1~1.4,粒度要细些。适于薄壁类小型坯件的成型。

2. 实心注浆

实心注浆是将泥浆注入带有型芯的模型中,泥浆在外模与型芯之间同时向两侧脱水,浆料需不断补充,直至硬化成坯,亦称双面注浆。为缩短吸浆时间,可用较浓的泥浆,且触变性可稍大些1.5~2.2,粒度也可粗些。坯体外形取决于外模的工作表面,内形由型芯的工作表面决定。适于内外表面形状、花纹不同的厚壁,大件的成型。

实际生产中,可根据产品结构的要求,将空心注浆和实心注浆结合起来。操作中需注意,石膏模干燥程度要适中,且模型各部位的干燥程度需一致,模表面要清洁,浇注时不能过急,否则会出现气孔、针眼等缺陷,原料不宜过细,以免引起坯体变形和塌落。这两种均属传统工艺,有成型周期长,劳动强度大的缺点,不适于连续化,自动化生产,现陶瓷注浆已进入了新的阶段,采用强化注的方法,可缩短生产周期,提高坯体质量。

3. 真空注浆

真空注浆是利用在模型外抽取真空或将紧固的模型放入负压的空气中,以降低模外压力来增加模型内外的压力差,从而提高了注浆成型的质量和速度,增加致密度,缩短吸浆时间。若用传统浇注方法形成 10mm 厚的坯体时,瓷器泥浆需用 8h,精陶泥浆需用 10h,而采用真空度为 533Pa 的真空浇注时,较之传统方法可节省 5~6h,瓷器泥浆只需用 2.5h,精陶泥浆需 3.5h,当真空度增至 933Pa 时,则仅分别需 1 和 1.5h 即可。可见真空注浆可显著提高吸浆速度。但操作时要注意缓慢抽真空和进气,模型强度要高。

4. 离心注浆

离心注浆指向旋转模型中注入泥浆,利用旋转模型产生的离心力作用,加速泥浆脱水过程的工艺。此过程同时还可减少气泡。因气泡较轻,模型旋转时可聚于心部而破裂消失。具有厚度均匀、坯体致密的优点,但颗粒尺寸波动不能太大,否则会出现大颗粒集中在模表面的不均匀分布,造成坯体组织不均匀、收缩不一致的现象。模型转速要视产品大小而定,一般小于 100r/min。可见此工艺适于旋转体类模型注浆。

5. 压力注浆

将施有一定压力的泥浆通过管道压入模型内,待坯体成型后再取消压力,对于空心注浆的坯体,要倒出多余泥浆。所施压力可根据产品的形状、大小及模型的强度定。根据泥浆压力的大小,可分为微压注浆,注浆压力小于 0.03MPa;中压注浆、压力在 0.15~0.4MPa 之间;高压注浆,压力可高达 3.9MPa 以上。压力不同对模型的要求也不同,微压可采用传统的石膏模型,中压需采用高强度的石膏模型或树脂模型。高压则必须采用高强度的树脂模型。

(1)微压注浆 泥浆的压力可通过提高泥槽高度,利用泥浆自身的位能提供,特点是较普通注浆可缩短成型时间一半以上,同时能提高质量,减少坯体缺陷(如气泡、塌坯等);且设备改造小,投资少,对石膏模无特殊要求。

(2)中、高压注浆 泥浆的压力通过压缩空气引入,且压力越大,成型速度越快,生坯强度亦越高,但需考虑模型的承受能力。注浆前要将模型密封,并根据注浆压力和坯件的大小施以一定的合模压力(略大于注浆压力)后,将具有一定压力的泥浆泵入模型内,并逐渐加至最高压力。其特点是较微压注浆有更高的效率,且生坯致密度增加,强度大,干燥收缩率小,对泥浆无特殊性能要求,劳动强度小;但设备、模型的成本高,一次性投资大。

此外,还有热压铸成型、流延法成型等成型方法,多用于特种陶瓷成型。

9.2.3 注浆成型操作注意事项

1. 新制成的泥浆至少需存放(陈腐)一天以上再使用,用前须搅拌 5~10min。

2. 浇注泥浆温度不宜太低,否则会影响泥浆的流动性。

3. 石膏模应按顺序轮换使用,使模型湿度保持一致。

4. 注入泥浆时,为使模内的空气充分逸出,应沿漏斗徐徐不断地一次注满;最好将模子置于转盘上,一面注一面用手使之回转,好借助离心力的作用,促使泥层均匀,减少坯内气泡,减小烧成变形。

对于实心注浆,在泥浆注入后,可将模型稍微振动,促使泥浆充分流动将各处填满,并有利泥浆内的气泡散逸。

5. 石膏模内壁在注浆前最好喷一层薄釉或撒一层滑石粉,以防粘模。

6. 从空心注浆倒出的余浆和修整后的剩余废浆,在回收使用时,要先加水搅拌,洗去从模上混入的硫酸钙等可溶性盐类,再过筛压滤后与浆料配用。

7. 注浆坯体脱模后需轻拿轻放,放平放稳防止振动。特殊形状的坯体最好放在托板上。

9.3 压制成型

压制成型是指在坯料中加入少量水分或塑化剂,然后再在金属模具中经较高压力被压制成型的工艺过程。可用于对坯料可塑性要求不高的生产过程。具有生产过程简单、坯体收缩小、致密度高、产品尺寸精确的优点。但传统的压制工艺不利于形状复杂的制品成型,而等静压成型则可以。

9.3.1 压制坯料的成型性能

1. 粉料的工艺性质

(1) 料度和粒度分布　粒度是指粉料的颗粒大小,通常以粒径大小来表示。压制成型粉料的颗粒是由许多小颗粒组成的粒团构成,比真实的固体颗粒要大得多,因而要先经过"造粒"变成假颗粒。

这是因为实际生产中,很细或很粗的粉料在一定压力下被压紧成型的能力较差。细粉料在堆积时,质量小,比表面积大,颗粒间的附着力大,易产生拱桥效应而增加堆积时的气孔率,降低堆积密度。此外,细粉料在加压成型时,颗粒间分布着的大量空气会沿着与加压方向垂直的平面逸出,产生层裂,而同粒度粉料在堆积时,其间隙不能让更小的微料来填充,这里就涉及到粉料粒度分布的问题。粒度分布是指各种不同大小颗粒所占的百分比。具有一定粒度分布的粉料在堆积时,可减少气孔率(间隙),提高自由堆积密度,有利于提高压制成型后坯体的密度和强度。

(2) 粉料的流动性　粉料虽是由固体小颗粒组成,但因其分散度较高,仍具有一定的流动性。它可影响坯料成型时的填充速度和填满程度。好的流动性,有利于坯料在较短的时间内填满模型的各个部位,以保证坯体的致密度和压坯速度。

粉料在自然堆积时,当堆到一定高度后,就会向四周流动而始终保持为圆锥体,如图9-5,其自然安息角(偏角)α保持不变。当粉料堆的斜度超过其固有的α角时,粉料会向四周流泻,直至倾斜角降至α为止。因此,可用α角来反映粉料的流动性。一般α为20 ~ 40°,如粉料呈球形,且表面光滑,α值相应要小。

影响粉料流动性的主要因素是粉料的内摩擦力。如P点是粉料堆上的一任意颗粒,它在自身重力G的作用下,产生一下滑的分力F而自然下滑;同时在反方向上又受到粉料间的内摩擦力T($T = U \cdot N$,这里U是粉料的内摩擦系数;N粉料对粉堆的正压力,$N = G \cdot \cos\alpha$,而$F = G \cdot \sin\alpha$)。当下滑力$F =$内摩擦力T

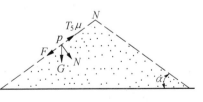

图9-5　自然堆积粉料的外形

时,体系处于平衡,P颗粒自然安息而不下滑。因此,可求知粉料的内摩擦系数$U = \text{tg}\alpha$。它与粉料的粒度分布、形状、表面状态等因素有关。实际生产中,往往向粉料中加入适量的润滑剂来提高粉料的流动性。

（3）粉料的含水率　粉料的含水率可直接影响压制成型时的性能。含水率过高时，压制过程易粘接；含水率过低则难以得到密实的坯体。

压力不同，对粉料含水率要求也会不同。一般成型压力大时，水分可适当低些，反之，要高一些。

季节不同，对含水率的要求也有差异。夏季时略高些，冬季时略低些。

此外，粉料水分不均，出现局部过湿或过干，对压制时的质量影响也很大，不亚于含水率不当所带来的危害。

2. 影响坯体性能的因素

高的坯体密度和均匀的压力分布也是保证压制成型时坯体质量的关键。

（1）密度　坯体的密度与粉料受到的压力有关。粉料在开始受压时，大量颗粒产生相对位移和滑动，位置重新分布，孔隙减小，假颗粒破碎、拱桥破坏；且压力越大，发生位移和重排颗粒越多，孔隙消失越快，坯体的密度和强度也增大，迅速形成坯体。随着压力的继续增大，坯体中宏观的大量空隙已不存在，坯体颗粒仅是通过适当的变形来增加相互间的接触面积。因而密度增加缓慢，但因出现了原子间的相互作用，强度仍在增加。当压力增加到能使固体颗粒变形和断裂的程度，颗粒的棱角压平，孔隙继续填充，坯体密度又可有较明显的增加，坯体强度也增至最大，如再增大压力，密度和强度的增加已不明显。

（2）增加压制压力　虽可使密度增加，但受生产设备、结构的限制，以及坯体压力分布的影响，这种压力的增加，不能过大。在实际生产中可通过增加堆积密度，控制粉料的粒度分布，延长加压时间，促使压力分布均匀；减小粉料颗粒间的内摩擦力，增加粉料的流动性等措施来提高坯体的密度。如将粉料造粒处理得到球形颗粒，加入润滑剂或采取一面加压一面升温等方法均可达到这种效果。

（3）压力分布　压制成型中常会遇到压力分布不匀的问题，即在不同的部位受到的压力不等，从而导致坯体各部分的密度不均匀。这是由于在成型过程中压力发生了消耗，一是消耗在坯料颗粒重新分布产生相对位移时需克服的内摩擦力及产生的变形抗力，此是粉料产生的抗力亦称静压力 p_1；二是粉料与模壁之间产生的外摩擦力 p_2，即消耗压力。

可见，坯料在压制过程中受到的压力 p（即成型压力）等于 p_1 与 p_2 之和。它一方面与籽料的组成和性质有关，另一方面与模壁与粉料的摩擦力和摩擦面积有关，即与坯体的大小和形状有关，如果坯体横截面积不变，高度增加，形状复杂，则压力损耗增大。图 9-6 是单面加压时，坯体内部的压力分布。

由图可知 p_1、p_2 妨碍了成型压力 p 的传递。坯体中离开加压面的距离越大，受到的压力越小；坯体内形成的压力分布随 H/D 的比值不同而异，其值越大，压力不均匀分布的现象越严重，相应还会产生密度的不均匀分布，压力损耗增大。因此，高而细的产品不适于单面压制成型。而高度不变，横截面尺寸增加时可减小压力损耗；这

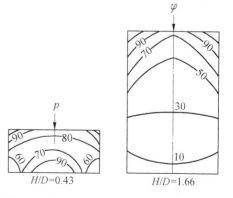

图 9-6　单面加压时坯体内部压力分布情况
（H-坯体高度　D-坯体直径）

是由于单位体积坯料与模壁之间产生的外摩擦力 p_2 减小,促使 p_1 增大,有利于成型压力 p 的进一步传递,压力不均匀分布的现象减轻,故对 H/D 小的瓷砖、地面砖,可采用单面压制成型。

由压力不均匀分布产生的密度不均匀,可导致烧成时收缩不一致,会引起产品变形和开裂。因此为使坯体的密度均匀,还需注意加压方式。由图9-6可知,单向加压时,坯体中压力分布是不均匀的;尤其是 H/D 大时,不但有低压区,还有死角。因此,对于这类制品,需注意加压方式,可采用双向或为避免空气被挤压至模型中部,而采用双向先后加压;由此改进的等静压成型效果将更好。它缩短了压力传递的距离,减小了压力消耗造成的压力分布不均匀,而使坯体内压力分布更均匀,密度分布亦更均匀。此外,在加压过程中采用真空抽气和振动等也有利生坯的致密度和均匀性。

9.3.2 成型工艺

1. 干压或半干压成型

干压或半干压成型是以坯料的含水量来划分,干压成型压力较大时,要求粉料的含水率要低,反之应高些。成型时将坯料置于钢模中,由压机加压即可。但需注意加压速度。

由于坯料中存在着空气,故开始加压时,压力宜小些,以利于空气排出,然后短时内释放此压力,使受压气体逸出。初压时坯体疏松,空气易排出,可以稍快加压;当加至高压颗粒紧密靠扰时,需放慢加压速度,以免残余空气无法排出,否则在释放压力后会出现空气膨胀,回弹而产生层裂。如坯体较厚,H/D 较大,或粉料颗粒较细,流动性较小,也要减慢加压速度,并延长加压时间,以保证坯体达到一定的密度要求。

生产上常用的压机有摩擦压机,其特点是对施压的坯料加压速度大,卸压也快,保压时间短,因此不宜用于压制厚坯。液压机特点是每次加压时施加的压力是恒定的,施压时间随压力大小而变化,可有足够的保压时间,适用于压制厚坯。也可采用摩擦压机与液压机结合的压机。

为改善压力的均匀性,通常采用多次加压。如用摩擦压机压制地砖时,通常加压3~4次。开始稍加压力,然后压力加大,可不致封闭空气排出的通路。最后一次提起上模时要轻些、缓些,防止残留空气急速膨胀产生裂纹。这是生产者总结的一轻、二重、慢提起的操作方法。对于液压机等,这个原则也同样适用。当坯体密度要求非常严格时,可在某固定压力下多次加压,或多次换向加压。在加压的同时振动粉料(振动成型)效果会更好。

在坯料配方、粉料颗粒组成与水分相对稳定,模具结构固定的情况下,还可通过采用电测法,利用传感器、应变电阻仪、示波器等仪器记录压制过程中坯体受到压力 p、压缩量 s 与时间 t 的变化关系,根据 $p-t$、$s-y$ 曲线来分析压机效率和压坯质量,选出最佳压制工艺。

2. 等静压成型

等静压成型是近几十年来发展起来的新型压制成型方法。它是利用液体或气体等的不可压缩性和均匀传递压力的特性来实现均匀施压成型。成型坯料含水量一般小于3%。克服了单向压制坯体压力分布不均的缺点,具有结构均匀,坯体密度大,生坯强度高,制品尺寸精确,烧成收缩小,可不用干燥直接上釉或烧成,粉料中可不加或少加粘合剂,模具制作方便等优点。可制取形状复杂、H/D 大的坯体。不足的是,设备费用高,投资大,成型速度慢且在高压下操作,需有保护措施。

根据成型温度的不同,等静压成型可分为常温和高温等静压。高温等静压属热压烧结,后面还会详细介绍,属热压烧结,是一种使坯体成型与烧成同时进行的工艺。多用于先进陶瓷材料。

常温等静压根据成型模具结构形式的不同,可分为干袋法和湿袋法两种。若传递压力的介质是液体,称液等静压;若是气体或弹性体(如橡胶等),称均衡压制成型。

湿袋法采用的模具与高压容器互不相连,故可几个模具同时放入成型。弹性模具先装满坯料,密封后置于高压容器内,由高压泵压入液体介质,使粉料均匀受压(通常使用压力在 100 ~ 600MPa),最后放出液体减压取出坯模。此法适于试验研究或小批量生产,或压制形状复杂、特大制品等。但操作较费时。

干袋静压法是将弹性模具直接固定在高压容器内。加料后密封模具就可以升压成型。成型后的坯体直接脱模取出,不必移动模具。因此节省了在高压容器内取放模具的时间,加快了成型速度。但此法只是模具周围受压,模具的底部和顶部无法加压。制品的致密性和均匀性不及湿法,仅适于成批生产形状简单的制品。

9.4　成型模具

9.4.1　石膏模型

石膏模型是陶瓷生产中广泛采用的多孔模具。它的气孔率约30% ~ 50%,气孔的直径大都分布在 1 ~ 6μm 之间,从前几节可知它是传统陶瓷成型的主要模具。这是因为一方面坯料中的水分可在石膏毛细(气)孔的作用下,很快排出,硬化成坯;另一方面石膏与接触模型的粘土成分可进行离子交换,也促进了坯体的硬化和成型。

1. 原料

(1)天然石膏　亦称二水石膏,是含两个结晶水的硫酸钙($CaSO_4 \cdot 2H_2O$)。我国湖北、山西、甘肃等地都有产出。单斜晶系,比重2.4 ~ 2.2,硬度2,是制造石膏模型的原料。

(2)半水石膏　俗称熟石膏,二水石膏中有 3/4 的结晶水与硫酸钙结合比较疏松,而其余 1/4 结晶水则与硫酸钙结合较牢固。因此,二水石膏在加热时,首先排出 3/4 结晶水而变成半水石膏,温度约在 150℃左右;约 180℃左右时排出剩余 1/4 的结晶水。制模用的石膏粉采用的是半水石膏。

半水石膏有两种晶型,一种是 α 型,是在 1.3 个大气压、125℃左右的蒸汽下加热天然石膏而得的。另一种是 β 型,是在缺乏水蒸气、1 个大气压 160 ~ 170℃左右下加热获得,该晶型晶体较小,比表面较大,故调和水量较高,且初凝与终凝速度快,因而用来制作石膏模时,吸水率较高,强度较低。而用 α 型石膏制模时,吸水率较低而强度较高。通常陶瓷工业多是用 β 型。

要获得高质量的熟石膏必须先将天然石膏用粉碎机进行粉碎(亦可在热气流雷蒙磨等磨中,同时进行粉碎与加热)。粉碎细度通常为 900 孔筛,筛余不超过 1%。炒制石膏时,应均匀搅拌石膏粉,直到石膏粉中不再逸出气泡为止。制备好的半水石膏不能露天或长期存放,否则会吸湿又变成二水石膏。但刚制好的石膏粉亦不宜马上使用,因这时它的反应力极强,注模时宜产生较多的气泡。一般存放 2~8 天后使用较好。

制模熟石膏的质量要求为:初凝在 4 分钟以上,终凝在 6~30 分钟内。7 天后抗拉强度大于 1.76MPa。

2. 浇注

(1)制备种模　种模即浇注石膏模的模型,其形状与产品外形一致,但需根据坯体的总收缩和加工余量加以放大。材料可选用锡、橡胶、塑料、水泥、玻璃钢或石膏等。在制好的模面上常涂以洋干漆(虫胶片)的酒精溶液进行保护。

(2)调浆　石膏浆是由半水石膏粉调水而成,调和水分依模具不同用途而异。通常塑性成型用模的调和水约 70%~80%(以干熟石膏粉为基准),注浆用模约为 80%~90%,而调制母模用石膏浆中只加入 30%~40% 调和水。显然,石膏浆中调和水量比理论上由半水石膏调至二水石膏(约需 19% 的调和水)所需的量要多得多,这个多余含水量与模型性能有密切的关系。多余水量越高,模型吸水率越高,因为它们挥发后留下的气孔也越多,而机械强度相应较低。反之,则吸水率低而强度高。此外,棱角较多,形状复杂的模型,调和水量应相应增大。

调制石膏浆时,只能将石膏粉倒入调和水中,而不能将水倒入石膏粉中,否则易结块,不易搅匀。调制时应不断地搅拌均匀,这有利于提高胶凝后模型的质量,调制好的石膏浆应通过 30 目筛,去除杂质后再使用,同时应在初凝之前用完。

石膏浆中加入少量亚硫酸纸浆废液、$NaHCO_3$ 等可以增加浆体流动性,也可添加少量普通硅酸盐水泥来增加母模与石膏模座的强度。

(3)浇注模型　浇注模型所用的石膏浆具有胶凝性能,此性能包括“凝结”与“硬化”两个阶段。凝结性能用“初凝”与“终凝”两个参数来衡量。初凝是指从调成浆到石膏浆变稠所需的时间,凝结过程有放热反应,温度可达 40~50℃,同时体积增加约 1%。在硬化过程中,浆中的继续排出水,出现石膏吸水的微细气孔。半水石膏的胶凝速度不但与生石膏的质量有关,还与石膏粉碎细度、炒制石膏的温度、时间、均匀性及调和水量有关。

浇注时种模表面要涂一层隔离剂,如机油、花生油或肥皂水,以便容易脱模。

3. 性能要求

(1)石膏模型要有符合要求的气孔率。由于气孔率可决定模型吸收坯料中水分的能力,并影响模型的强度。故根据模型的使用条件不同,气孔率的要求亦不同。对于注浆成型用模型,其气孔率要求较高,约 40%~50%;可塑旋压成型用模型,气孔率通常在 30%~40%;滚压成型模气孔率要低些,因气孔率的提高,可导致其机械强度下降。

(2)模型工作面应平整、干净、不要被油腻污染,否则制得的生坯表面不光,会出现变形与开裂。对于滚压成型用模型,其工作表面不需太光滑,以免发生飞坯与卷坯现象。

(3)石膏模使用时,所含水分宜在 4% 左右。如超过 14% 时,应干燥后再使用。

4. 改进

(1)加入缓凝剂　如硼砂、亚硫酸纸浆废液、动物胶等。加入量约 0.1%~0.5%,其中硼砂试用效果良好,机械强度亦可提高。其它缓凝剂据国外报导效果亦良好。

(2)真空处理石膏浆　石膏浆中含大量气泡可使模型出现针孔、硬块(致密斑点)以致降低致密度与强度;真空处理可去除此弊病。

（3）合成树脂增强　可加10%（容积）的热固合成树脂聚脲树脂,环氧树脂等提高模型强度,或将石膏模外表浸渍上述树脂溶液以增强模表面强度,但据资料报导此会降低模型的耐热性与透气性。

（4）采用α型熟石膏

9.4.2　新型多孔模具

随着高压注浆,高温快速干燥及机械化,自动化发展的需要,石膏模型在性能上已难再满足要求,新型的多孔模具则应运而生。

1. 塑料模型

塑料模型是采用热塑性合成树脂,如聚氯乙烯、聚四氟乙烯等为主体原料,外加塑化剂与稳定剂,在振动下加压制成塑料坯。将金属模与塑料坯施压加热至180～185℃,保温一小时制成塑料模型。模型具有微孔结构,表面光滑,机械强度高,耐磨性好,并耐化学腐蚀。吸水率可达40%～45%,气孔率30%～36%,使用次数可达4千余次。但它这种模型吸水速度慢,只能用于低水分坯料成型,使用温度也较低,开始变形温度为80℃。此外,制造这类模型的原料国内供应不足,成本高,制造工序又繁,故未能大量生产。

2. 无机填料模型

无机填料模型是采用热固性树脂加一定粒度的无机填料,成型后加热固化而成。常用无机填料为石英砂、素陶粉、长石粉等。常用的热固性树脂是酚醛树脂,密胺树脂等。

将无机填料与有机合成树脂按一定比例均匀混合,经冷压成型后加热固化。固化时,合成树脂放出气体,形成气孔。其特点是具有石膏模型的吸水性能,强度比石膏模约高100倍,耐热能力150℃,使用次数达2000次。

3. 素陶模型

素陶瓷模型是用一种或几种高岭土,或陶瓷素烧物为主体原料,添加少量粘合胶结剂聚氯乙烯或酚醛树脂等,以木炭粉或煤粉作气孔形成剂;经配料、粉碎、半干压成型;在800℃左右先进行素烧,修整后在1100℃下工作,故能用于高温快速干燥;吸水率35%～38%,气孔率42%～45%,抗压强度78.4MPa。缺点是尺寸一致性差,宜出现变形,且整体较重。

4. 金属填料模型

多孔金属模型是利用金属填料和热固性树脂制成的金属填料模型,除具备无机填料模型的优点外,还有导电、导热性。常用的金属填料有铝粉和铜粉。所采用的热固性树脂与无机填料模相同。若填料组成为7%～11%锡,0.1%～0.6%磷,其余为铜时,气孔率为30%～40%,耐热性300℃,抗折强度极限40～60MPa。

第十章　釉料制备及施釉

釉是指覆盖在陶瓷坯体表面上的一层玻璃态物质。它是根据瓷坯的成分和性能要求,采用陶瓷原料和某些化工原料按一定比例配方、加工、施覆在坯体表面,经高温熔融而成。

一般地说,釉层基本上是一种硅酸盐玻璃。它的性质和玻璃有许多相似之处,但它的组成较玻璃复杂,其性质和显微结构与玻璃有较大差异,其组成和制备工艺与坯料相近。

釉的作用在于改善陶瓷制品的表面性能,使制品表面光滑,对液体和气体具有不透过性,不易沾污;其次,可提高制品的机械强度、电学性能、化学稳定性和热稳定性。

10.1　釉　的　分　类

釉的用途广泛,对其内在性能和外观质量的要求各不相同,因此实际使用的釉料种类繁多,可按不同的依据将釉分为许多类,常用的见表 10-1。

表 10-1　釉的分类

分类依据	种　类　名　称			
坯体种类	瓷釉	陶釉		
制备方法	生料釉	熔块釉	盐釉	
成熟温度	低温釉	中温釉	高温釉	
外观特征	透明釉	乳浊釉	无光釉	
主要熔剂	长石釉	石灰釉	铅　釉	
用　途	装饰釉	粘接釉	商标釉	普通釉

我国生产中,习惯以主要熔剂的名称命名如铅釉、石灰釉、长石釉等。

铅釉——以 PbO 为助熔剂的易熔釉。一般成熟温度较低,熔融范围较宽,釉面的光泽强,表面平整光滑,弹性好,釉层清澈透明。

石灰釉——主要熔剂为 CaO,CaO 重量百分含量在 10% ~ 13% 则属于石灰釉;若 CaO 重量百分含量 <10% ,R_2O >3% 则属于石灰-碱釉。石灰釉的光泽很强,硬度大,透明度高,但烧成范围较窄,气氛控制不当易引起烟熏,为了克服这个缺点,可加入白云石或滑石以增加釉中 MgO 含量。

长石釉——以长石为主要熔剂,釉式中的 K_2O+Na_2O 的摩尔数等于或稍大于 RO 的摩尔数,长石釉的高温粘度大,烧成范围宽,硬度较大。

10.2 釉的组成与配方的计算

10.2.1 釉的组成

按照各成分在釉中所起作用,可归纳为以下几类:

(1)玻璃形成剂 玻璃相是釉层的主要物相。形成玻璃的主要氧化物在釉层中以多面体的形式相互结合为连续网络,所以它又称为网络形成剂。常见的玻璃形成剂有 SiO_2,B_2O_3,P_2O_5 等。

(2)助熔剂 在釉料熔化过程中,这类成分能促进高温化学反应,加速高熔点晶体结构键的断裂和生成低共熔点的化合物。助熔剂还起着调整釉层物理化学性质的作用。常用的助熔剂化合物为 Li_2O,Na_2O,K_2O,PbO,CaO,MgO 等。

(3)乳浊剂 它是保证釉层有足够覆盖能力的成分,也就是保证烧成时熔体析出的晶体、气体或分散粒子出现折射率的差别,引起光线散射产生乳浊的化合物。配釉时常用的乳浊剂有悬浮乳浊剂(SnO_2,CeO_2,ZrO_2,Sb_2O_3);析出式乳浊剂($ZrO_2 \cdot SiO_2$,TiO_2,ZnO);胶体乳浊剂(碳、硫、磷)。

(4)着色剂 它促使釉层吸收可见光波,从而呈现不同颜色。一般有三种类型:

①有色离子着色剂,如过渡元素及稀土元素的有色离子化合物,如 Cr^{3+},Mn^{3+},Mn^{4+},Fe^{2+},Fe^{3+},Co^{2+},Co^{3+},Ni^{2+},Ni^{3+},La、Nd、Rh 等的化合物。

②胶体粒子着色剂,呈色的金属与非金属元素与化合物,如 Cu,Au,Ag,$CuCl_2$,$AuCl_3$。

③晶体着色剂,指的是经高温合成的尖晶石型、钙钛矿型氧化物及柘石榴型、榍石型、锆英石型硅酸盐。

(5)其他辅助剂 为了提高釉面质量、改善釉层物化性能,控制釉浆性能(如悬浮性,与坯体的粘附性)等常加入一些添加剂,例如提高色釉的鲜艳程度可加入稀土元素化合物及硼酸;加入 BaO 可提高釉面光泽;加入 MgO 或 ZnO 可增加釉面白度与乳浊度;引入粘土或羧甲基纤维素可改善釉浆悬浮性与粘附性;有的釉料加入瓷粉可提高釉的始熔温度。

10.2.2 釉料配方的原则

总原则是釉料必须适应于坯料。

1.釉料组成要能适应坯体性能及烧成工艺要求

釉料应在坯体烧结范围内成熟;熔化范围要求宽些,以减少釉面形成气泡或针孔;使釉的热膨胀系数与坯体热膨胀系数相适应。一般要求热膨胀系数略低于坯体的热膨胀系数,使釉层稍受压应力,从而提高产品的抗折强度与抗热震性能。为了保证坯釉紧密结合,形成良好的中间层,应使两者的化学性质,既要相近又要保持适当差别。一般用坯釉的酸度系数 $C \cdot A$ 来控制。酸性强的坯配酸性弱的釉,酸性弱的坯配偏碱性的釉,含 SiO_2 高的坯配长石釉,含 Al_2O_3 高的坯配石灰釉。

2.釉料性质应符合工艺要求

釉料应使釉下彩或釉中彩不熔解或不使其变色。

3.正确选用原料

釉用原料的选择应全面考虑制釉过程、釉浆性能、釉层性能的作用和影响。配料用原料既有天然原料又有化工原料。为了引入同一种氧化物可选用多种原料。而且某一种氧化物往往对釉层的几个性能发生影响,有时甚至互相矛盾。若未做综合考虑,釉料化学组成虽然符合要求,但烧后质量不一定获得预期的效果。例如,釉料中 Al_2O_3 最好由长石而不由粘土引入,其用量应限制在10%以下。生料釉中避免引入可溶性化合物,防止影响釉浆性能。引入碳酸锶对减少釉中气泡颇为有效;用等量的萤石置换石灰石,可制成玻化完全、熔融非常好的釉;用硅灰石代替部分长石,能消除釉面针孔缺陷,增加釉面光泽,扩大熔融范围;以滑石引入 MgO 可助长乳浊作用提高白度,同时又能改善釉浆的悬浮性,增大釉的烧成范围,克服烟熏及发黄等缺陷。

4.釉料配方应参照下列经验

配制熔块釉时,除按上述配釉的共同原则外,还需参照下列经验规律使制得的熔块达到不熔于水,熔制温度不至太高,高温粘度不至太大的要求。

(1)$(SiO_2+B_2O_3):(R_2O+RO)=(1:1)\sim(3:1)$,这样不致使熔块温度太高而引起 PbO,$B_2O_3$ 和碱性氧化物大量挥发。

(2)在熔块中碱性金属氧化物与碱土金属氧化物之比应小于1。

(3)含硼熔块中,SiO_2/B_2O_3 应在2以上。

(4)熔块中 Al_2O_3 的摩尔数应小于0.2。

10.2.3　釉料的配方步骤

1.拟定一种釉料配方,应先掌握下列一些因素:a 坯体的烧成温度和它的基本化学性质;b 制釉原料的化学组成,含杂质的情况;c 对釉料的要求,如白度,透光度等方面。

2.拟定釉的组成范围:a 在成功的经验配方基础上加以调整;b 参考釉的组成-釉成熟温度图等文献资料和经验数据加以调整;c 参考测温锥的标准成分进行配料。

3.配方计算:a 生料釉的计算可参照坯料的配方计算。b 熔块釉的计算包括两部分,即熔块和生料应分别进行计算。

10.3　釉层的形成

10.3.1　釉料在加热过程中的变化

釉料在加热过程中发生一系列复杂的物理化学变化,从原料配方到釉层形成的反应为原料的分解、化合、熔化及凝固。

分解反应　包括碳酸盐、硝酸盐、硫酸盐及氧化物的分解和原料中吸附水、结晶水的排出。

化合反应　在釉料出现液相之前已有许多生成新化合物的反应在进行,当一些原料熔融或出现低共熔体时,更能促进上述反应的进行。

熔化　釉出现液相的条件:①原料本身熔融,如长石、碳酸盐、硝酸盐的熔化;②一些低共熔物的形成,如碳酸盐与石英、长石;铅丹与石英、粘土;硼砂、乳浊剂与含硼原料,铅丹等,由于温度的升高,最初出现的液相使粉料由固相反应逐渐转为有液相参与;不断溶解釉料成分,最终使液相量急剧增加,大部分变成熔液。

凝固　指熔融的釉料冷却时经历的变化。首先由低粘度的高温流动状态转变至粘稠状态,粘度随温度降低而增加,再继续冷却则釉熔体变成凝固状态,有时玻璃质熔体在冷却时析出晶体,形成微晶相。

10.3.2 坯釉中间层的形成

由于坯釉化学组成上的差异,烧釉时釉的某些成分渗透到坯体的表层中,坯体某些成分也会扩散到釉中,熔解到釉中。通过熔解与扩散的作用,使接触带的化学组成和物理性质介于坯体与釉层之间,结果形成中间层。具体地说,该层吸收了坯体中的 Al_2O_3、SiO_2 等成分,又吸收了釉料中的碱性氧化物及 B_2O_3 等。它对调整坯釉之间的差别、缓和釉层中应力、改善坯釉的结合性能起一定的作用。

10.4 釉层的性质

10.4.1 釉的熔融温度范围

釉料基本上是硅酸盐玻璃,无固定熔点,在一定温度范围内熔化,因而熔融温度有上下限之分。熔融温度的下限指釉的软化变形点,习惯上称之为釉的始熔温度。上限是指完全熔融时的温度,又称为流动温度。由始熔温度至流动温度之间的温度范围称为熔融温度范围。釉的成熟温度就是生产中烧釉温度,可理解为在某温度下釉料充分熔化,并均匀分布于坯体表面,冷却后呈现一定光泽的玻璃层时的温度。釉的成熟温度在熔融温度范围后半段选取。

用高温显微镜来测定釉的软化温度和熔融温度的步骤为,将釉料制成 $2\times3mm$ 的圆柱体,然后放入管式电炉中,用高温显微镜不断观察柱体软化熔融情况。当其受热至棱角变圆时的温度为始熔温度;当试样流散开来,高度降至原有 1/3 时,此温度称为流动温度。

釉的熔融温度与釉的化学组成、细度、混合均匀程度及烧成时间密切相关。

化学组成对熔制性能的影响主要取决于釉式中的 Al_2O_3、SiO_2 含量的增加,釉的成熟温度相应提高,且 Al_2O_3 的贡献大于 SiO_2。

碱金属和碱土金属氧化物作为熔剂可降低釉的熔融温度。Li_2O、Na_2O、K_2O、PbO 和 B_2O_3 都是强助熔剂,又称软熔剂,在低温下起助熔作用。而 CaO、MgO、ZnO 等,主要在较高温度下发挥熔剂作用称为硬熔剂。

釉的全熔温度只能通过实际测定才能得到准确数据。若根据釉的化学组成来计算可得到接近实际的仅供参考的数据。方法有两种:一是用酸度系数 $C\cdot A$,$C\cdot A$ 越大,釉的烧成温度越高;二是用易熔性系数 K 来估计釉的全熔温度,公式为

$$K = \sum \alpha_i n_i / \sum b_j m_j$$

式中　　α_i——易熔化合物易熔性系数;

　　　　n_i——易熔化合物含量 %;

　　　　b_j——难熔化合物易熔性系数;

　　　　m_j——难熔化合物含量 %。

易熔性系数大的釉其全熔温度低。

10.4.2 釉的粘度与表面张力

能否获得扩展均匀,光滑而平整的良好釉面,与釉熔体的粘度、表面张力有关。在成熟温度下粘度适宜的釉料不仅能填补坯体表面的一些凹坑,还有利于釉与坯之间的相互作用,生成中间层。粘度过小的釉,容易造成流釉、堆釉及干釉缺陷;粘度过大的釉,则易窝藏气泡,引起桔釉、针眼,造成釉面无光,不光滑。

釉料粘度主要取决于釉的化学组成和烧成温度。构成釉料的硅氧四面体网络结构的完整或断裂程度是决定粘度的最基本因素。组分中加入碱金属氧化物后,破坏了[SiO_4]网络结构。O/Si 的比值将随加入量的增加而增大,粘度则随之而下降。一般 Li_2O 的影响最大,其次是 Na_2O,再次是 K_2O;碱土金属氧化物 CaO,MgO,BeO 在高温下降低釉的粘度,而在低温中相反地增加釉的粘度。

釉的表面张力对釉的外观质量影响很大。表面张力过大,阻碍气体排除和熔体的均化,在高温时对坯的润湿性不好,易造成缩釉缺陷;表面张力过小,则易造成流釉,并使釉面小气孔破裂时所形成的针孔难以弥合,形成缺陷。

表面张力的大小取决于釉料的化学组成、烧成温度和烧成气氛。化学组成中,碱金属氧化物对降低表面张力作用较强,碱金属离子的离子半径越大,其降低作用越显著;碱土金属离子与碱金属离子有相似的规律,但不像+1 价金属离子那样明显。PbO 明显降低釉的表面张力,B_2O_3 对降低釉的表面张力具有较大作用。

釉熔体的表面张力随温度的升高而降低。

表面张力还与窑内气氛有关,表面张力在还原气氛下约比氧化气氛下增大 20%。

10.4.3　釉的热膨胀性与弹性

釉层受热膨胀主要是由于温度升高时,构成釉层网络质点热振动的振幅增大,导致质点间距增大所致。这种由热振动引起的膨胀,其大小决定于离子间键力,键力越大则热膨胀越小,反之也是如此。

釉的热膨胀性通常用一定温度范围内的长度膨胀百分率或线膨胀系数来表示。在室温 t_1 和加热至温度 t_2 之间的长度百分率 A 为

$$A = (L_{t_2} - L_{t_1})/L_{t_1} \times 100\%$$

而膨胀系数为 α

$$\alpha = (L_{t_2} - L_{t_1})/L_{t_1} \times 1/\Delta t = A/\Delta t$$

釉的膨胀系数和其组成关系密切。SiO_2 是网络生成体,Si-O 键强较大,若其含量高,则釉的结构紧密,因此热膨胀小。含碱的硅酸盐釉料中,引入碱金属与碱土金属离子削弱了 Si-O 键或打断了 Si-O 键,使釉的热膨胀系数增大。维克尔曼及肖特等曾提出,玻璃或釉的膨胀关系和组成氧化物的重量百分率符合加和性原则。而实际上利用此原则计算的 α 值与实测结果有一定的偏差。阿宾长期对数百种硅酸盐玻璃及釉的 α 值进行研究,认为若用摩尔百分比表示各氧化物含量,可有效的反映出它和 α 值之间的加和性关系,由此计算出来的 α 值与实测值较吻合。

釉的弹性是能否消除釉层因出现应力而引起缺陷的重要因素。常用弹性模量 E 表征,它与弹性呈倒数关系。釉层的弹性和其内部组成单元之间的键强有直接关系。当釉中引入离子半径较大,电荷较低的金属氧化物(如 Na_2O,K_2O,BaO 等)时,往往会降低釉的弹性模量;若引入离子半径小,极化能力强的金属氧化物(如 Li_2O,BeO,MgO 等),则会提高釉的弹性模量。

10.4.4　釉的光泽

釉的光泽度是日用陶瓷的一个重要质量指标,它反映釉面平整光滑的程度。既镜面反射方向光线强度占全部反射光线强度的系数。决定光泽度的基本因素是折射率。釉层折射率越高,光泽度越好。配制釉料时,采用高折射率的原料,如 PbO,BaO,ZnO 等可制

成光泽度很高的釉层。

平滑的釉面可增加反射效应,提高光泽度;粗糙表面将增加光的散射,产生无光釉。

10.4.5 釉层的化学稳定性

釉的化学稳定性取决于硅氧四面体相互连接的程度。连接程度越大,稳定性越高。因硅酸盐玻璃中含碱金属或碱土金属氧化物,这些金属阳离子嵌入硅氧四面体网络结构中,使硅氧键断裂,而降低了釉的耐化学侵蚀能力。钠-钙-硅质玻璃的表面侵蚀,主要因水解作用造成,其化学反应如下

$$Na_2SiO_3 + 2H_2O \longrightarrow 2NaOH + H_2SiO_3$$

硅凝胶可在玻璃表面形成一层胶体保护膜。在这种情况下,玻璃的破坏速度就取决于水解速度和水通过硅凝胶保护层的扩散速度。

含 PbO 的釉料中,铅对釉的耐碱性影响不大,但会降低釉的耐酸性。因铅影响人体健康,要求铅以不熔解状态存在于釉中。在一些耐化学腐蚀性的釉中,常用硼酸配制无铅熔液,但应注意硼反常现象。

Al_2O_3,ZnO 会提高硅酸盐玻璃的耐碱性,而 CaO,MgO,BaO 可提高玻璃相的化学稳定性。玻璃表面的高价离子都能阻碍液体侵蚀的进展。含大量锆的玻璃特别耐酸和碱的侵蚀。

10.4.6 坯和釉的适应性

坯釉适应性是指熔融性能良好的釉熔体,冷却后与坯体紧密结合成完美的整体,不开裂,不剥脱的能力。影响坯、釉适应性的因素主要有四个方面:

1. 热膨胀系数对坯、釉适应性的影响

因釉和坯是紧密联系着的,对釉的要求是釉熔体在冷却后能与坯体很好的结合,既不开裂也不剥落,为此要求坯和釉的热膨胀系数相适应。一般要求釉的热膨胀系数略小于坯。

2. 中间层对坯、釉适应性的影响

中间层可促使坯釉间的热应力均匀。发育良好的中间层可填满坯体表面的隙缝,减弱坯釉间的应力,增大制品的机械强度。

3. 釉的弹性、抗张强度对坯、釉适应性的影响

具有较高弹性(即弹性模量较小)的釉能补偿坯、釉接触层中形变差所产生的应力和机械作用所产生的应变,即使坯、釉热膨胀系数相差较大,釉层也不一定开裂、剥落。釉的抗张强度高,抗釉裂的能力就强,坯釉适应性就好。化学组成与热膨胀系数、弹性模量、抗张强度三者间的关系较复杂,难以同时满足这三方面的要求,应在考虑热膨胀系数的前提下使釉的抗张强度较高,弹性较好为佳。

4. 釉层厚度对坯、釉适应性的影响

薄釉层在煅烧时组分的改变比厚釉层大,釉的热膨胀系数降低得也多,而且中间层相对厚度增加,有利于提高釉中的压力,有利于提高坯釉适应性。对于厚釉层,坯、釉中间层厚度相对降低,因而不足以缓和两者之间因热膨胀系数差异而出现的有害应力,不利于坯釉适应性。

釉层厚度对于釉面外观质量有直接影响,釉层过厚会加重中间层的负担,易造成釉面开裂及其它缺陷,而釉层过薄则易发生干釉现象,一般釉层通常小于 0.3mm 或通过实验来确定。

10.5　釉料的制备与施釉

10.5.1　制备釉料的工艺

釉用原料要求比坯用原料高,贮放时应特别注意避免污染,使用前应分别挑选。对长石和石英还须洗涤或预烧;软质粘土在必要时应进行淘洗;用于生料釉的原料应不熔于水。

釉用原料的种类很多,用量及各自比重差别大。尤其是乳浊剂、色剂等辅助原料的用量虽远较主体原料少,但其对釉表性能的影响极为敏感。因此除注意原料纯度外,还必须重视称料的准确性。

生料釉的制备与坯料类似,可直接配料磨成釉浆。研磨时应先将瘠性的硬质原料磨至一定细度后,再加软质粘土;为防止沉淀可在投料研磨时加入 3%~5% 的粘土。

熔块釉的制备包括熔制熔块和制备釉浆两部分。熔制熔块的目的主要是降低釉料的毒性和可溶性;同时也可使釉料的熔融温度降低。熔块的熔制视产量大小及生产条件而定,可在坩埚炉、池炉或回转炉中进行。熔制熔块时应注意以下几个问题:

1. 原料的颗粒度及水分应控制在一定范围内,以保证混料均匀及高温下反应完全。一般天然原料过 40~60 目筛。

2. 熔制温度要恰当。温度过高高温挥发严重,影响熔块的化学组成。对含色剂熔块,会影响熔块色泽;温度过低,原料熔制不透,则配釉时易水解。

3. 控制熔制气氛。如含铅熔块,若熔制时出现还原气氛,则会生成金属铅。

10.5.2　釉料的质量要求

为保证顺利施釉并使烧后釉面具有预期的性能,对釉浆性能应有一定要求。

细度　釉浆细度直接影响浆稠度和悬浮性,也影响釉浆与坯的粘附能力,釉的熔化温度及烧成后制品的釉面质量,一般透明釉的细度以万孔筛余 0.1%~0.2% 较好;乳浊釉的细度应小于 0.1%。

釉浆比重　釉浆比重直接影响施釉时间和釉层厚度。颜色釉比重往往比透明釉大些,生坯浸釉时,釉浆比重约为 1.4~1.45;素坯浸釉时比重约为 1.5~1.7;机械喷釉的釉浆比重范围一般在 1.4~1.8 之间。

流动性与悬浮性　釉浆的流动性和悬浮性直接影响施釉工艺的顺利进行,及烧后制品的釉面质量,可通过控制细度、水分和添加适量电解质来控制。

10.5.3　施釉

施釉前应保证釉面的清洁,同时使其具有一定的吸水性,所以生坯须经干燥、吹灰、抹水等工序处理。一般根据坯体性质、尺寸和形状及生产条件来选择合适的施釉方法。

1. 基本施釉方法有浸釉、浇釉和喷釉

浸釉法　是将坯体浸入釉浆,利用坯体的吸水性或热坯对釉的粘附而使釉料附着在坯体上。釉层的厚度与坯体的吸水性、釉浆浓度和浸釉时间有关。除薄胎瓷坯外,浸釉法适用于大、中、小型各类产品。

浇釉法　是将釉浆浇于坯体上以形成釉层的方法。釉浆浇在坯体中央,借离心力使釉浆均匀散开。适用于圆盘、单面上釉的扁平砖及坯体强度较差的产品施釉。

喷釉法 是利用压缩空气将釉浆通过喷枪喷成雾状,使之粘附于坯体上。釉层厚度取决于坯与喷口的距离,喷釉的压力和釉浆比重。适用于大型、薄壁及形状复杂的生坯。特点是釉层厚度均匀,与其它方法相比更容易实现机械化和自动化。已设计的静电喷釉法,即将制品放置在 80~150kV 电场中,使坯体接地,喷出的雾状釉点为进入电场立即变荷电的粒子,而全部落于坯体表面。操作损失少,速度快。

施釉线的采用和发展,使施釉工艺进入一个机械化、自动化的新阶段。采用施釉线可使产量大幅度提高,质量也更稳定。常见施釉线有喷釉系统和浇釉系统两种,近年来,意大利、西德、日本等国陆续用机器人在施釉线上施釉。常用的如 Robot-50 型机器人喷釉装置。这种装置包括机械手、电子控制和贮存元件及液压控制元件三部分。机械手由微电脑控制,能模拟喷釉时人的动作,这些动作是受电子定位控制,连续工作的伺服气缸来完成的。

2. 发展中的施釉方法

随着陶瓷生产的不断发展,施釉工艺也向高质量、低能耗、更适合现代化生产方向发展。近几年来,在一些发达国家,新的施釉方法不断被采用,主要有:流化床施釉、热喷施釉、干压施釉等。

流化床施釉 所谓流化床施釉就是利用压缩空气设法使加有少量有机树脂的干釉粉在流化床内悬浮而呈现流化状态,然后将预热到 100~200℃ 的坯体浸入到流化床中,与釉粉保持一段时间的接触,使树脂软化从而在坯体表面上粘附一层均匀的釉料的一种施釉方法。这种施釉方法为干法施釉。釉层厚度与坯体气孔率无关。

该种施釉方法对釉料的颗粒度要求高。颗粒过小时容易喷出,还会凝聚成团;大颗粒的存在会使流化床不稳定。釉料粒度比一般釉浆粒度稍大。通常控制在 100~200μm。气流速度通常为 0.15~0.3m/s。釉料中加入的有机树脂可以是环氧树脂和硅树脂。加入量一般控制在 5% 左右。实验证明,采用硅树脂较环氧树脂的效果好。

热喷施釉 热喷釉就是一条特殊设计的隧道窑内将坯体素烧和釉烧连续进行的一种方法。先进行坯体的素烧,然后在炽热状态的素烧坯体上进行喷釉(干釉粉)。喷釉后继续进行釉烧。据报导,意大利已用此种方法生产釉面砖。这种施釉方法的特点是热施釉、素烧和釉烧连续进行,该种方法坯釉结合好,且能节约能耗。

干压施釉 干压施釉法是用压制成形机将成型、上釉一次完成的一种方法。釉料和坯体均通过喷雾干燥来制备。釉粉的含水量控制在 1%~3% 以内。坯料含水量为 5%~7%。成形后,先将坯料装入模具加压一次,然后撒上少许有机结合剂,再撒上釉粉,然后加压。釉层在 0.3~0.7mm 之间。采用干压施釉,由于釉层上也施加了一定的压力,故制品的耐磨性和硬度都有所提高。同时也减少了施釉工序,节省了人力和能耗,生产周期大大缩短。

干压施釉法主要适用于建筑陶瓷内外墙砖的施釉,该种施釉法国外已在生产中应用。

第十一章 干 燥

用加热蒸发的方法除去物料中部分水分的过程称为干燥。干燥的作用可归纳为制取符合水分要求的粉料,使生坯具有一定的强度便于运输和加工,提高坯体吸附釉层的能力,提高烧成窑的效率,缩短烧成周期。因此干燥是陶瓷生产的重要工序。

11.1 干燥机理

干燥是脱水的过程,是一个消耗时间和能量的过程。研究干燥过程的目的,主要是为提高干燥速度,降低能量消耗。显然,它们都必须建立在保证干燥质量的前提下。因此,下面将着重讨论坯体中物料与水分的结合方式,干燥过程及其特点,干燥过程中坯体的变化及制约干燥速度的因素。

11.1.1 物料中水分类型

按坯体含水的结合特性,基本上可分为三类:自由水、吸附水和化学结合水。

自由水 又叫机械结合水,分布在固体颗粒之间,是由物料直接与水接触而吸收的水分。自由水一般存在于物料直径$>10^{-5}$cm的大毛细管中,与物料结合松弛,较易排除。自由水排除时,物料颗粒彼此靠拢,体积收缩,收缩值与自由水排出体积大致相等,故自由水也称收缩水。

吸附水 将绝对干燥的物料置于大气中时,能从大气中吸附一定的水分,这种吸附在粒子表面上的水分叫吸附水。吸附水在物料颗粒周围受到分子引力的作用,其性质不同于普通水,其结合的牢固程度随分子力场的作用减弱而降低。在干燥过程中,物料表面的水蒸气分压逐渐下降到周围介质的水气汽分压时,水分不能继续排除,此时物料中所含水分也称平衡水。

化学结合水 包含在物料的分子结构内的水分,如结晶水、结构水等。这种结合比较牢固,排除时需较大的能量。

综上所述,干燥过程是排除物料水分的过程,其实质是排除自由水。平衡水的排除是没有实际意义的,而化学结合水的排除属于烧成范围内的问题。干燥时,首先排除自由水,一直排除到平衡水为止。

11.1.2 干燥过程

在干燥过程中,坯体表面的水分以蒸汽形式从表面扩散到周围介质中去,称为表面蒸发或外扩散;当表面水分蒸发后,坯体内部和表面形成湿度梯度,使坯体内部水分沿着毛细管迁移至表面,称为内扩散。内、外扩散是传质过程,需要吸收能量。

坯体在干燥过程中变化的主要特征是随干燥时间的延长,坯体温度升高,含水率降低,体积收缩;气孔率提高,强度增加。这些变化都与含水率降低相联系。因此,通常用干燥曲线来表征,如图11-1。这些曲线是在供热恒定的条件下确定的。

升速阶段 坯体受热后温度升高。当坯体表面温度达到干燥介质湿球温度时,坯体吸收热量与蒸发耗热达到平衡,此阶段含水量下降不多,达到 A 点后进入等速干燥阶段。

等速干燥阶段 在此阶段中坯体含水量较高,内扩散水分能满足外扩散水分的需要,坯体表面保持湿润。外界传给表面的热量等于水分气化所需之热量,故表面温度不变,等于介质湿球温度。物料表面水气分压等于纯水表面蒸气压,干燥速度恒定。当干燥进行到 K 点时,坯体内扩散速度小于外扩散速度,此时开始降速干燥阶段,K 点称临界水分点。

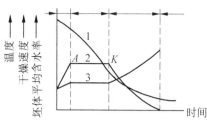

图 11-1 坯体干燥过程阶段示意图
1—坯体平均含水率;2—干燥速度;3—坯体表面温度

此阶段是排除自由水,故坯体产生体积收缩。若干燥速度过快,表面蒸发剧烈,外层很快收缩,甚至过早结成硬皮,使毛细管直径缩小,防碍内部水分向外移动,增大了内外湿度差,使内层受压应力而外层受张应力,导致坯体出现裂纹或变形。因此本阶段对干燥速度应慎重控制。

降速干燥阶段 此时干燥速度逐渐降低,蒸发强度和热能消耗大大减少,当其它条件不变时,坯体表面温度逐渐升高,坯体上空的水蒸气分压小于同温度下的水的饱和蒸气压。坯体略有收缩,水分排除,形成气孔,使坯体气孔率上升。

平衡阶段 当坯体干燥到表面水分达到平衡水分时,干燥速度降为零。此时坯体与周围介质达到平衡状态。平衡水分的多少与周围介质的温度、相对湿度和坯料组成有关。坯体的干燥最终水分一般说来不应低于贮存时的平衡水分,否则干燥后将再吸收水分达到平衡水分。

11.1.3 影响干燥速度的因素

在生产中,为提高干燥效率应加快干燥速度,但干燥速度的提高受干燥设备和干燥条件的限制,而这一切又必须在保证干燥质量的前提下进行。因此影响干燥速度的因素有以下几个方面:

坯料的性质 粘土的可塑性越强,加入量越多,颗粒越细,干燥速度就越难提高;瘠性物料越多,颗粒越粗,越有利于提高干燥速度。

坯体形状、大小和厚度 形状复杂,体大壁厚的坯体在干燥时易产生收缩应力,故其干燥速度应加以控制,不宜太快。

坯体温度 坯体温度高,水的粘度小,有利于水分向表面移动。

干燥介质的性质 干燥介质温度越高,湿度越小,则吸收水分的能力越大。增大干燥介质流速,减小边界层的厚度,增大对流传质系数,则可加快干燥速度。

使热扩散与湿扩散的方向一致 坯体中水分的内扩散包括湿扩散和热扩散。湿扩散是坯体内部由于存在湿度梯度引起的水分移动,其方向由坯体内部指向坯体外部;热扩散是坯体内部由于存在温度梯度而使水分移动,其方向由坯体表面指向坯体中心。当温度梯度与湿度梯度方向一致时会显著加快内扩散速度。如采用电热干燥、微波干燥、远红外干燥,可使坯体内外的水分同时受热,因而可加快内扩散过程,有助于提高干燥速度。

11.2 干燥方法

11.2.1 对流干燥

对流干燥是利用热气体的对流传热作用,将热传给坯体,使坯体内水分蒸发而干燥的方法,其设备较简单,热源易于获得,温度和流速易于控制调节,在陶瓷工业中,应用最广泛。根据结构形式的不同,对流干燥有室式、链式、隧道式、推板式等。

在一般的对流干燥中,热扩散与湿扩散方向相反,干燥介质的流速 在 1m/s 以下,对流给热系数小,对流传热阻力大,传热过程慢,蒸汽外扩散阻力大,使干燥速度的提高受到限制。若采用高速集中定位喷射,适宜快速干燥,方法是以高速(10~30m/s)低温(70~180℃)的干燥介质正对被干燥坯体喷出。由于气流速度快,坯体表面气膜减薄,减少了传热及外扩散阻力,且由于间歇运动,坯体运行时停止喷吹,这时坯体表面水分蒸发吸热,温度稍有降低,热扩散与湿扩散方向趋于一致,可大大加快干燥过程又不致引起坯体变形开裂。一般日用瓷坯带膜干燥 5~10 分钟即可脱模;墙地砖坯体(100×200×10mm)从含水 7.5% 干燥到 1.0% 只需 10~15 分钟。

11.2.2 工频电干燥

在泥段或坯体的端面电极上施加工频交流电压,由于水分子的导电性及随交变电场发生极性转换的滞后现象,使电能转变为热能,泥段受热而得以干燥。工频电干燥属于内热式干燥,含水率高的部位电阻小,电流大,干得快;而含水率低的部位通过的电流小,干得慢。所以,水分不均匀的坯体在进行工频电干燥时,可通过这种自动平衡作用使毛坯含水率在递减过程中均匀化。

工频电干燥时,坯体同时加热,而表面由于蒸发及外扩散,温度低于内部,因此热、湿扩散方向一致,干燥速度快,单位热耗少。适于含水率高的大件厚壁坯体的干燥,如电瓷工业中的大型泥段的干燥。在干燥过程中,由于坯体水分不断减少,坯体的导电性能逐渐降低,电阻逐渐增加,使通过的电流减少,即放出的热量减少,因此,必须随着干燥过程的进行逐渐增加电压,使通过的电流量基本不变,干燥得以继续进行。一般干燥初期电压 30~40V 即可,到干燥后期则可增至 220V 甚至 500V。根据生坯电性能的变化可用程序控制和多件生坯干燥的集中控制,使干燥质量更高,操作更方便且能节约电能。大型电瓷生坯一般要 10~15 天阴干,改用工频电干燥仅用 4 小时。

11.2.3 远红外干燥

红外线的波长为范围为 0.72~1000μm,而在这段波长内又分为近红外线、中红外线和远红外线。目前用作远红外辐射元件所发生的远红外线,波长常在 2~15μm。由传热学可知,红外线具有易被物体吸收而转变为热能的本领。物体吸收红外线的能力与物体种类、性质、表面状况及红外线波长有关。

水是红外敏感物质,其固有振动频率和转动频率大部分位于红外区段内,故水在红外波段有强烈的吸收峰,当入射的红外线频率和含水物的固有振动频率一致时,即可使分子产生强烈的共振,使物体的温度升高,水分蒸发,使物体得以干燥。

远红外干燥是利用远红外辐射器发出的远红外线被坯体所吸收,直接转变为热能而使生坯干燥的方法。每一个辐射器都由三部分组成,基体、基体表面能辐射远红外线的涂层,热源及保温装置。由热源发出的热量通过基体传递到涂层上,在涂层的表面辐射出远红外线。

远红外干燥对于壁薄体小的日用瓷来说很适合,在各工业部门已被有效地采用,它具有下述的特点:

(1) 干燥速度快,生产效率高,采用远红外干燥时,辐射与干燥几乎同时开始,无明显预热阶段,因此效率很高。远红外干燥生坯的时间比近红外缩短一半,为热风干燥的1/10。

(2) 节约能源消耗。

(3) 设备小巧,造价低,占地面积小。

(4) 干燥质量好,不易产生废品。

由于远红外干燥有上述特点,在我国普通陶瓷与特种陶瓷工业中,远红外干燥已获得了成功的应用,特别是与定位吹热风排湿干燥或其他干燥方式配合使用进行快速干燥生坯,效果更为显著。

11.2.4 微波干燥

微波的波长为 0.001 ~ 1m,频率为 300 ~ 300 000MHz。适用于陶瓷坯体干燥的频率为 915MHz 或 2 450MHz。微波干燥的原理与远红外干燥相近,当湿坯置于微波电磁场中时,水能够显著吸收微波能量,并使其转化为热能,故坯体得以干燥。微波干燥器的主要结构为:微波发生器、传输微波的波导管、干燥室(包括通风排湿系统)以及输送物料的传送带。它具有下列特点:

(1)均匀快速 由于微波具有较大穿透能力,它几乎能使坯体内外立即加热。因而不管坯体的形状如何,加热也是均匀快速的。干燥时由于表面水分的蒸发,坯体表面的温度易降低,坯体的热、湿扩散方向一致使干燥速度大为提高。一般小型坯体仅需几分钟甚至几秒就能干燥完毕。

(2)具有选择性 微波干燥与物质的性质有关,由于水的介电损耗及介电常数较大,所以潮湿的陶瓷坯体受到微波辐射时,水分蒸发很快,而坯体本身不致过热。

(3)热效率高、反应灵敏 由于热量直接来自坯体内部,热量在周围大气中的损失极少,热效率可高达80%。同时,其加热很快,反应灵敏,因此非常适合快速干燥或间歇干燥。

(4)干燥设备小巧,便于自控 可考虑与成形设备共同配合组成成型干燥机组。

(5)微波辐射对人体有害 对微波干燥设备需进行防护,与其它干燥方法相比,微波干燥设备费用较高、耗电量大。

11.3　干燥缺陷及原因分析

在干燥中最常见的缺陷是坯体的变形和开裂,而这两种缺陷的产生原因和处理方法类似,故一起讨论。

11.3.1 干燥缺陷产生原因

1.原料制备方面

(1)坯料配方中塑性粘土用量太多或太少,并且分布不均匀,原料颗粒大小相差过大,混合不均等,在干燥中易产生开裂。

(2)坯体含水量太大或水分分布不均,在干燥中易产生开裂。

2. 成型方面

(1)成型时受压不均,以致坯体各部位紧密程度不同;或压制操作不正确,坯体中气体不能很好排除,有暗裂等。

(2)练泥或成型时坯体所产生的应力未能完全消除,在干燥时可能发生变形。

(3)泥料在练泥机处理时,已发生层裂,而又未能消除,则坯体干燥后易发生开裂。

(4)注浆时石膏模过干或模型构造有缺点;脱模过早,坯体在精修、镶接时操作不当,或石膏模各部位干湿程度不一致,吸水不同,造成密度不一致。

3. 干燥方面

(1)干燥速度过快,使坯体表面收缩过大易造成开裂。

(2)坯体各部位在干燥时受热不均,或气流流动不均,使收缩不匀而造成开裂。

(3)坯体放置的不平稳或放置方法不适当,由于坯体本身重量作用的关系也可能变形。

(4)坯体本身传热传质的条件不同,边角处升温、干燥快,特别是大件产品,边缘及棱角处与中心部位干湿差较大,易出现开裂缺陷。

(5)干燥时气流中的水气凝在冷坯上,再干燥时易使坯体开裂。

11.3.2 解决措施

处理干燥缺陷,应具体分析产生缺陷的原因,得出较切合实际的结论,然后采取必要的措施来解决。

1. 坯料配方应稳定,粒度级配应合理,并注意混合均匀。

2. 严格控制成型水分,水分应均匀一致。

3. 成型应严格按操作规程进行,加强检查以防止有微细裂纹和层裂的坯体进入干燥器。

4. 器型设计要合理,避免厚薄相差过大。

5. 为防止边缘部位干燥过快,可在边缘部位作隔湿处理,即涂上油脂类物质,以降低边缘部位的干燥速度,减少干燥应力。

6. 设法变单面干燥为双面干燥,有利于增大水分扩散面积,减少干燥应力。

7. 严格控制干燥过程,使外扩散与内扩散趋向平衡。

8. 加强干燥制度和干燥质量的监测,并根据不同的产品,制定合理的干燥制度。

第十二章 烧 成

将陶瓷坯体加热至高温,发生一系列物理化学反应,然后冷却至室温,坯体的矿物组成与显微结构发生显著变化,外形尺寸得以固定,强度得以提高,最终获得某种特定使用性能的陶瓷制品,这一工艺过程称为烧成。

烧成是制瓷工艺中一道关键工序。通过烧成,坯体在原料及加工、成型、干燥、施釉各工序中的隐患都可能暴露出来,而不适当的烧成将造成难以回收的废品。因此,掌握成瓷机理,制定合理的烧成制度,正确选择窑炉是十分重要的。

12.1 烧成过程中的物理化学变化

一般而言,原料的化学组成,矿物组成,粒度大小,混合的均匀性以及烧成条件对坯体的烧成变化有很大影响。为了便于研究,习惯上总是以普通长石质瓷坯为例来说明坯体烧成各阶段的变化。

12.1.1 低温阶段(室温~300℃)

低温阶段也称坯体水分蒸发期。主要是排除在干燥过程中没有除掉的残余水分。随水分的排除,组成坯体的固体颗粒逐渐靠拢,坯体发生少量收缩,气孔率增加。

本阶段坯体水分含量是影响安全升温的首要因素。当入窑坯体水分含量>3%时,应严格控制升温速度,否则坯体内水分强烈汽化,引起过大内应力,导致坯体开裂;若入窑水分<1%,升温速度可适当加快;正常烧成时入窑水分一般控制在2%。由于本阶段窑内气体中水气含量高,故应加强通风,以便提高干燥速度;应控制烟气温度高于露点,防止坯体表面出现冷凝水,使制品局部膨胀,造成水迹或开裂。此外,烟气中的 SO_2 气体在有水存在的条件下与坯体中的钙盐作用,生成 $CaSO_4$ 析出物,可使瓷器釉面产生"白霜"。

12.1.2 中温阶段(300~950℃)

中温阶段也称氧化分解及晶型转化期。坯体内部发生较复杂的物理化学变化,瓷坯中所含有机物、碳酸盐、硫酸盐及铁的化合物等,大多要在此阶段发生氧化与分解,此外还伴随有晶型转变,结构水排除和一些物理变化。这些变化与窑内温度气氛和升温速度等因素有关。

1. 结构水的排除

坯料中各种粘土原料和其它含水矿物(如滑石),在此阶段进行结构水的排除。一般粘土矿物因其类型不同,结晶完整程度不同,颗粒度不同,脱去结构水的温度有所差别。高岭土脱去结构水的反应式为

$$Al_2O_3 \cdot 2SiO_2 \cdot 2H_2O \xrightarrow{400\sim600℃} Al_2O_3 \cdot 2SiO_2 + 2H_2O \uparrow$$

升温速度对脱去结构水有直接影响。速度加快,结构水脱水温度移向高温,排除较集中。粘土脱水后,晶体结构被破坏,失去可塑性。

2. 碳酸盐分解

陶瓷坯体中含有碳酸盐类物质,分解温度一般在 1 000℃以下,其主要反应为

$$MgCO_3 \xrightarrow{500 \sim 850℃} MgO + CO_2 \uparrow$$

$$CaCO_3 \xrightarrow{850 \sim 1\,050℃} CaO + CO_2 \uparrow$$

$$MgCO_3 \cdot CaCO_3(白云石) \xrightarrow{730 \sim 950℃} CaO + MgO + 2CO_2 \uparrow$$

这些碳酸盐必须在此阶段分解,并将分解产物——CO_2 气体在釉层封闭之前逸出完毕,否则会引起坯泡等缺陷。

3. 碳素、硫化物及有机物的氧化

可塑性粘土(如紫木节)及硬质粘土(如黑坩子)往往含有碳素、硫化物及有机物,并带入坯体中。同时,在烧成的低温阶段,坯体的气孔率较高,烟气中的 CO 被分解,析出的碳素也被吸附在坯体中气孔的表面。CO 的低温沉碳作用在有氧化亚铁存在时更为激烈,此反应一直进行到 800~900℃才停止。

$$2CO \longrightarrow 2C + O_2 \uparrow$$

粘土中夹杂的硫化物在 800℃左右氧化完毕。

$$FeS_2 + O_2 \xrightarrow{350 \sim 450℃} FeS + SO_2$$

$$4FeS + 7O_2 \xrightarrow{500 \sim 800℃} 2Fe_2O_3 + 4SO_2$$

坯体中存在的碳素及有机物在 600℃以上开始氧化分解,这类反应一直要进行到高温。碳素、硫化物及有机物必须在本阶段氧化,产生的气体必须完全排除掉,不然会引起坯体起泡。

4. 石英的晶型转变和少量液相的形成

在 573℃时,β-石英转变为 α-石英,伴随体积膨胀 0.82%;在 867℃时 α-石英缓慢转变为 α-鳞石英,体积膨胀 14.7%。

在 900℃附近,长石与石英,长石与分解后的粘土颗粒,在接触位置处有共熔体的液滴生成。

除以上化学变化外,此阶段伴随的物理变化有随结构水和分解气体的排除,坯体质量急速减小;密度减小,气孔增加;根据配方中粘土、石英含量的多少发生不同程度的体积变化;后期由于少量熔体的胶结作用,使坯体强度相应提高。所以这一阶段可进行快速升温,决定本阶段升温速度的主要因素是窑炉的结构特点。若窑炉的结构能保证工作截面上温度均匀,就可快速升温;若窑炉结构不能保证温度的均匀分布则升温过快会引起窑炉内较大的温差,使温度较低处的产品因氧化分解不够充分而进入高温成瓷后,产生熏烟、起泡等缺陷,造成局部产品报废;因此,要适当控制升温速度,并保证窑内氧化气氛,加强通风。

12.1.3 高温阶段(950℃~最高烧成温度)

高温阶段也称玻化成瓷期,是烧成过程中温度最高的阶段。在本阶段坯体开始烧结,

釉层开始熔化。由于各地陶瓷制品坯、釉组成和性能的不同,对烧成温度和烧成气氛的要求也不相同。因我国南北方原料铁、钛含量不同,北方大都采用氧化焰烧成;南方大都采用还原焰烧成。还原烧成可细分为氧化保温、强还原和弱还原三个不同气氛的温度阶段。由氧化保温转化为强还原以及由强还原转化为弱还原这两个温度点的高低,还原气氛的浓度,俗称"两点一度",在生产中尤为重要。下面就还原焰为例,说明三个阶段的物理化学变化。

1. 氧化保温阶段

坯体在氧化分解期的氧化实际上是不完全的。由于水气及其它气体产物的急剧排除,在坯体周围包围着一层气膜,它妨碍着氧继续往坯体内部渗透,从而使坯体气孔中的沉碳难以烧尽。因此在进入还原操作之前,必须氧化保温,以使坯体中的氧化分解反应和结构水排除进行完毕,并使窑内温度均匀,为还原操作奠定基础。

从氧化保温到强还原的气氛转换温度点十分重要,一般应控制在釉面始熔前150℃左右。使气体在釉面气孔未被封闭前排出。另外,保温时间的长短取决于窑炉的结构与性能、烧成温度的高低,坯体致密度与厚度等。若窑内温差大,烧成温度较低,升温速度快,坯体较厚,密度较大时,保温时间应延长。

2. 强还原阶段

此阶段要求气氛中 CO 的浓度在 3% ~5%,基本无过剩氧存在,空气过剩系数相应为 $\alpha = 0.9$ 左右。

强还原的作用主要在于使坯体中所含 Fe_2O_3 还原成 FeO,后者能在较低温度下与 SiO_2 反应,生成淡蓝色易熔的玻璃态物质 $FeSiO_3$,改善制品的色泽,使制品呈白里泛青的玉色。再者玻璃相粘度减小促使坯体在低温下烧结,由于液相量增加和气孔率降低相应提高坯体的透光性。

强还原的另一作用是使硫酸盐物质在较低温度下分解(1 080℃ ~1 100℃);使分解出的 SO_2 气体在釉面玻化前排出。而在氧化气氛中,硫酸盐的分解温度较高。此外,若坯体氧化不完全,在釉熔融后引起的脱碳反应也将在本阶段进行。本阶段,温度应平稳上升。在控制气氛时,要严格控制游离氧的含量,使之趋于零。一般说,将游离氧控制在 0% ~1%;CO 在 2% ~4%;CO_2 在 14% ~17%,即能保证坯体充分还原。

3. 弱还原阶段

由于还原气氛是在窑内空气不足的情况下供给了较多的燃料形成的。燃料的不完全燃烧不仅造成燃料的浪费,而且坯体和釉面长期处于还原气氛中还会沉积一层未燃的碳粒,导致制品"烟熏",因此在还原烧成操作后应换成中性气氛,但实际上中性焰难以控制。为防止低价铁的氧化使瓷器发黄,所以大多采用弱还原焰。弱还原气氛以烟气中 CO 浓度为 1.0% ~2.5%,相应空气过剩系数约 0.95 为宜。强还原转为弱还原的温度点约为 1 250℃。

在此阶段,由于熔融长石和其他低共熔物形成的液相大量增加液相的表面张力作用,使坯体颗粒重新排列紧密,使颗粒互相胶结并填充孔隙,颗粒间距缩小,坯体逐渐致密。同时促进莫来石的生成和发育,降低烧成温度,促进烧结。莫来石晶体长大并形成"骨架",坯体强度增大。

本阶段应注意控制升温速度,若升温过于急速,突然出现大量液相,使釉面封闭过早,易产生发泡,发黄等缺陷。特别是对两个气氛转换点的温度应把握准确,其次应注意控制还原气氛的浓度,最后应注意减小窑内温差。

弱还原的末期应进行高火保温,使坯体内部物理化学反应进行更完全,保证组织结构均一;同时还可以调整窑内部位的温差,使窑内温度趋于一致。

12.1.4 冷却阶段(烧成温度~室温)

冷却阶段可细分为急冷、缓冷和最终冷却三个阶段。从最高烧成温度到850℃为急冷阶段,此时坯体内液相还处于塑性状态,故可进行快冷而不开裂。快冷不仅可以缩短烧成周期,加快整个烧成过程,而且还可以有效防止液相析晶和晶粒长大,以及低价铁的再度氧化。从而可以提高坯体的机械强度、白度和釉面光泽度。冷却速度可控制在150~300℃/h。

从850℃到400℃为缓冷阶段。850℃以下液相开始凝固,初期凝固强度很低。此外在573℃左右,石英晶型转化又伴有体积变化,对于含碱和游离石英较多的坯体更要注意。因含碱高的玻璃热膨胀系数大,加之石英晶型转变引起的体积收缩应力很大,故应缓慢冷却。冷却速度可控制在40~70℃/h,若冷却不当将引起惊釉缺陷。

从400℃到室温为最终冷却阶段,一般可以快冷,降温速度可控制在100℃/h以上。但由于温差逐渐减小,实际上冷却速度提高将受到限制。对于含大量方石英的坯体在晶型转化区间仍应缓冷。

对于采用氧化焰烧成陶瓷的场合,烧成过程较简单,关键是控制氧化分解反应应在坯釉烧结之前进行充分,因此在950℃以上应缓慢升温,减小温差,加强通风。其他阶段和前面相同,烧成操作也较容易控制。

12.2 烧成设备

12.2.1 烧成设备的分类

烧成陶瓷的热工设备是窑炉。陶瓷窑炉种类很多,可从不同角度进行分类。

根据所用燃料不同可分为烧固体燃料的,如煤烧窑;烧液体燃料的,如重油烧窑及轻柴油烧窑;烧气体燃料的,如煤气、天然气、液化气烧窑;以电为能源的,如电炉、微波炉、高频感应炉、等离子炉等。

根据制品与火焰是否接触可分为明焰窑、隔焰窑和半隔窑三种。明焰窑内火焰与制品直接接触,传热面积大,热效率高,且可方便调节烧成气氛。但明焰烧成时,对于上釉制品和表面质量要求高的制品就必须采用净化煤气或轻柴油作燃料,以免污染制品;隔焰窑的火焰沿火道流动,借助隔焰板以辐射方式加热窑道内制品,由于火焰不接触制品,故不会造成制品污染,烧成质量较好,对燃料要求也较宽,但制品在充满空气的氧化气氛中烧成,气氛很难调节。若将隔焰板上开孔,使火道内部分气体进入窑内与制品接触,从而便于调节窑内气氛,这种窑就是半隔焰窑。

根据烧成的作用可分为素烧窑、釉烧窑、烤花窑。

根据烧成过程的连续与否可分为间歇式窑、连续式窑。

12.2.2　间歇式窑

间歇式窑的特点是间歇工作,即整个窑炉内温度按升温、保温、冷却几个阶段循环,优点在于窑的结构简单,设备费用低,适合小规模生产。可适用于不同烧成制度的制品的烧成,并可根据制品的要求灵活地改变和控制气氛。

倒焰窑是间歇式窑的一种,是根据火焰在窑内自窑顶向窑底流动而命名的。按窑体结构形式分有圆窑和方窑两种。其结构简单,易于建造,投资少;窑的容积可大可小,适合烧成多种制品;在生产中灵活性大,可按不同产品的工艺要求更换烧成制度,适合于多品种,多规格及规模不大的工厂生产或作试验用;且窑内温差小,同一配方同种产品倒焰窑烧出的制品质量往往优于隧道窑。但传统倒焰窑生产周期长,产量低,单位产品燃料消耗大,劳动强度大,劳动条件差。因此,旧式倒焰窑不断地被现代间歇式窑或隧道窑所取代。

梭式窑又称为车底窑、往复窑、抽屉窑。它是一种窑底活动而窑墙窑顶固定不动的倒焰窑。窑车上砌有吸火孔、支烟道、并和主烟道连接。活动的窑底车上码装制品后沿轨道推入窑体内进行烧成,烧成的制品经冷却至适当温度后随窑车被拉出来 。这种窑烧成制度可灵活调节,每个窑体可配备一个以上的活动窑车,以提高窑的周转率。窑内温差小,燃料消耗较低,装出窑方便。这种窑如采用高速等温喷嘴则可用于快速烧成。

钟罩式窑又称罩式窑、顶帽窑,其外形像钟罩,窑底固定而窑顶和窑墙做成一体,利用起重设备移动或降落在窑底座上。底座上有吸火孔,下有支烟道和主烟道。沿窑周围不同高度上安装有高速等温喷嘴。制品烧成并经冷却后,将"钟罩"吊起,移至另一个已经码好坯体的窑底座上,进行另一窑的烧成操作。钟罩式窑窑墙、窑顶可以单独吊起,根据需要可灵活调节高度。同时,改善了装出窑的劳动条件,使窑炉周转率提高。主要用来烧成各种特种陶瓷制品。

12.2.3　连续式窑

连续式窑指陶瓷制品的装、烧、冷和出窑等操作工序可连续不断进行的窑炉。其特点是窑内分为预热、烧成、冷却等若干带,各部位的温度、气氛均不随时间而变化。坯体由窑的入口端进入,在输送装置带动下,经预热、烧成、冷却各带完成全部烧成过程,然后由窑的出口端送出。连续式窑的一般工艺流程如图 12-1 所示。

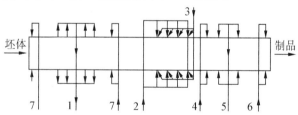

图 12-1　连续式窑炉的工艺流程

1—废气排出窑外;2—燃料;3—助燃空气;4—急冷空气;

5—抽出热风;6—最终冷却送风;7—气幕

在窑的中部设燃烧室,构成固定的高温带——烧成带,坯体入窑至烧成带区段称预热带,烧成带到制品出窑间的区段称冷却带。烧成带的高温燃烧产物向压力较低的预热带流动。预热反向移动的坯体,同时降低本身的温度,到预热带头部后,可利用风机将低温废气排出窑外。一般在窑头还设有封闭气幕以防止外界冷风吸入窑内,预热带中部有搅拌气幕用以减少窑内断面温差。在需要转换烧成气氛的位置设有气氛转换气幕,用以分隔焰性并使整个坯垛内外充分氧化。在冷却带头部可送入急冷风形成急冷区,窑尾利用集中送风形成最终冷却区,冷却带中部是缓冷区,两股冷风从中部利用风机抽出。

连续式窑的类型很多,根据制品输送方式的不同可分为:隧道窑、辊道窑等。

隧道窑是陶瓷窑炉中较先进的窑型,种类较多,应用广泛。坯体装在铺有耐火材料的窑车上,在与高温气流逆向运行的过程中,经预热、烧成、冷却三带,完成一系列物理化学变化推出窑外。它与传统倒焰窑相比有下列优点:

(1)烧成带位置固定且连续烧成,窑内各部位温度保持稳定,窑体不必承受急冷急热的冲击,窑体使用寿命长。

(2)气流与制品逆向移动,可利用烟气和余热来预热制品。热利用率高,单位产品燃料消耗少。

(3)连续作业,周期短,产量大,质量高。

(4)改善了操作人员的劳动条件,减轻了劳动强度。

但是建窑时所需材料设备较多,一次性投资大,烧成制度不能随意改动。一般只适用于大量生产和对烧成制度要求基本相同的制品,生产灵活性差,窑内上下温差大,设备维修和管理工作量大。

辊道窑也称辊底窑、缝式窑,其窑底由数百根互相平行的辊子组成辊道,在传动装置带动下,所有辊均向相同方向旋转,使放在其上的坯体由入口向出口移动,经过窑内烧成陶瓷制品。辊子是辊道窑的重要组成部分,辊子的材质与使用温度必须相适应,应具有足够的高温机械性能、抗氧化和耐热性能,常用的有刚玉质、莫来石质、高铝质、碳化硅质辊子,预热带可采用金属辊子。辊子直径一般为 25 ~ 42mm,长度一般为 1.5 ~ 3.2mm。

辊道窑是一种小截面的隧道窑,具有许多普通隧道所没有的优点:升温快,温度分布均匀,便于控制上下温差一般不超过 5℃;能保证正确的烧成制度,适合快速烧成,易于实现烧成工序机械化和自动化;辊道窑不必蓄热量大的窑车,热耗量大大降低,操作简单,有利于提高产品质量,降低成本;占地面积小,投资少。但只适合于烧制扁平、小型制品。目前辊道窑的发展趋势一是向高温、宽截面、大型方向发展;二是研制能满足要求的材质(特别是辊子材质),烧嘴和自控系统;三是设法降低造价。表 12-1 表征了烧成卫生瓷时用隧道窑和辊道窑的对比。

表 12-1 烧成卫生瓷不同窑形的对比

窑　　　型	燃料	烧成方式	烧成时间 (h)	生产能力 (件/车)	单位热耗 MJ(/kg)
旧式隧道窑	煤	明焰装烧	72	10	111.37
隔焰隧道窑	重油	隔焰裸烧	21	25	19.81
新型宽体隧道窑	煤气	明焰裸烧	12	60	6.28
辊　道　窑	天然气	明焰裸烧	8	36	4.19

12.3 烧 成 制 度

烧成就是加热坯体使之发生质变成瓷的过程。只有按照坯釉的物理化学变化的需要来供给热量和气氛,才能获得理想的陶瓷产品。烧成制度包括温度制度、气氛制度和压力制度,而窑炉内的压力制度又是温度制度和气氛制度得以实现的保证。制定合理的烧成制度是获得理想的陶瓷产品的首要条件。

12.3.1 烧成制度的拟定

拟定烧成制度就是寻求适于某种产品烧成的最佳热工制度,即在保证产品质量的前提下,实现快速烧成以达到高产低耗的目的。由于影响因素多而复杂,一般是通过调查研究,实验测定,分析调整,不断提高的方法来寻求最佳热工制度。

1. 坯料在加热过程中的性状变化

根据坯料系统有关相图,可初步估计烧结温度的高低和烧结范围的宽窄,结合坯料的差热曲线、失重和烧成收缩曲线,以及热膨胀曲线,拟定合理的温升速度,止火温度和烧成范围。

2. 坯体形状、厚度和入窑水分

同一组成的坯体由于制品的形状、厚度和入窑水分的不同,升温速度和烧成周期都应有所不同。薄壁、小件制品入窑前水分易控制,一般可采取短周期快烧;大件、厚壁及形状复杂的制品升温不能太快,烧成周期不能过短,坯体中含大量可塑性粘土及有机物多的粘土时,升温速度也应放慢。

3. 窑炉结构、燃料性质、装窑密度

在拟定烧成制度时,必须将制品对升温速度的要求与窑炉的可能结构和操作条件结合起来。不同窑型,同一窑型其结构和容量的不同,将影响窑内的传热方式和温差大小以及操作条件;装窑密度将影响窑内气体的流动分布和产品所需的热容量,因此烧成制度应有所差别。燃料的种类和热值的高低将影响燃烧操作和可能提供的热量,也影响烧成的效果。

4. 烧成方法

同一种坯体采用不同的烧成方法时,要求的烧成制度各不相同。如日用瓷、釉面砖即可一次烧成,又可二次烧成;日用瓷的素烧温度总是低于本烧温度;釉面砖的素烧温度往往高于釉烧温度;常压烧结和加压烧结的烧成温度和烧成时间不同。因此拟定烧成制度时应同时考虑所用烧成方法。

12.3.2 温度制度

温度制度包括升温速度、烧成温度、保温时间和冷却速度。总的来说就是温度与时间的关系。

1. 升温速度

决定升温速度大小的主要因素是烧成时所产生热应力的大小和抵抗热应力的能力。如果升温时产生的热应力过大,超过了制品强度时,将导致制品开裂。影响热应力大小的因素主要有:坯料的性能,包括坯料的热膨胀系数,坯料的烧成收缩,坯料中晶型转变的成

分;坯体入窑水分,坯体厚度、形状和大小,窑炉内温差等。制定温度制度时应综合考虑以上因素的影响。

2. 烧成温度

烧成温度是指陶瓷坯体烧成时获得最优性质时的相应温度,即烧成时的止火温度。由于坯体性能随温度的变化有一个渐变的过程,所以烧成温度实际上是指一个温度范围,习惯上称之为烧成范围,常根据烧成试验中坯体的气孔率和收缩率的变化曲线来确定。烧成温度的高低直接影响晶粒尺寸、液相的组成、气孔的形貌及数量。它们综合地对陶瓷产品的物化性能有重大影响。烧成温度的确定,主要取决于配方组成,坯料的细度和产品的性能要求,同时还与烧成时间相互制约。

3. 保温时间

高火保温的目的是使窑内温度均匀,坯体烧结程度一致。坯体烧成过程中各区域所进行的反应类型和速度都不相同,因此须在烧成的最高温度下保持一定的时间,一方面使物理化学反应趋于完全,使坯体具有足够的液相量和适当的晶粒尺寸;另一方面使固相和液相得以均匀分布,保证组织结构趋于一致。在生产实践中常采用适当降低烧成温度,通过一定时间的保温,以完成烧结作用,并能保证产品质量均匀和烧成损失减少。但保温时间过长则细晶粒熔解,发生二次重结晶或晶粒过分长大,坯体骨架削弱,机电性能下降,甚至制品变形。适宜的保温时间取决于窑的结构,坯体尺寸和烧成温度。

4. 冷却速度

冷却速度的快慢对坯中晶体的大小,尤其是对晶体的应力状态有很大的影响。含玻璃相多的致密坯体,当冷却至玻璃相由塑性状态转为固态时,瓷坯结构上有显著的变化,从而引起较大的应力。因此这种坯体应采用高温快冷和低温缓冷的制度。而对于含有大量晶形转变的 SiO_2、ZrO_2 等晶体的坯体,在晶型转变温度附近冷却速度不能太快。对于厚而大的坯件,冷却不能太快,防止造成热冷应力不均而引起开裂。

12.3.3 气氛制度

烧成气氛是根据燃烧中的游离氧的含量和还原成分的含量确定的,气氛的种类可根据烟气分析的结果得出。常用空气过剩系数表征

$$\alpha = 1/(1 - 3.76 \times \frac{O_2 - 0.5CO_2}{N_2})$$

由此可见,影响烧成气氛的介质主要是 O_2,其次才是 CO 和 CO_2。根据烟气分析的结果,几种气氛大致成分如下:O_2 含量 8% ~ 10%,α 值 1.6 ~ 2.5 时,为强氧化气氛;O_2 含量 2% ~ 5%,α 值 1.2 ~ 1.5 时,为氧化气氛;O_2 含量 1% ~ 1.5%,CO 含量 1% ~ 2%,α 值 0.99 ~ 1.05 时,为中性气氛;O_2 < 1%,CO 含量 1.5% ~ 2.5%,α 值 0.95 左右,为弱还原气氛;O_2 含量 <1%,CO 含量 3% ~ 7%,α 值 0.90 左右时,为强还原气氛。

在烧成过程中,烧成气氛不仅影响坯体的化学反应、升温速度、烧成温度,而且影响瓷质性能、颜色和光泽度。影响程度又和原料种类有关。

1. 气氛对陶瓷坯体过烧膨胀的影响

根据周仁、李家治的研究,瓷石-高岭土瓷坯在还原气氛中过烧 40℃,产生的膨胀比在氧化气氛中要小得多;过烧程度随坯中含铁量增加而变大。而由高岭土-长石-石英-

膨润土配制的瓷坯,在还原气氛下的过烧膨胀却比氧化气氛要大,尤其是膨润土含量多时更明显。

硫酸盐、Fe_2O_3、磁铁矿和云母所含的铁质,在氧化气氛中它们都在接近坯体烧结、釉层熔化的高温下才分解。此时气孔封闭,气体不能排出而引起膨胀起泡。在还原气氛中,这些物质的分解可提前至坯、釉尚属多孔状态下完成,气体可以自由逸出,过烧膨胀大为减轻、瓷石质坯料含铁量较高,但低温煅烧时吸附性不强,它的过烧膨胀主要由高价铁化合物和硫酸盐的分解造成,所以在还原气氛中过烧膨胀值较低。长石质瓷坯中的铁含量不高,但膨润土中有机物含量高,并具有较强的吸附性,采用还原气氛烧成时,一方面坯体易吸碳,另一方面碳素氧化温度较高,因而还原气氛中的过烧膨胀较氧化气氛大。

2.气氛对坯体的收缩和烧结的影响

两种坯体在还原气氛中的烧结温度均比氧化气氛中低,降低程度随含铁量的减少而减小。瓷石质瓷坯在还原气氛中的收缩较氧化气氛中大,而长石与膨润土配制的坯在氧化气氛中的收缩较大。

产生这些影响主要是坯中 Fe_2O_3 被还原为 FeO,FeO 易与 SiO_2 形成低熔点硅酸盐并降低玻璃相的粘度,增大它的表面张力,从而促进坯体在较低温度下烧结并产生较大的收缩。长石与膨润土配制的坯,由于还原气氛中碳素的氧化移向高温,故烧结收缩减小。

3.气氛对坯的颜色和透光性以及釉层质量的影响

影响铁、钛的价数 氧化焰烧成时,Fe_2O_3 在碱含量较低的瓷坯玻璃相中溶解度很低,冷却时即由其中析出胶态的 Fe_2O_3 使瓷坯显黄色。还原焰烧成时,形成的 FeO 熔化在玻璃相中而呈淡青色。而液相增加和坯内气孔率降低都相应提高瓷坯的透光性。对含钛较高的坯料应避免烧还原焰,否则部分 TiO_2 会变成蓝至紫色的 Ti_2O_3,还可能形成黑色的 $FeO \cdot Ti_2O_3$ 尖晶石和一系列铁钛混合晶体,从而加深铁的呈色。

使 SiO_2 和 CO 还原 在一定温度下,还原气氛可使 SiO_2 还原为 SiO,它在较低温度下将按 $2SiO \rightarrow SiO_2 + Si$ 分解,在制品表面形成 Si 的黑斑。

CO 分解出 C 沉积坯、釉上形成黑斑(烟熏)。而且在有 C 和铁的催化作用下,800℃以前这种分解速度就很明显,继续升温将形成釉泡、针孔,对吸附性强的坯釉尤应注意。

4.气氛对升温和窑内温差的影响

氧化焰是在空气供给充分,燃烧完全的情况下产生的一种无烟而透明的火焰,升温速度快,易造成窑内温差大。若过剩空气过多,则会使温升停滞或温度下降。还原焰是一种有烟而混浊的火焰,火焰长而柔软,窑内温差小,使窑内各部门制品均匀受热,减少产品性能的分散性。

气氛制度是烧成过程中对气氛氧化还原性质的具体要求,通常是规定不同温度范围 O_2 及 CO 的浓度,或同时给出空气过剩系数。主要根据坯料在烧成过程中的化学变化,产品的性能要求来确定的。对连续式窑炉可将气氛曲线与温度曲线、压力曲线标在同一张图上。

12.3.4 压力制度

压力制度是指窑内压力与时间的关系。对间歇式窑来说通常是规定不同温度区间总烟道抽力的大小;对连续式窑来说,由于几何压头的影响,压力曲线取测压力孔的高度应在同一水平线上。

压力的正确分布,是实现合理的温度制度和气氛制度的重要保证。通常负压有利于氧化气氛的形成,正压有利于还原气氛的形成。负压过大,大量烟气被抽走,窑内温度波动大,热效率低,燃料消耗增加,高温阶段的还原气氛得不到保证;正压过大,烟气外逸,散热大,燃料消耗增大,但可减小气体分层,对缩小上下温差有利。

隧道窑的压力制度一般采用预热带负压,烧成带和冷却带正压,零压点在预热带末端的压力制度。预热带负压使排烟通畅,吸入少量二次风,保证转换气幕前为氧化气氛。最大负压点压力一般为-40~-10Pa。负压过大,窑头吸入冷风过多,增大窑内上下温差。烧成带保持微正压,使冷空气难以入窑,稳定窑内温度和气氛。高火保温区保持微正压,有利于保证弱还原防止制品二次氧化。冷却带一般处于正压下,窑尾正压最大约为15Pa。

零压点的位置是很重要的,一般控制在预热带末端,便于分开焰性,使氧化还原阶段分明。零压点后移会延长氧化时间,造成还原不足;零压点前移又会造成制品氧化不足。

12.3.5 烧成曲线

通常烧成制度采用曲线的形式来表示,即将温度和气氛随烧成时间的改变来绘制,并将这曲线称为烧成曲线,如图12-2所示。

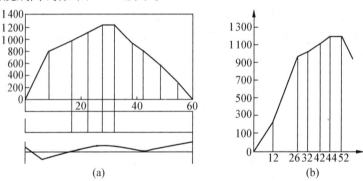

图 12-2 电瓷烧成曲线

(a)—隧道窑的烧成曲线 (b)—油烧倒焰圆窑的烧成曲线

图12-2为电瓷在隧道窑和倒焰圆窑中进行一次烧成时所采用的烧成制度,配方组成基本相同,由于品种和烧成条件不同,烧成曲线不完全相同,但曲线变化趋势大致相同。

12.4 瓷器的烧成缺陷

陶瓷生产过程中,从原料至烧成的任何一道工序稍有疏忽,都可能引起缺陷。有些缺陷发生在烧成之前,而在烧成中暴露出来;有些缺陷则是由于烧成操作不当引起的。造成制品缺陷的原因是错综复杂的,必须具体分析才能找准原因,然后根据生产实际情况,采取相应的措施加以解决。

12.4.1 开裂

当坯体在干燥、烧成和冷却过程中受到的应力大于其本身的结合强度时,出现的断裂现象为开裂。开裂的产生有以下几方面原因:练泥时,练泥机真空度不足、偏心、叶与机壳距离过大,泥料水分不均,颗粒级配不合理等,引起夹层裂,裂纹呈螺纹状或S型,裂口不整齐;上釉后,搬运过程中被碰伤,引起碰裂;干燥时速度过快,坯壁较厚部位出现"鸡爪"裂口;入窑生坯含水分大,升温快,水分剧烈汽化或有机物剧烈氧化造成开裂,裂口较规则,呈纵深、大范围发展,坯釉同时开裂,断面粗糙但不锋利,色黄;高温阶段,升温过快,收缩过大,形成应力而烧裂,裂口较平整,范围较小,断面为白色泛黄,不锋利;冷却阶段,降温过快,出窑温度过高,或晶型转变时控制不当引起的开裂,裂纹细长,裂口断面光滑发亮,色白,锋利。

12.4.2　变形

制品失去所要求的规则形状为变形,是陶瓷生产中最常见的缺陷。是由于坯体所受重力和应力的作用超过坯体弹性限度所致。引起变形的原因主要有:

原料方面　塑性粘土用量过多,干燥收缩大而引起的变形;挤泥质量差,泥条断面致密度不均或坯料颗粒呈定向排列引起不一致收缩而变形;配方不当,熔制原料过多,高温时液相量过多,粘度过低,烧成制件在自重作用下变形。

成形方面　器型设计不合理,成形中生坯存在应力;成型操作不当,造成坯体各部位密度差别过大,收缩不均;强制脱膜,外加作用力使坯体潜伏下应力等,烧成时都可变形。

烧成方面　烧成时装钵不当,未垫平,匣钵高温强度差,钵柱不直;烧成温度过高,保温时间过长,窑内温差大,局部温度过高,受热不均等。

12.4.3　起泡

起泡分坯泡和釉泡两种,均由釉面气孔封闭或釉的粘度过大,氧化分解放出的气体无法排除而引起。坯泡又分氧化泡和还原泡。氧化不彻底所造成的坯泡称氧化泡。泡的大小似小米粒,俗称小米泡。其断面呈灰黑色,多产生于窑的低温部位;由于还原不足而产生的坯泡称还原泡,其直径比小米泡大,又称过火泡,断面发黄。它产生在高温靠近喷火口部位。

釉泡一般细小,鼓在釉层表面,可用指甲划破,釉泡破后沾污成黑色小点。

在制品边缘或棱角处聚集的釉泡又称水边泡,是由于坯或釉中可熔性盐类过多,干燥时移至边缘和棱角处使这些部位熔点降低,烧成时提前熔化,气体排出困难而造成的。

12.4.4　毛孔和桔釉

制品釉面出现凹痕或小孔称毛孔、针孔或棕眼。若针孔密集,外观似桔皮时称桔釉。针孔是陶瓷共有缺陷,是降低釉面光泽的主要原因。毛孔的成因是,坯体表面质量差,气孔率高或有积灰,釉层有凹痕,或者釉泡破裂后,当釉的粘度和表面张力较大时,不能填平釉面。

12.4.5　色黄、火刺、落渣、斑点、烟薰

瓷器表面发黄是因升温太快,釉的熔融过早,而使 Fe_2O_3 未能充分还原成 FeO,或在还原后又利用氧化气氛或冷却过慢又造成再次氧化。

火刺是由于匣钵密封不严,火焰直接侵蚀制品或火焰温度太高,使制品边缘局部呈黄色或褐色而形成的,同时釉面粗糙。

落渣是由于装钵的坯体表面不清洁或沾有匣钵碎屑,而使制品表面有凸起的小颗粒。

斑点又称黑斑。主要由于原料中含铁量高且粒度粗在烧成的高温阶段会产生熔洞、鼓泡和黑斑。一般为原杂质颗粒的几倍;另外,煤中含硫量超过3%,生成硫化物黑点。

烟薰又称吸烟,制品表面呈灰黑色。是由于碳素、有机物等沉积于坯釉中未被氧化而成,要克服它必须制定合理的烧成制度,采取氧化保温措施,使坯体得到充分氧化。

12.4.6 生烧和过烧

未达到成瓷玻化温度的产品为生烧,其特征是瓷质吸水率偏高,釉面光泽度差而粗糙,敲击时声音不脆。烧成温度超过成瓷温度,制品发生肿胀变形称为过烧。产生生烧和过烧的主要原因有坯釉料的配方不适当,烧成温度不是偏低就是偏高,保温时间控制不当,装窑密度不合理或烧成带温差太大,造成局部制品生烧或过烧。

12.4.7 釉裂(惊釉)

釉裂的特征是釉面有微细如发丝状的裂纹,而不深入到坯体内,产生的主要原因是坯釉膨胀系数不适应,釉的热膨胀系数比坯的大时,釉层处于张应力,超过一定限度,即造成釉层开裂。急冷不够,缓冷阶段降温过快;釉层过厚;或生成有害的坯釉中间层,均会引起釉裂。

剥釉即釉层剥脱。当釉的热膨胀系数比坯的小时,釉层处于压应力,但若压应力太大或釉层弹性差,强度低时,易产生釉层剥脱。

12.4.8 釉缕与缺釉

釉缕的特征是釉面出现厚釉条痕或滴状釉痕。产生原因主要是烧成温度过高或釉的熔点过低,立装烧成时釉向下流淌呈现缕状。施釉不均或釉层太厚也会出现这一缺陷。

缺釉的特征是局部表面呈现无釉的现象。产生原因是施釉前坯体上有灰尘、油污;装烧时釉层被擦碰而剥落;坯体施釉太湿,坯与釉之间分层;坯釉配方不适应;釉的高温粘度和表面张力过大造成缩釉性质的缺釉等。

第十三章 特种陶瓷概述

陶瓷已经是人类生活和现代化建设中不可缺少的材料之一,它的概念也远远超出了传统陶瓷的范畴。具有高强、耐温,耐腐特性或具有各种敏感特性的陶瓷材料,由于其制作工艺,化学组成,显微结构及特性不同于传统陶瓷、而被称为特种陶瓷,又叫先进陶瓷、新型陶瓷、高性能陶瓷、高技术陶瓷、精细陶瓷等。特种陶瓷是采用人工精制的无机粉末原料,通过结构设计,精确的化学计量、合适的成型方法和烧成制度而达到特定的性能,经过加工处理使之符合使用要求的尺寸精度的无机非金属材料。

虽然特种陶瓷与传统陶瓷都是经过高温热处理而合成的无机非金属材料,但其在所用粉体,成型方法和烧成制度及加工要求等方面却有着很大的区别。两者主要区别见表13-1。

表 13-1 特种陶瓷与传统陶瓷的主要区别

区别点	传 统 陶 瓷	特 种 陶 瓷
原 料	天然矿物原料	人工精制合成原料(氧化物和非氧化物两大类)
成 型	注浆、可塑成型为主	压制、热压铸、注射、轧膜、流延、等静压成型为主
烧 成	温度一般在 1 350℃以下,燃料以煤、油、气为主	结构陶瓷常需 1 600℃左右高温烧结,功能陶瓷需精确控制烧成温度,燃料以电、气、油为主
性 能	以外观效果为主	以内在质量为主,常呈现耐磨、耐腐蚀、耐高温等各种敏感特性
加 工	一般不需加工	常需切割、打孔、研磨和抛光
用 途	炊、餐具、陈设品	主要用于宇航、能源、冶金、交通、电子、家电等行业

目前,人们习惯上将特种陶瓷分成两大类,即结构陶瓷(或工程陶瓷)和功能陶瓷。将具有机械功能、热功能和部分化学功能的陶瓷列为结构陶瓷,而将具有电、光、磁、化学和生物体特性,且具有相互转换功能的陶瓷列为功能陶瓷。特种陶瓷往往不仅具备单一的功能,有些材料不仅可作为结构材料,也可作为功能材料,故很难确切地加以划分和分类。

13.1 特种陶瓷工艺简介

世界科学技术的高速发展,使特种陶瓷的制备技术也随之日新月异。这些新工艺的出现,不仅可以收到显著的经济效益,还能使特种陶瓷材料的性能提高。但如何有效地控制工艺过程,使其达到预期的结构、预定的性能,尚需进一步探索与研究。下面从粉体制备、成型和烧结三方面来简述特种陶瓷的工艺过程。

13.1.1 粉体制备

制取粉体是特种陶瓷生产工艺中的首要步骤。制取方法主要有两大类:一是机械破碎法;二是物理化学法。前一种方法是应用机械力将粗颗粒破碎,获得细粉的方法。这类方法在粉碎过程中易混入杂质,且不易制得粒径在 $1\mu m$ 以下的超细颗粒。所以在特种陶瓷制粉中只占从属地位。这里不做详细介绍。后一种方法是由离子、原子、分子通过反应、成核和生长制成粒子的方法。这种方法的特点是纯度、粒度可控,均匀性好,颗粒微细,并可实现分子级水平上的复合均化,通常包括液相法和气相法。介绍如下:

1. 液相法

由液相法制备氧化物粉末的基本过程为:

$$\text{盐熔液} \xrightarrow[\text{熔剂蒸发}]{\text{添加沉淀剂}} \text{盐或氢氧化物} \xrightarrow{\text{热分解}} \text{粉末}$$

所制得的氧化物粉末的特性取决于沉淀和热分解两个过程。液相法的特点是:易控制组成,能合成复合氧化物粉;添加微量成分很方便,可获得良好的混合均匀性等。但必须严格控制操作条件,才能使生成的粉末保持所具有的在离子水平上的化学均匀性。

(1)化学共沉淀法

这种方法是在含有多种可熔性阳离子的盐溶液中,通过加入沉淀剂(OH^-,CO_3^{2-},$C_2O_4^{2-}$,SO_4^{2-} 等)形成不溶性氢氧化物,碳酸盐或草酸盐等的沉淀。然后将溶剂或溶液中原有的阳离子滤出,沉淀物经过分解后即可制成高纯度超细粉料。此法可广泛用于合成多种单一氧化物和钙钛矿型、尖晶石型的陶瓷微粉。用此法制得的高纯 Al_2O_3 微粉,纯度为 99.99% 以上,细度为 $0.1 \sim 0.2\mu m$,其他具有化学计量组成的烧结性良好的 $BaTiO_3$,$PbTiO_3$,$MnFe_2O_4$ 等粉料均由此方法来制备。化学共沉淀法设备简单,较为经济,便于工业化生产。

(2)溶胶-凝胶法

该法是 80 年代迅速发展起来的新型液相制备法。此法是将醇盐溶解于有机熔剂中,通过加入蒸馏水使醇盐水解、聚合,形成溶胶。溶胶形成后随着水的加入转变为凝胶。凝胶在真空状态下低温干燥得到疏松的干凝胶。再将干凝胶作高温煅烧处理,即可得到氧化物。此法广泛用于莫来石、堇青石、氧化铝、氧化锆等氧化物粉末的制备。由于胶体混合时可使反应物质进行最直接的接触,以达到最彻底的均匀化,所制得的原料相当均匀,具有非常窄的颗粒分布,团聚性小。例如此法可获得平均粒径为 $0.4\mu m$ 的 $\alpha-Al_2O_3$ 粉末,粒度为 $0.1 \sim 0.5\mu m$ 的 $NaZr_2P_3O_{12}$ 及 $0.08 \sim 0.15\mu m$ 的钛酸铝晶相粉末。

(3)喷雾热分解法

由于沉淀法在工艺上往往存在沉淀物再溶解,沉淀剂作为杂质混入等问题。为此,开发了溶剂蒸发法,此法所制得的氧化物粒子为球状,流动性好,易于制粒成型。溶剂蒸发法通常有冰冻干燥法、喷雾干燥法和喷雾热分解法三种。

喷雾热分解法是将金属盐溶液喷雾至高温介质气体中,使溶剂蒸发和金属盐受热分解在瞬间发生而获得氧化物粉末。此时需在高温和真空条件下进行。对设备和操作要求较高,但易制得粒径小,分散性好的颗粒,广泛地用作复合氧化物系超微粉末的合成。

2.气相法

由气相法制备氧化物微粉的方法主要有不发生化学反应的蒸发-凝聚法和气相反应法两种。

（1）蒸发-凝聚法

蒸发-凝聚法是将原料加热至高温（用电弧或等离子流等加热），使之气化，接着在电弧焰和等离子焰与冷却环境造成的较大温度梯度条件下急冷，凝聚成微粒状物料的方法。采用这种方法能制得颗粒直径在 5～100nm 范围的微粉，这种方法适用于制备单一氧化物、复合物氧化物、碳化物或金属的微粉。使金属在惰性气体中蒸发-凝聚，通过调节气压，就能控制生成金属颗粒的大小。如果颗粒是按照蒸气-液体-固体那样经过液相中间体后成活的，那么颗粒成为球状或接近球状。

（2）气相化学反应法（CVD）

该法以金属、金属化合物等为原料，通过热源、电子束、激光气化或诱导，在气相中进行化学反应，并控制产物的凝聚、生长，从而合成超微粉末。这种方法生成物的纯度高，颗粒分散性好，除适用于制备氧化物外，还适用于制备液相法难于直接合成的氮化物、碳化物、硼化物等非氧化物。

13.1.2 成形

特种陶瓷的成形技术和方法对于制备性能优良的制品具有重要意义。特种陶瓷的成形技术与方法比起传统陶瓷来说更加丰富、更加广泛，而且具有不同的特点。特种陶瓷成形方法的选择，是根据制品的性能要求、形状、大小、厚薄、产量和经济效益等综合确定的。

1.热压铸成形

热压铸成形主要是利用含蜡料浆加热熔化后具有流动性和塑性，冷却后能在金属模中凝固成一定形状的坯体的成形方法。

蜡浆的制备是热压铸成形工艺中最重要一环，具体方法是将石蜡称取后加热熔化成蜡液，然后将粉料倒入搅伴均匀后将料浆倒入容器中，凝固制成蜡板，以备成形之用。

成形时将配制的料浆蜡板放置在热压铸机筒内，加热至一定温度熔化，在压缩空气的驱动下，将筒内的料浆通过吸铸口压入模腔。根据产品的形状和大小保持一定时间后，去掉压力，料浆在模腔中冷却成形，然后脱模，取出坯体，有的还可进行加工处理，或车削、或打孔等。

热压铸形成的坯体在烧成之前，先要经排蜡处理。否则由于石蜡在高温熔化流失、挥发、燃烧，坯体将失去粘结而解体，不能保持其形状。

热压铸成形工艺适合形状较复杂，精度要求高的中小形产品的生产。由于设备简单，操作方便，劳动强度不大，生产效率较高，模具磨损小，寿命长，因而在特种陶瓷生产中经常采用。但也有其缺点，例如工序比较复杂，能耗大，工期长，大而长的薄壁制品不宜采用此法。

2.等静压成形

等静压成形又称静水压成形，它是利用液体介质不可压缩性和均匀传递压力性的一种成形方法。等静压成形方法有冷等静压成形和热等静压成形两种。冷等静压又分为湿式等静压和干式等静压两种类形。

（1）湿式等静压

它是将预压好的坯体包封在弹性的橡胶模或塑料模具内,然后置于高压容器中施以高压液体介质(压力通常在100MPa以上),压力传递至弹性模具对坯料加压。然后释放压力取出模具,并从模具中取出成形好的坯体。湿式等静压主要适用于成形多品种、形状较复杂、产量小和大形的制品。

（2）干式等静压

干式等静压成形的模具并不都是处于液体之中,是半固定式的,坯料填加与坯件的取出都是在干燥状态下操作,因此称干式等静压。其模具两头(垂直方向)并不加压,适于压制长形、薄壁、管状产品。稍作改进就能运用于连续自动化生产。为提高坯体精度和压制坯料的均匀性宜采用振动加料法加料。

等静压成形有如下特点:适用于压制形状复杂,大件且细长的制品;可以任意调节成压力;压制产品质量高,烧成收缩小,坯体致密且均匀、不宜变形。但设备成本高,湿式等静压不宜自动化生产,生产效率不高。

3. 流延法成形

薄片制品以往采用模压法或轧膜成形,但随着科学技术的发展,对制品性能要求不断提高,特别对于要求表面光洁、超薄形的制品,上述两种方法不能适应,因而又发展一种带式成形法。主要为流延法成形,又称刮刀法或带式浇铸法。

流延法工艺流程大致是将准备好的粉料内加粘结剂、增塑剂、分散剂、熔剂,然后进行混合使其均匀。再把料浆放入流延机料斗中,料浆从料斗下部流至向前移动的薄膜载体上,用刮刀控制厚度。再经红外线加热等方法烘干得到膜坯,连同载体一起卷轴待用。并在贮运过程中使膜坯中的熔剂分布均匀、消除湿度梯度。最后按所需要的形状冲片、切割或打孔。在生产中,控制刮刀口间隙大小是很关键的。在自动化水平比较高的流延机上,在离刮刀口不远的坯膜上方,装有透射式X射线测厚仪,可连续对膜厚度进行检测,并将所测厚度漂离信息,馈送到刮刀高度调节螺旋测微系统,这可制得厚度仅为$10\mu m$,误差不超过$1\mu m$的高质量坯膜。

流延成形设备不太复杂,且工艺稳定,可连续操作,生产效率高,自动化水平高,坯膜性能均匀一致且易于控制。但流延成形的坯料因溶剂和粘合剂等含量高,因而坯体密度小,烧成收缩有时高达20%～21%。它主要用来制取超薄形陶瓷独石电容器、氧化铝陶瓷基片等特种陶瓷制品。它为电子元件的微形化,超大规模集成电路的应用,提供了广阔的前景。

除了以上介绍的成形方法外,还出现了一些新的成形方法,如纸带成形法、滚压成形法、印刷成形法、喷涂成形法、爆炸成形法等。

13.1.3 烧结方法

正确的选择烧成方法是使特种陶瓷具有理想的结构及预定性能之关键。特种陶瓷烧成方法很多,常见的如下:

1. 热压烧结

热压烧结是对较难烧结的粉料或生坯在模具内施加压力,同时升温烧结的工艺。常用模具材料有石墨、氧化铝和碳化硅等,石墨可承受70MPa压力,1 500～2 000℃高温;

Al_2O_3 模可承受 200MPa 压力。

热压烧结特点是可降低成型压力,烧结温度低无需加入烧结促进剂,能改善制品性能。但其过程及设备复杂,生产效率低,生产控制较严,模具材料要求高,能耗大。该法已用于 Al_2O_3 陶瓷车刀的制备,在 CaF_2,PZT,Si_3N_4 等材料生产中也有广泛应用。

2. 反应热压烧结

高温下粉料可能发生某种化学反应过程,利用这一化学反应进行的热压烧结工艺称为反应热压烧结。在烧结传质过程中,除利用表面自由能下降和机械作用力推动外,再加上一种化学反应能作为推动或激化能,以降低烧结温度,而得到致密陶瓷。反应热压烧结有下列几种类型:

（1）相变热压烧结

氧化锆在相变温度和 0.3MPa 压力下,进行热压烧结可以在比正常烧结温度低的情况下,几十分钟内烧结出高稳定、高强度、高透明度的细晶陶瓷。其相变温度在 800 ~ 1 200℃之间缓慢进行。

（2）分解热压烧结

利用与某一氧化物陶瓷相对应的氢氧化物或水合物作为原料,它们在高温过程中发生脱水或释气分解时,出现活性极高的介稳假晶结构。此时施加合适的机械力进行热压烧结,则可在较低温度、压力和短时间内获得高密度、高强度的优质陶瓷。如用镁或铝的氢氧化物(或其硫酸盐)来烧制氧化镁、氧化铝瓷,只需加 0.3 ~ 1MPa 压力,温度在 900 ~ 1 200℃,加压 0.5h 可获得相对密度为 99% 以上的制品。

（3）分解合成热压烧结

分解合成热压烧结是利用物质分解反应期的高度活性,在压力作用下与异类物质产生合成反应,然后再在压力作用下烧结成致密陶瓷。为使合成反应能进行得比较均匀和彻底,热压时间可以稍长些,但其烧成温度通常比分解反应的热压烧结温度低。例如,通过 $Ba(OH)_2$ 或 $BaCO_3$ 分解的 BaO 和 TiO_2 合成 $BaTiO_3$;利用 $Mg(OH)_2$ 或 $MgSO_4$ 分解的 MgO 和 Al_2O_3 合成 $MgAl_2O_4$;利用 Pb_3O_4 或 $PbCO_3$ 分解的 PbO 和 TiO_2,ZrO_2 合成 $Pb(Zr-Ti)O_3$ 等,都得到了良好效果。

3. 热等静压烧结

热等静压烧结工艺是将粉末压坯或装入包套的粉料放入高压容器中,在高温和均衡压力的作用下,将其烧结为致密体。

热等静压烧结需要一个能够承受足够压力的烧结室——高压釜。小型热等静压装置中,加热体可置于釜外,大型的则置于高压釜之内,通常以钼丝为发热体,以氮、氩、氦等惰性气体为传压介质。烧结温度可高达 2 700℃之多,高压釜本身可采用循环水冷却,以保持足够的强度和防止高温腐蚀。

热等静压烧结可制造高质量的工件,其晶粒细匀、晶界致密、各向同性、气孔率接近零,密度接近理论密度。该法已用于介电、铁电材料、氮化硅、碳化硅及复合材料致密件的生产。由于热等静压烧结的工艺复杂,成本高,应用范围受到一定限制。

无包套热等静压烧结是 80 年代的新技术。该项技术是将粉料成型和预烧封孔后,通入压力为 1 ~ 10MPa 的气体进行烧结,以获得无孔致密烧结的氧化物、氮化硅等特种陶瓷制品。

无包套热等静压烧结与普通热等静压烧结相比,有如下优点:降低成本,无需投资大的热等静压机,并取消了包套和剥套工序,所需气体量比热等静压烧结的要少;生产率高,该法适宜批量生产,采用特殊成型法时,可生产异形制品,无需后续加工。

4. 气氛烧结

对于空气中很难烧结的制品,为防止其氧化,可在炉腔内通入一定量的某种气体,在这种特定气氛下进行烧结称为"气氛烧结"。此方法适用于:

(1)制备透光性陶瓷 以高压钠灯用氧化铝透光灯管为例,为使烧结体具有优异的透光性,必须使烧结体中的气孔率尽量降低,只有在真空或氢气中烧结,气孔内的气体才能很快地进行扩散而消除。其它如 MgO,Y_2O_3,BeO、ZrO_2 等透光陶瓷也都采用气氛烧结法。

(2)防止非氧化物陶瓷的氧化 氮化硅,碳化硅等非氧化物陶瓷也必须在氮及惰性气体中进行烧结。对于在常压高温易于气化的材料,可使其在稍高压力下烧结。

(3)对易挥发成分进行气氛控制 在陶瓷的基本成分中,如含有某种挥发性高的物质时,在烧结过程中,将不断向大气扩散,从而使基质中失去准确的化学计量比。因此,如含 BbO,Sb_2O_3 等陶瓷的烧结,为了保持必要的成分比,除在配方中适当加重易挥发成分外,还应注意烧成时的气氛保护。

5. 反应烧结

反应烧结法是通过多孔坯体同气相或液相发生化学反应,使坯体质量增加,孔隙减小,并烧结成具有一定强度和尺寸精度的成品的一种烧结工艺。同其它烧结工艺比较,有如下几个特点:质量增加,用普通烧结法质量并不增加;烧结坯体不收缩无尺寸变化,因而用反应烧结可以制造尺寸精确的制品;反应速度取决于传质和传热过程。对普通烧结过程,物质迁移发生在颗粒之间,而对反应烧结,物质迁移过程发生在长距离范围内,故其反应速度较普通烧结为快。液相反应烧结工艺,在形式上同粉末冶金中的熔浸法类似。但是,熔浸法中的液相和固相不发生化学反应,也不相互熔解。

影响反应过程的因素有坯件原始的密度,硅粉粒度和坯体厚度等。对于粗颗粒硅粉,氮的扩散通道少,扩散入硅颗粒中心部位需要的时间长,因此,反应增重少,反应的厚度薄。坯件原始密度大也不利于反应。

反应烧结氮氧化硅坯体中的 Si,SiO_2 和 CaF_2 同氮反应生成 Si_2ON_2。CaO,MgO 等同 SiO_2 形成玻璃液相。氮熔入熔融玻璃中,Si_2ON_2 晶体从被氮饱和的玻璃相中析出。反应烧结氧化硅的相对密度可大于 90%。

6. 化学气相沉积法(CVD法)

化学气相沉积法是将准备在其表面沉积一层瓷质薄膜的物质置于真空室中,加热至一定温度后,然后将欲被覆瓷料的气态化合物通过加热载体的表面。在某一特定的温度下,气体与加热基体的表面接触后,气相发生分解反应,并将瓷料沉积于基体表面。随着分解产物的不断沉积,晶粒不断长大,直至形成致密多晶的结构。适当控制基体表面温度和气体的流量,可以控制瓷料在基体表面的成核速率,亦即控制了最终瓷膜的晶粒粗细。因为成核多则最终形成的瓷粒细,成核少则最终形成的瓷粒粗。

虽然气相沉积成瓷的速率比较慢,通常 $\leqslant 0.25mm/h$,但这种工艺可获得质量极高的陶瓷膜,具有晶粒细小、高度致密、不透气、高纯度、高硬度和高耐磨等特点。这是其它工艺方法所无法比拟的。用 CVD 法形成的瓷膜,具有晶粒定向的特征,即它虽然是多晶,但在晶粒成长时,几乎都是按某一晶轴垂直于基体表面的方式长大。这种特点对于介电性能或光学性能是有益的,但对于机械、物理性能是不利的。后来又发展了一种控制成核热化学沉积法(CNTD),可以有效地消除这种陶瓷晶粒的定向生长,使瓷膜为各向同性。

7. 溅射法

溅射法成瓷也是在真空条件下进行的,其特点是基片毋须加热。工作时将待沉积的基片置于真空罩内,令被覆面紧靠着一块瓷片,该瓷片是由作为被覆用的瓷料制成的,此瓷片称为靶。当此靶受到高达 $10^8 W/cm^2$ 的高度集中的电子束能量轰击时,靶材上的原子被轰出,并沉积于紧靠它的被覆基体表面,在此表面上逐步成核长大,形成一层多晶瓷膜。

近年来发展了一种不用高能电子束的反应溅射法,成功地进行了氮化铝瓷膜的沉积,溅射室的真空度为 $1.33 \sim 1.33 \times 10^{-1} Pa$ 时,通入 $Ar:N_2 = 1:1$ 的混合气体,在 $12 \sim 15 MHz$、$3 \sim 5 kW$ 的高频电场作用下电离并呈辉光放电(在磁感应强度为 $5 \times 10^{-2} T$ 磁场下)带负电的氮离子被磁场加速轰击到近侧的高纯铝质靶材上,将铝原子击出并与之反应生成氮化铝,然后沉积到距靶片数米远的基片上,基片材料可用载波片、微晶玻璃或铝片等,并可获得偏离度<$1° \sim 7°$ 的定向多晶薄膜,作为表面波器件等。

还有一种比较特殊的气相沉积方法,它是用一种作为被覆用的陶瓷碎粒,经过加热后作为蒸发源,通过升华再沉积于基片上。适当控制温度与气氛,可获得一层致密牢固的瓷膜。

由于整个过程中没有新的化学反应,故有人将这种沉积方法称为物理气相沉积(PVD)。

此外,随着科学技术的不断发展,烧结特种陶瓷还有电场烧结、微波烧结、自蔓延高温合成烧结等新颖的烧结方法。

13.2 结构陶瓷简介

结构陶瓷又叫工程陶瓷。因其具有耐高温、高硬度、耐磨损、耐腐蚀、低膨胀系数、高导热性和质轻等优点,被广泛应用于能源、空间技术、石油化工等领域。结构陶瓷材料主要包括氧化物系统、非氧化物系统及氧化物与非金属氧化物的复合系统。

13.2.1 氧化物陶瓷

氧化物陶瓷是发展比较早的高温结构陶瓷材料,由于它们具有许多特点,在各方面得到应用。

1. 氧化铝陶瓷

氧化铝陶瓷是一种以 $\alpha-Al_2O_3$ 为主晶相的陶瓷材料,其 Al_2O_3 含量一般在 75% ~ 99% 之间,习惯以配料中 Al_2O_3 的百分含量来命名。

Al_2O_3 陶瓷根据不同类型,不同形状、大小、厚薄、性能等的要求,生产工艺也不尽相同,大体经过原料煅烧→磨细→配料→成型→烧结。烧结的方法主要有常压烧结和热压烧结两种。

Al_2O_3 陶瓷的主晶相为 $\alpha-Al_2O_3$,它在配方中的含量对 Al_2O_3 陶瓷的性能有显著影响。随着 Al_2O_3 含量的增加,陶瓷的烧成温度较高,机械强度增加,电容率,体积电阻率及导热系数增大,介电损耗降低。

Al_2O_3 陶瓷因其优越的性能而成为氧化物陶瓷中用途最广,产量最大的陶瓷材料,利用其强度高,硬度大等性能可作磨料、磨具、刀具和刮刀;纺织瓷件,球阀,轴承,喷嘴,缸套抽油阀门及各种内衬等;因其化学稳定性良好,可作化工和生物陶瓷,如人工关节,坩锅,载体及航空,磁流体发电材料等。

2. ZrO_2 陶瓷

ZrO_2 陶瓷是新近发展起来的仅次于 Al_2O_3 陶瓷的一种重要的结构陶瓷。在 ZrO_2 陶瓷制造过程中,为了预防其在晶形转变中因发生体积变化而产生开裂,必须在配方中加入适量的 CaO,MgO,Y_2O_3,CeO 等金属氧化物作为稳定剂,以维持 ZrO_2 高温的立方相,这种立方固溶体的 ZrO_2 称为全稳定 ZrO_2;当添加剂剂量不足时称部分稳定 ZrO_2。生产结构陶瓷,一般都采用部分稳定 ZrO_2。添加剂可加入一种,也可同时加入几种。一般来说,采用复合添加剂比单一添加剂效果更好。ZrO_2 陶瓷的制造方法通常有两种,一是添加剂直接加入法;二是预先生成部分(或全部)稳定的 ZrO_2 法。

ZrO_2 陶瓷具有密度大、硬度高、耐火度高,化学稳定性好的特点,尤其是其抗弯强度和断裂韧性等性能,在所有陶瓷中更是首屈一指的。因而受到重视。应用领域日益扩大,在绝热内燃机中,相变增韧 ZrO_2 可用作汽缸内衬,活塞顶等零件;在转缸式发动机中可用作转子。ZrO_2 陶瓷可用做耐磨、耐腐蚀零件、如采矿工业的轴承,化学工业用泥浆泵密封件、叶片和泵体,还可用作模具(拉丝模、拉管模等)、刀具喷嘴隔热件及原子反应堆工程用高温结构材料。完全稳定 ZrO_2 还可制成纤维毛毡等绝热材料。

13.2.2 非氧化物陶瓷

非氧化物陶瓷是由金属的碳化物、氮化物、硅化物和硼化物等制造的陶瓷总称。随着科学技术的不断发展,要求材料所具有的特性非常多。在结构材料领域中,特别是在耐热、耐高温结构材料领域中,希望能够出现在以往氧化物陶瓷和金属材料无法胜任的条件下使用的陶瓷材料。非氧化物陶瓷为此提供了可能性。如 Si_3N_4,SiC 可在高效率的发动机和燃气轮机中获得应用。在非氧化物陶瓷中,碳化物、氮化物作为结构材料而引人注目,是因为这些材料的原子键类型大多是共价键,所以在高温下抗变形能力强。

非氧化物不同于氧化物,在自然界很少存在,需要人工合成后按陶瓷工艺制成制品。在原料合成过程中,必须避免与 O_2 接触,否则会首先生成氧化物,而不是预期生成非氧化物。所以这些非氧化物原料的合成及其烧结都必须在保护气氛下进行,以免生成氧化物,影响材料的高温性能。

1. 氮化物陶瓷

它主要有 Si_3N_4,AlN,BN 和 $Sialon$ 陶瓷等。氮化物陶瓷制造工艺有以下几种,在碳存在的条件下用氮或氨处理金属氧化物;用氮或氨处理金属粉末或金属氧化物;以气相沉积氮化物;氨基金属的热分解等。

氮化硅 Si_3N_4 是共价键化合物,有两种晶形,即 α-Si_3N_4 和 β-Si_3N_4。前者为针状结晶体,后者为颗粒状结晶体,均属六方晶系。Si_3N_4 结构中氮与硅原子间键力很强,所以 Si_3N_4 在高温下很稳定。

Si_3N_4 陶瓷很难烧结,因此常用反应烧结,热等静压烧结,热压烧结等方法烧成。如用常压烧结则需加入适量的添加剂。Si_3N_4 作为结构材料具有下列特性:硬度大,强度高、热膨胀系数小,高温蠕变小;抗氧化性能好,可耐氧化到 1 400℃;热腐蚀性好,能耐大多数酸侵蚀;摩擦系数小,只有 0.1,与加油的金属表面相似。

由于 Si_3N_4 陶瓷的优异性能,它已在许多工业领域获得广泛应用,并有许多潜在用途。因其耐高温耐磨性能在陶瓷发动机、柴油机及航空发动机中做零部件,因其热震性好,耐腐蚀,摩擦系数小,热膨胀系数小的特点,在冶金和热加工工业中被广泛应用,如水平连铸中的分流环;因其耐磨耐腐蚀性好,导热性好的特点,广泛用于化学工业中,如密封环;因其耐磨,强度高,摩擦系数小,广泛用于机械工业上作轴承等滑动件。

Sialon 陶瓷　就是 Si_3N_4-Al_2O_3-SiO_2-AlN 系列化合物的总称,其化学式为 $Si_{6-x}Al_xN_{8-x}O_x$;x 为 O 原子置换 N 原子数。Sialon 即由 Si,Al,O,N 四个元素组成,但其基体仍为 Si_3N_4。Sialon 陶瓷因在 Si_3N_4 晶体中固熔了部分金属氧化物使其相应的共价键被离子键取代,因而具有良好的烧结性能。常用的方法有反应烧结、热等静压烧结和常压烧结等。

Sialon 陶瓷具有常温及高温强度很大,化学稳定性优异,耐磨性强,密度不大等诸多优良性能。因此用途广泛,如作磨具材料,金属压延或拉丝模具,金属切削刀具及热机或其它热能设备部件,轴承等滑动件等。

2. 碳化物陶瓷

碳化物陶瓷是以通式 Me_xC_y 来表示的一类化合物,具有高熔点、高强度、高导热率的特点。除少数外,均是电热的导体。下面简单介绍一下 SiC 陶瓷。

SiC 陶瓷为共价键化合物,它与 Si_3N_4 一样,也属难烧结物质,使用1%的 B 或 C 作烧结助剂,可达致密化。烧结方法主要有热压反应烧结,常压烧结等。

SiC 陶瓷共价键性极强,在高温状态下仍保持高的键合强度,强度降低不明显,且热膨胀系数小,耐腐蚀性优良,高温性能优越可用作耐火材料,隔热材料及热机零部件等。而在较低使用温度下,可有效利用材料的高强度耐磨,高热导率,低热膨胀特性,用作磨料轴承滑动件,密封件;因其有导电特性可做发热元件。

13.3　功能陶瓷简介

功能陶瓷是指具有电、光、磁及部分化学功能的多晶无机固体材料。其功能的实现主要取决于它所具有的各种性能,如电绝缘性、半导体性、导电性、压电性、铁电性、磁性、生物适应性、化学吸附性等。

13.3.1　铁电陶瓷

铁电陶瓷是具有铁电性的陶瓷材料,铁电性是指在一定温度范围内具有自发极化,在外电场作用下,自发极化能重新取向,而且电位移矢量与电场强度之间的关系呈电滞回线现象的特性。铁电性与力、热、光等物理效应相联系,因此铁电陶瓷广泛应用功能材料中。如压电陶瓷、铁电电容器陶瓷,热释电陶瓷等。

1. 压电陶瓷

压电陶瓷是具有压电效应的陶瓷材料,即能进行机械能与电能相互转变的陶瓷。压电陶瓷是铁电陶瓷经人工极化处理后获得的,表征压电陶瓷压电性的参数主要有,压电系数、机械品质因数(Q_m),弹性常数 S、机电耦合系数 K、频率常数 N 等,不同用途对材料的性能要求是不同的,如压电振子主要利用振子本身的谐振特性,要求压电、介电、弹性等性能稳定,机械品质因数高;换能器主要是将一种能量形式转换成另一种能量形式,要求机电耦合系数和品质因数高。压电陶瓷材料种类很多,常用的有:$BaTiO_3$,$PbTiO_3$,$Pb(Ti_{1-x}Zr_x)O_3$,简称 PZT 及三元系压电陶瓷。应用最广,研究最多的是 PZT 陶瓷。压电陶瓷主要应用在宇航、能源、计算机、微声等领域,如压电变压器,压电换能器,压电延迟线、压电滤波器、超声雾化器、超声马达、声纳、压电起博器、血压器等。

2. 热释电陶瓷

某些晶体由于温度变化而引起自发极化强度发生变化的现象称热释电效应。而具有热释电效应的陶瓷称热释电陶瓷。热释电效应的大小由热释电系数 P 来衡量,热释电系数越大,随温度变化产生的电压变化就越大,热释电陶瓷主要用于控测红外辐射,遥测表面温度及热再生热释电热机等方面。可制成各类红外控测器,热成像仪及陶瓷体温传感器等。对于用红外探测的热释电陶瓷,总希望热释电系数大,材料对红外吸收大。热容量小,这样受红外辐射后温升快,灵敏度高。制成热释电陶瓷所用主要材料有 $PbTiO_3$,PZT,PLZT 等。

3. 透明铁电陶瓷

70 年代初,哈尔特林和兰德在 PZT 固熔体中添加少量的 La_2O_3,而研制成功$(Pb,La)(Zr,Ti)O_3$(简称 PLZT)透明铁电陶瓷。这种陶瓷能为各种电光器件提供大面积、高透光性的低成本材料。这种透明铁电陶瓷材料不仅透光性好,而且还具有电控可变双折射效应;电控光散射效应;铁电电光效应等。这三种效应都是由电场控制电畴排列状态,使剩余极化强度 Pr 发生变化,相应地引起陶瓷光学性质的改变。由此可制成各种光贮存器、光闸、光调制器、光显视器、光滤波器等电光器件。广泛应用在光纤通信,集成光学、信息处理等领域。

13.3.2 敏感陶瓷

敏感陶瓷是某些传感器的关键材料之一,用于制作敏感元件,是根据某些陶瓷的电阻率,电动势等物理量对热、湿、光、电压及某种气体、某种离子的变化特别敏感这一特性,按其相应的特性,可把这些材料分别称作热敏、湿敏、光敏、压敏及气敏、离子敏感陶瓷。敏感陶瓷多属半导体瓷。

1. 热敏陶瓷

热敏陶瓷是一类电阻率随温度发生明显变化的材料,按阻温特性分为负温度系数(NTC)热敏陶瓷,正温度系数(PTC)热敏陶瓷,临界温度热敏电阻 C.T.R 及线性热敏电阻等。

PTC 热敏电阻主要是 $BaTiO_3$ 系陶瓷。通过对 $BaTiO_3$ 进行掺杂,并控制烧结气氛可获得晶粒充分半导化,晶界具有适当绝缘性 PTC 热敏陶瓷。PTC 陶瓷不仅可用来探测及控制某一特定温区或温度点的温度,也可作为电流限流器使用。属于这方面的应用有马达过热保护,液面深度探测,温度的控制和报警,以及用作非破坏性保险丝等。此外,根据其伏安特性和电流经时变化特性,还可用于定温加热器、彩电消磁器、马达起动器和延时开关等。

NTC 热敏电阻大多是用锰、钴、镍、铁等过渡金属氧化物按一定配比混合,采用陶瓷工艺制备而成,温度系数通常在-1% ~ -6% 左右。NTC 热敏电阻可广泛用于测温、控温、补偿、稳压以及延迟等电路及设备中,其优点是电阻值受氧的影响不大,在空气中稳定,灵敏度高,价格便宜。C.T.R 是指在某一特定温度电阻值急剧变化,这种变化具有再现性和可逆性,可用作温度开关和温度探测器。C.T.R 通常由 V 系氧化构成,临界温度可在 0 ~ 90℃ 之间调节。

2. 压敏陶瓷

压敏陶瓷是电阻值随加于其上的电压而灵敏变化的陶瓷材料。其工作原理基于所用压敏电阻材料的特殊的非线性伏安特性。制造压敏陶的材料有:SiC,ZnO,$BaTiO_3$,Fe_2O_3 等,其中以氧化锌压敏陶瓷性能最优。压敏电阻的用途很广,几乎渗透到各行各业,主要起过压保护和稳定电压的作用。

3. 气敏陶瓷

气敏陶瓷的电阻值随其所处的环境气氛而变。不同类型的半导体陶瓷,对某一类或某几种气体特别敏感,也称"电子鼻"。其气敏特性大多通过待测气体在陶瓷表面附着,产生某种化学反应,与表面产生电子交换等作用来实现的。其制造材料主要有:SnO_2 系、ZnO 系、Fe_2O_3 系等。主要用作气体报警、大气污染监测、燃烧控制等。

4. 湿敏陶瓷

湿敏陶瓷的电阻率或介电常数能随湿度变化而变化。其种类较多,它的组成有 $MgCr_2O_4$–TiO_2 系、ZnO–Li_2O–V_2O_5 系、TiO_2–V_2O_5 系等,主要用于湿度的检测和控制。

5. 光敏陶瓷

属半导体瓷,它在光的照射下吸收光能产生光电导或光生伏特效应。利用光电导效应来制造光敏电阻,可用于各种自动控制系统;利用光生伏特效应则可制造光电池,为人类提供新能源。光敏电阻的电阻材料常为 CdS 和 $CdSe$。

13.3.3 磁性陶瓷

磁性陶瓷主要是指铁氧体陶瓷,它们是以氧化铁和其它铁族或稀土族氧化物为主要成分的复合氧化物。按铁氧体的晶体结构可分为三大类:尖晶石型(MFe_2O_4);石榴石型($R_3Fe_5O_{12}$);磁铅石型($MFe_{12}O_{19}$)(M 为铁族元素,R 为稀土元素)。此外,还有钙钛矿,钨–青铜型等。按铁氧体的性质及用途又分为软磁、硬磁、旋磁、矩磁、压磁、磁泡、磁光及热敏等铁氧体。按其结晶状态可分为单晶和多晶体铁氧体;按其外观形态可分为粉末、薄膜和体材等。

1. 软磁铁氧体

它容易磁化,也易退磁。其特性是起始磁导率 μ_0 高;磁导率的温度系数 α_μ 要小;矫顽力 H_c 要小;比损耗因素 $tg\delta / \mu_0$ 要小;电阻率 β 要高。常用的软磁铁氧体有尖晶石型 Mn–Zn 铁氧体;Ni–Zn 铁氧体。主要用作各种电感元件,如天线的磁蕊、变压器磁蕊、滤波器磁蕊等,还大量用于制作磁记录元件等。

2. 硬磁铁氧体

硬磁铁氧体又称永磁铁氧体,是一种磁化后不易退磁能长期保留磁性的铁氧体,一般作为恒稳磁场源。通常要求具有高的矫顽力 H_c，高的剩余磁感应强度 Br 的特性。已知的硬磁铁氧体主要有 Ba 铁氧体（$BaO \cdot 6Fe_2O_3$），Sr 铁氧体（$SrO \cdot 6Fe_2O_3$）及它们的复合铁氧体。

3. 旋磁铁氧体

旋磁铁氧体又称微波铁氧体。在高频磁场作用下，平面偏振的电磁波，在铁氧体中按一定方向传播时，偏振面会不断绕传播方向旋转的一种铁氧体。常用的微波铁氧体有尖晶石型和石榴石型两大类。前者价格便宜，后者性能优良。微波铁氧体广泛应用于微波领域，用于制作雷达、电视、卫星、导弹系统方面的微波器件，如振荡器、衰减器、调制器等。

4. 矩磁铁氧体

矩磁铁氧体是指磁滞回线呈矩形且矫顽力较小的铁氧体。其材料有 Mn-Mg 系、Li 系等。主要用来做磁放大器和磁光存贮器、磁声存贮器等磁记忆元件。作为磁性记忆材料使用的，还有 γ-Fe_2O_3，Co-Fe_3O_4，Co-γ-Fe_2O_3，CrO_2 等铁氧体材料。用这些材料进行磁性涂层，可以制成磁鼓、磁盘、磁卡和各种磁带等，主要用作计算机外存储装置和录音、录像、录码介质及各种信息记录卡使用。

5. 压磁铁氧体

具有磁致伸缩效应的铁氧体称为压磁铁氧体，主要材料有 Ni-Zn，Ni-Ca，Ni-Mg 铁氧体等。由于其材料具有机电能量转换功能，因此多用作超声波换能器和接收器，机械滤波器和延迟线等。其优点是电阻率高，频率响应好，电声效率高。

6. 磁泡材料

所谓磁泡即铁氧体中的圆型磁畴从垂直膜面的方向看上去就像是气泡，固称磁泡。在磁泡材料上加以控制电路或磁路就能控制磁泡的产生、消失、传输、分裂及磁泡间的相互作用，实现信息的存储、记录和逻辑运算等功能。磁泡直径可控制在 $10 \sim 1\mu m$，因而可获得 $10^6 \sim 10^7 bit/cm^2$ 的信息存储密度。磁泡存贮器具有容量大、体积小、功耗小、可靠性高等优点。产生磁泡的材料有钙钛矿型的稀土正铁氧体单晶。石榴石型铁氧体和非晶态磁泡材料，其中石榴石型铁氧体的泡径小，迁移率高，是已实用化的磁泡材料。

7. 磁光材料

磁光材料主要用于制作磁光存储器，是利用磁光效应使磁性材料进行存储的一种磁性器件。磁性存储兼有磁存储和光存储的优点：可反复擦除可再写入；存储密度高达 $1.8 \times 10^8 bit/cm^2$，一张直径 30cm 的双面磁光盘，其技术容量达 400 千兆位；非接触的快速随机存储。磁光存储系统的品质因子可达 $10^{12} bit/s$ 以上，超过大容量磁存储器 $2 \sim 4$ 个数量级。

稀土铁石榴薄膜具有高的矫顽力，良好的热、化学稳定性及强的磁光效应等特点。稀土铁石榴石薄膜被认为是最具应用前景的下一代磁光记录材料。如日本 Fujitsu 公司于 1991 年推出以 BIRAG 溅射膜为磁光存储介质的磁光光盘，磁畴尺寸 $1.4\mu m$，对应于 $2 \times 10^7 bit/cm^2$ 的容量密度，随机存取时间为 $0.2\mu s$。

13.4　发展中的特种陶瓷

信息、能源、材料被誉为当代科学的三大支柱。特种陶瓷作为一种新材料，以其优异的性能在材料领域独树一帜,受到人们的高度重视,在未来社会中将发挥越益显著的作用,随着世界科学技术的不断进步,特种陶瓷材料必将获得惊人的发展。下面对特种陶瓷研究的一些热点进行简要的叙述。

13.4.1 纳米陶瓷材料

纳米材料研究是目前材料科学研究的一个热点。纳米材料从根本上改变了材料的结构,可望得到诸如高强度金属的合金、塑性陶瓷、金属间化合物以及性能特异的原子规模复合材料等新一代材料,为克服材料科学研究领域中长期未能解决的问题开拓了新的途径。纳米陶瓷研究始于80年代中期。所谓纳米陶瓷是指在陶瓷材料的显微结构中,晶粒、晶界以及它们之间的结合都处在纳米尺寸水平(<100 nm)。由于纳米陶瓷晶粒的细化,晶界数量大幅度增加,可使材料的强度、韧性和超塑性大为提高,并对材料的电学、热学、磁学、光学等性能产生重要的影响。

1. 纳米陶瓷粉体

它是介于固体与分子之间的具有极小粒径($1 \sim 100$nm)的亚稳态中间的物质。随着粉体的超细化,其表面电子结构和晶体结构发生变化,产生了块状材料所不具有的表面效应,小尺寸效应,量子效应和宏观量子隧道效应,具有一系列的物理化学物质,已在冶金、化工、电子、国防、核技术、航天、医学和生物工程等领域得到了越来越广泛的应用。

纳米陶瓷粉体制备是纳米陶瓷材料制备的基础。其制备方法主要分两类:物理方法和化学方法。物理方法包括蒸发冷凝法、高能机械球磨法。化学方法主要包括化学气相沉积法(CVD)、激光诱导气相沉积法(LICVD)、等离子气相合成法(PCVD)、沉淀法、溶胶–凝胶法、喷雾热解法、水热法等。如美国的Siegles采用蒸发–冷凝法制备的TiO_2粉体颗径为$5 \sim 20$nm。上海硅酸盐研究所采用化学气相沉积法制得了平均粒径为$30 \sim 50$nm的SiC纳米粉和平均粒为<35nm的无定形SiC/Si_3N_4纳米复合粉体。近几年来纳米陶瓷粉体的生产由实验室规模逐步发展为工业化批量生产规模。

2. 纳米陶瓷的成型与烧结

目前单相与复相纳米陶瓷材料制备工艺为:先对纳米级粉体加压成型,然后通过一定的烧结过程使之致密化。由于纳米粉体晶粒尺寸较小,具有巨大的表面积,因此在材料成型和烧结过程中易出现开裂的现象。除采用常规成型方法外,国际上正研究一些新的成型方法以提高素坯密度。如采用脉冲电磁场在Al_2O_3纳米粉体上产生持续几个微秒的$2 \sim 10$GPa压力脉冲,使素坯密度达到理论密度的62% $\sim$83%。

由于纳米陶瓷粉体的比表面积巨大,烧结时驱动力剧增,扩散速率增大,扩散路径变短,烧结速率加快,缩短了烧结时间。目前,纳米陶瓷的致密化手段已趋于多样化。除采用常压烧结外,还采用了真空烧结、热煅压、微波浇结等技术。为减缓烧结过程中晶粒的长大,常采用快速烧结的方法,如对用粒径为$10 \sim 20$nm的含钇ZrO_2纳米粉体制得的坯体烧结时,使升温降温速率保持在500℃/min,在1 200℃下保温2min,烧结密度即可达到理论密度的95%以上。整个烧结过程仅需7min。烧结体显微结构显示平均颗粒尺寸为120nm。

3. 纳米陶瓷材料的应用与发展前景

由于纳米颗粒有巨大的表面和界面,因而对外界环境如温度、光、湿、气等十分敏感。利用纳米氧化亚镍,FeO,CoO,Al$_2$O$_3$ 和 SiC 的载体温度效应可引起电阻变化的特性,可制造温度传感器;利用纳米氧化锌、氧化亚锡和 γ-Fe$_2$O$_3$ 的半导体性质,可制成氧敏传感器。

利用纳米材料的巨大表面和尺寸效应,可将纳米微粒构成轻烧结体,其密度只有原矿物的 1/10,用来制造各种过滤器、热交换器。

利用纳米材料的超塑性,使陶瓷材料的脆性得以改变,如纳米 TiO$_2$ 陶瓷在室温下就可发生塑性形变,在 180℃ 下塑性形变可达 100%。其硬度和强度也显著提高。

在陶瓷基体中引入纳米分散相并进行复合,不仅可大幅度提高其断裂强度和断裂韧性,明显改善其耐高温性能,而且也能提高材料的硬度、弹性模量和抗热震、抗高温蠕变等性能。如日本大阪大学产业研究所开发了高韧性复合材料,K$_{Ic}$ 大于 25MPa·m$^{1/2}$,在 0.3μm 的氧化铝和氮化硅中混合 50～100nm 的碳化硅并用 ϕ10μm 的碳素纤维。弯曲强度室温时为 750MPa,1 300℃ 时为 1 100MPa,1 500℃ 时为 650MPa,这种材料可用于汽轮机和陶瓷发动机以及各种工具。

纳米陶瓷材料研究尚属起步,有许多基本问题需要深入探索和研究,有许多工艺技术问题有待于解决。纳米陶瓷具有广泛的应用前景,纳米陶瓷材料的研究必将进一步推动陶瓷材料科学理论的发展。

13.4.2　梯度功能材料

1987 年日本科学家为了开发在高温环境下使用的、具有缓和应力功能的超耐热型材料,首先提出了梯度功能材料(FGM)的概念。其设计思想是在材料制备过程中,连续的控制材料的微观要素,使材料内部不存在明显的界面,以消除或降低材料中的残余应力,使之在同一时间内适应不同的使用环境。即在同一材料内从不同方向上由一种功能逐步连续分布为另一种功能的材料称梯度功能材料,简称梯度材料。

1. 梯度材料的分类

从材料组成的变化看,梯度材料可分为梯度功能涂覆型(即在基体材料上形成组成渐变的涂层)、梯度功能连接型(粘接在两个基体间的接缝组成的梯度变化)和梯度功能材料本身(组成从一侧到另一侧渐变的结构材料)。从材料的组合方式来看,梯度材料可分为金属/金属,金属/陶瓷,陶瓷/陶瓷等多种组合形式。从应用领域看,可分为以下几类。

耐热梯度材料　它是梯度材料的主要应用领域,以金属/陶瓷组合为主。主要应用航天工业和核能源等领域。如航天飞机机头尖端和机翼前沿所用的高强超耐热材料。

生物梯度材料　动物的牙、骨、关节等都是无机材料和有机材料的完美结合,重量轻、韧性好、强度高。用梯度功能制作的牙、骨、关节等可较好的接近上述要求。例如应用梯度功能材料制成的牙齿,埋入生物体内部的部分由多孔质且和人体有良好的相容性的陶瓷组成,由外向里气孔减少。露出的外部是硬度高的陶瓷,为保持强度中心的部分由高韧性的陶瓷组成。

电子工程梯度材料　梯度制造技术非常适合制造基板一体化,二维及三维复合型电子产品,通过控制基板和电子元件之间的倾斜组成可有效地解决两者易分离的固有缺陷,达到提高电子产品性能的目的。例如,压电双晶片、异质结半导体元件、高温超导体等。

光学工程梯度材料　在光学领域,梯度材料的典型例子是梯度折射率光导纤维,较传统的复合光纤具有明显的优越性,它所传输的光频带宽、距离远,适用于大容量、高密度、远距离的光学信号的传输。

2. 梯度功能材料的制备

梯度材料的制备方法很多,主要有气相沉积法、电沉积法、自蔓延高温合成法、等离子溅射法等。每种方法都有其自身特点,需视实际情况进行选择。例如气相合成法,通过控制弥散相的浓度,在厚度方向上实现组分的梯度化,适合于制备薄膜型及平板梯度材料。

3. 梯度功能材料的研究现状

虽然梯度材料产生的时间并不长,但它却引起各国科学家的关注。1987 年,日本制定了一个五年的研究计划,即"开发缓和热应力的梯度材料基础技术的研究",开发用于航天飞机和火箭发动机燃烧室中可缓和热应力的超耐热材料,至 1991 年成功地开发了热应力缓和型梯度材料,为日本 HPOE 卫星提供小推力火箭引擎和热遮蔽材料。由于该研究的成功,日本科技厅于 1993 年再次设立一个为期 5 年的研究项目"具有梯度功能结构的能量转换材料的研究",旨在将梯度材料推向实用化,并以开发高效率能量转换材料为主。1993 年美国国家标准技术研究所开展了一个目标为"开发超高温耐氧化保护层的梯度材料"大型研究项目。我国也将梯度材料的研究与开发列入国家高技术"863"计划。由此可见,梯度材料已成为当今材料科学研究的前沿课题。

13.4.3 智能材料

同时具备自检查功能(传感器功能),信息处理功能以及指令和执行功能的材料称为智能材料。它具有自诊断、自调节、自修复等功能。目前主要有两种机制,一是将上述各种功能在一个单元中融合在一起,可用凝胶法、LB 制膜技术等化学方法制成生物体信息的神经细胞型智能材料;二是称多层薄膜形智能材料,即在分子或原子水平上做成多层薄膜,可利用离子技术、激光加工或光刻技术制作而成,每层的功能为各不相同的智能材料。

当前,智能材料的研制新工艺有 MBE(分子束外延)、离子化学、离子工学、激光技术以及 LB 膜成形技术等。这些新技术的发展促进了智能材料的开发并广泛应用于医药、生物工程、高分子、半导体、陶瓷、绝缘材料和金属领域。例如,在多晶陶瓷中注入 N^{3+},Zr^{4+},Ti^{3+} 等离子后能解决与人体肌肉或血管的亲和性问题;智能人造陶瓷骨采用机械或电子的方法刺激人骨,以促进人骨的成长或治疗骨折。

1991 年,日本科学技术厅开始着手智能材料的研究计划,日本无机材质研究所是用氧化锆材料,利用热和压力变化时的相变,从原料到烧结过程中准备制成复合组织,日本理学研究所是利用气体、液体、固体中间相的特性来研究智能材料的。

为进一步开发智能材料,今后值得探索的课题是,在分子领域内对能量转换和供给的控制;分子结构、晶体结构、无序结构以及电子态的变化和相变;研究中间态、准平衡态、无序态和群集等的亚稳态;研究内部的传感功能,程序功能,相互作用的效应功能。

13.4.4 环境调和材料

环境调和材料是在 1988 年第 1 届 IVMRS 国际会议(东京)上首先提出的。环境调和材料(以下简称环境材料)是指与生态环境和谐或能共存的材料,日本的铃木、山本等提出,环境负担最小,而再循环利用率最高的材料称为环境材料。其类型为材料生产过程中产生污染少,所需能源少,资源消耗少的材料,简称为节能材料;材料或物质使用后可再循环利用,简称为再循环材料;可净化或吸附有害物质的材料或物质,简称为净化材料;可促进健康或抗菌的材料或物质,简称为增进健康材料;调光、调温、调湿材料;防射线及吸波材料,简称调节环境材料(包括树木)。又把净化材料,调节环境材料,再循环材料及节省能源资源,对环境负荷最小并与生态环境和谐的材料称为绿色材料;有益健康、抗菌的材料称为红色材料;利用太阳能、地能、氢能、核能、燃料电池等新型能源的材料称为能源材料。下面仅就净化材料和增进健康材料做一下简单介绍。

净化材料中的陶瓷吸附材料主要以方石英和火山灰为主要成分,具有吸臭、吸湿和增加活性等特性,可用于包装袋、尿布等、还可增加农用土壤的活力;而除臭铁多孔体是用粒度为 $10\mu m$ 的铁粉涂覆在基甲酸乙酰泡沫塑料上,在 $1\,300℃$ 烧成而得。其比表面为 $0.2m^2/g$,密度为 $0.8g/cm^3$。由于 Fe 的还原能力强,可长期稳定,除臭速度快,寿命长,可用于冰箱,洗手间内,也可应用于室内。

增进健康材料中的常温远红外陶瓷可提高空气和水的活性。日本发明了一种由远红外陶瓷制成的内墙板,使用这种材料的室内空气被活化,与高原环境类似。日本还利用松柏的芳香和远红外陶瓷的温热效应研制了具有森林气氛的寝具。

普通水的 pH 值为 7,用远红外光照射 20h 后其 pH 值变为 8.3,呈弱碱性,称之为活性水。弱碱性离子水有益健康,因此净化水时除加活性炭外,最好加部分远红外放射体,以提高水的活性。此外,许多日常用品如鞋垫、口罩、毛巾、手套、护膝等,都可用远红外陶瓷。

其抗菌材料是利用 TiO_2 加水分解、氧化或还原特性,以及银离子或铜离子的抗菌效果制成的。日本东陶已首先在抗菌性陶瓷面砖中引入了 TiO_2,其抗菌、防臭效果良好,可用于医院、食品厂及住宅。可以预见,环境材料的科学技术及其生产将成为 21 世纪人类生存及发展的基础。

第十四章 气硬性胶凝材料

14.1 石膏胶凝材料

石膏是一种应用历史悠久的胶凝材料,在化工、医药、工艺美术、建筑材料工业等方面有着广泛的用途。石膏胶凝材料包括建筑石膏、高强石膏、硬石膏水泥等,本节将要介绍石膏胶凝材料的一些基本问题。

14.1.1 石膏胶凝材料的原料

生产石膏胶凝材料的原料有天然二水石膏、硬石膏和工业副产石膏。

1. 天然二水石膏

天然二水石膏简称石膏,又称生石膏,是由含两个结晶水的硫酸钙($CaSO_4 \cdot 2H_2O$)所复合组成的沉积岩石。属于单斜晶系,晶体呈板状、少数呈柱状,通常成致密块状、粒状、纤维状或土状集合体,常见燕尾双晶。结晶结构见图14-1。其理论质量组成为

$CaO32.57\%$,$SO_346.50\%$,$H_2O20.93\%$

天然二水石膏多呈白色,常因含有粘土、碳酸盐及有机质等杂质而呈灰、褐、灰黄及淡红等色。硬度(莫氏)2,密度 2.03 ~ 2.33,主要有以下五种形态:

透明石膏:质纯无色的透明晶体;

雪花石膏:雪白色细粒块状,半透明;

纤维石膏:纤维状具丝绢光泽或半丝绢光泽;

普通石膏:致密块状,光泽暗淡;

土　石　膏:质软土状。

天然二水石膏按其二水硫酸钙百分含量的多

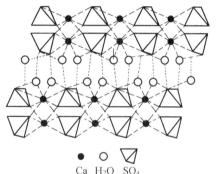

● ○ ▽
Ca H₂O SO₄

图 14-1　二水石膏的结晶结构

少,划分为五个等级(表14-1)。

表 14-1　天然二水石膏的等级

等　　级	一	二	三	四	五
$CaSO_4 \cdot 2H_2O(\%)$	≥95	94 ~ 85	84 ~ 75	74 ~ 65	64 ~ 55

通常,二级以上的二水石膏用来生产高强建筑石膏,四级以上的用来生产普通建筑石膏。

2. 天然硬石膏

天然硬石膏又称无水石膏,主要是由无水硫酸钙($CaSO_4$)组成的沉积岩石。属于斜

方晶系,晶体呈柱状或厚板状,常为致密块状或粒状集合体。

天然硬石膏其理论质量组成为 CaO41.19%,SO₃58.81%,多呈白色,含杂质时灰白、浅灰、灰黑色、偶见无色透明晶体。硬度(莫氏)3.0~3.5,密度2.90~3.00。硬石膏的矿层一般位于二水石膏层下面,通常在矿物水作用下变成二水石膏,在天然硬石膏中有时含有 5%~10% 以上的二水石膏。

3. 工业副产石膏

工业副产石膏系指某些化工生产过程中,所产生的以硫酸钙为主要成分的副产品,经适当处理后,也可作为石膏胶凝材料的原料。常见的品种有:

(1)磷石膏

磷石膏是合成洗衣粉厂、磷肥厂采用氟磷灰石[Ca₅F(PO₄)₃]生产磷酸时的工业副产品。其反应式

$$Ca_5F(PO_4)_3 + 5H_2SO_4 + 10H_2O \longrightarrow 3H_3PO_4 + 5CaSO_4 \cdot 2H_2O + HF$$

将磷酸分离出来之后,所剩残渣就是磷石膏,其主要成分是二水石膏,含量可达85%以上,常含有少量的磷酸、氟和不熔性残渣。

(2)氟石膏

氟石膏是采用萤石粉(CaF₂)和硫酸生产氢氟酸时的工业副产品。其反应式

$$CaF_2 + H_2SO_4 \longrightarrow CaSO_4 + 2HF\uparrow$$

HF 气体经冷凝收集成氢氟酸,剩余的 CaSO₄ 残渣就是氟石膏。为白色粉状,常常残留一定数量的硫酸或氟化氢,呈酸性,腐蚀性很强,故一般要用石灰进行中和。

此外,氨碱法制碱过程中排出的废渣经废硫酸中和形成排烟脱硫石膏,用海水制盐的副产品盐石膏,亦可作为胶凝材料的原料。

14.1.2 石膏的各种相变体

石膏胶凝材料一般采用二水石膏为原料,在一定条件下进行加热脱水而制备。根据不同的热处理条件,会得到各种半水和无水石膏相变体。

目前,对于各种相变体的转化温度尚无统一看法,常见的脱水转变图如图14-2所示。二水石膏在加压水蒸气条件下加热至120℃~140℃,脱水成 α-半水石膏,继续加热至200℃~230℃转化为 α-无水石膏Ⅲ;二水石膏在干燥空气中加热至110℃~170℃,则脱水形成 β-半水石膏,继续加热至200℃~360℃,转化为 β-无水石膏Ⅲ。无水石膏Ⅲ在温度400℃以上转化为无水石膏Ⅱ。温度为1180℃时无水石膏Ⅱ转化为无水石膏Ⅰ。

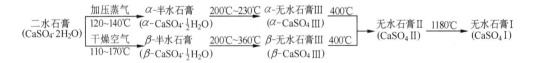

图14-2 石膏的脱水转变图

α-半水石膏,亦称高强石膏,β-半水石膏又称建筑石膏,均呈菱形结晶,微观结构上没有本质差别。但是作为石膏胶凝材料,二者的宏观特性却相差很大。例如,标准稠度需

水量，α–半水石膏约为0.40～0.45，而β–半水石膏则为0.70～0.85；又如，试件的抗压强度，前者可达24.0MPa～40.0MPa，而后者只有7.0MPa～10.0MPa。对此，许多学者进行了一系列的研究工作，揭示它们两者之间的差别所在。

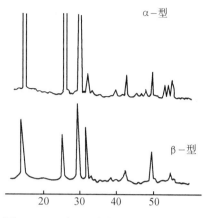

图14-3　α–与β–半水石膏的X射线衍射图

1. 在结晶形态上的差别

用扫描电镜观察表明，α–半水石膏是致密的、完整的、粗大的原生颗粒，而β–半水石膏则是片状的、不规则的、由细小的单个晶粒组成的次生颗粒。X–射线衍射表明，它们的谱线（图14-3）基本上是一致的，说明它们在晶体结构上差别不大，但是α–半水石膏的特征峰要比β–半水石膏强，说明前者的结晶度要完整些。比较密实的α–半水石膏与比较疏松的β–半水石膏的差别也表现在它们的密度和折射率两个指标上，如表14-2所示。

表14-2　半水石膏的密度和折射率

类　　别	密　　度	折　射　率	
		n_g	n_p
α–	2.73～2.75	1.584	1.559
β–	2.62～2.64	1.550	1.556

2. 在晶粒分散度方面的差别

用小角度X射线散射法分别测定过α–和β–半水石膏的内比表面积，并确定了晶粒的平均粒径，其结果如表14-3所示，可以看出，β–半水石膏的内比表面积要比α–半水石膏的内比表面积大得多。

表14-3　α–和β–半水石膏的内比表面积

类　　别	内比表面积(m^2/kg)（用小角度X射线测定）	晶粒平均粒径(nm)
α–	19 300	94
β–	47 000	38.8

3. 在水化热方面的差别

试验表明，α–半水石膏完全水化为二水石膏时的水化热为17 200±85J/mol，而β–半水石膏的水化热为19 300±85J/mol，后者比前者要大2 100J/mol。

4. 在差热分析方面的差别

图14-4绘出α–、β–半水石膏的差热曲线。它表明β–半水石膏、α–半水石膏均在190℃左右有一个相同的吸热峰，前者在370℃左右有一个放热峰，而后者的放热峰却在230℃左右。190℃左右的吸热峰表示半水石膏脱水转变为无水石膏Ⅲ。而放热峰370℃（或230℃），则表示无水石膏Ⅲ向无水石膏Ⅱ的转变。说明α–半水石膏在继续加热时，

转变为无水石膏Ⅱ的温度要比β-半水石膏低。

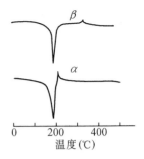

图 14-4　半水石膏
的差热曲线

综上所述,β-半水石膏和α-半水石膏在宏观性能上的差别,主要是由于亚微观上即晶粒的形态、大小以及聚集状态等方面的差别。前者结晶度较差,常为细小的纤维状或片状聚集体,内比表面积较大。而后者结晶比较完整,常呈短柱状,晶粒较粗大,聚集体的内比表面积较小。因此,前者的水化速度较快,水化热高,需水量大,硬化体的强度低,而后者则与之相反。

α-、β-无水石膏Ⅲ又称可溶性硬石膏Ⅲ。它们的微观结构与半水石膏相似。某些学者认为无水石膏Ⅲ的晶格中尚残留微量的水,提供的数据表明 α-无水石膏Ⅲ晶格中残留水为 0.02% ~0.05%,而β-无水石膏Ⅲ晶格中残留水为 0.6% ~0.9%。半水石膏脱水成无水石膏Ⅲ的反应是可逆的,无水石膏Ⅲ很容易吸水水化成半水石膏,甚至经过半水石膏阶段再形成二水石膏,而其水化速度比半水石膏快。

无水石膏Ⅱ又称不溶性硬石膏Ⅱ,它在 400℃ ~1 180℃温度范围内是一个稳定相。其晶粒的大小、密实度和连生程度与煅烧温度有关。具有一定的水化反应能力。

无水石膏Ⅰ只有在温度高于 1 180℃时才是稳定的。由于高温测试技术的困难,对无水石膏Ⅰ结晶结构的研究较少。

14.1.3　半水石膏的水化和硬化

半水石膏加水后进行的化学反应可用下式表达

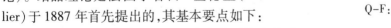

$$CaSO_4 \cdot \frac{1}{2}H_2O+1\frac{1}{2}H_2O \Longrightarrow CaSO_4 \cdot 2H_2O+17.17 \sim 19.26kJ$$

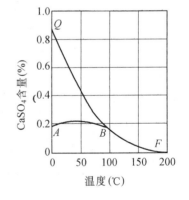

常温条件下半水石膏比二水石膏在水中的溶解度大得多。如 20℃时半水石膏的溶解度为 8.85g/l 左右,而二水石膏的溶解度为 2.04g/l 左右(图 14-5)。半水石膏的溶解度随温度升高而明显降低,二水石膏的溶解度随温度升高变化不大。在 100℃ 左右二水石膏与半水石膏的溶解度趋于一致,也即 100℃ 是 $CaSO_4 \cdot 2H_2O - CaSO_4 \cdot \frac{1}{2}H_2O$ 的转变温度。

图 14-5　石膏溶解度曲线

A—B: $CaSO_4 \cdot 2H_2O$

Q-F: $\alpha-CaSO_4 \cdot \frac{1}{2}H_2O$

长期以来,对半水石膏的水化硬化机理做过大量研究工作,归纳起来,主要有两种理论:一种是结晶理论(或称溶解析晶理论);一种是胶体理论(或称局部化学反应理论)。结晶理论是法国学者吕—查德里(H·Le-Chate-lier)于1887年首先提出的,其基本要点如下:

1. 半水石膏首先溶解形成不稳定的过饱和溶液;

2. 半水石膏在溶液中水化生成二水石膏;

3. 半水石膏的溶解度约为二水石膏的 5 倍,溶液对二水石膏是高度过饱和的,因而产生二水石膏结晶沉淀;

4. 二水石膏结晶,促使半水石膏继续溶解,继续水化;

5. 二水石膏晶体互相交叉连生而形成网络结构使浆体硬化并具有强度。

胶体理论则认为半水石膏首先在水中溶解,在转化为二水石膏晶体之前,半水石膏与水生成某种吸附络合物和某种凝胶体。

鲁德维希(U・Lud wing)采取测定半水石膏水化过程中电导率和温升变化的方法,对α-半水石膏和β-半水石膏水化进行研究。他得出结论:半水石膏加水后溶解于水并达到饱和,出现一个诱导期,饱和度在整个诱导期保持不变,在此期间形成晶核。晶核达到临界尺寸就很快发生结晶,生成二水石膏。图14-6是电导率和温升的实测曲线,由图中可见,半水石膏遇水很快溶解,电导率达到最大,几乎是二水石膏饱和溶液电导率的两倍。这说明,溶液浓度对于二水石膏来说是高度过饱和的。但是在某一时间间隔内,电导率基本稳定不变,说明二水石膏尚未迅速结晶,此阶段称作形成二水石膏晶核的诱导期;水灰比增大诱导期略有延长。随后,电导率突然降低,温度随之升高,可认为晶核一旦达到某一临界值,二水石膏就很快结晶析出。当结晶接近完成,电导率则保持一个较低的稳定值,温升停止,并逐渐降温。上述试验结果,可以得出如下结论,半水石膏与水接触很快形成二水石膏的过饱和溶液。由于溶液是过饱和的,所以二水石膏的结晶过程将是一个受控制的成核过程。为了使晶体自发长大,晶核的大小必须有一个临界值。只有在某一过饱和度下,产生晶核的能量达到一个临界值时,晶核才能增长到临界值。

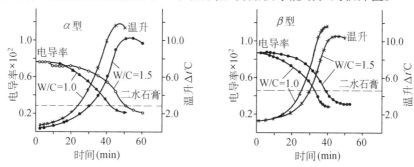

图14-6 半水石膏水化过程中电导率
和温升曲线(电导率的单位 $\Omega^{-1} \cdot cm^{-1}$)

石膏浆体硬化并形成具有强度的人造石,一般认为其结构变化经历两个阶段,即凝聚结构形成阶段和结晶结构网的形成和发展阶段。在凝聚结构形成阶段,石膏浆体中的微粒彼此之间存在一个薄膜,粒子之间通过水膜以范德华分子引力互相作用,仅具有低的强度,这种结构具有触变复原的特性。在结晶结构网的形成和发展阶段,水化物晶粒已大量形成,结晶不断长大,且晶粒之间互相接触和连生,使整个石膏浆体形成一个结晶结构网,具有较高的强度,并且不再具有触变复原的特点。

尤为指出的是,石膏浆体在其自身硬化过程中,存在着结构的形成和结构的破坏这一对矛盾,其影响因素是多方面的,但是最本质的因素是与过饱和度有关。过饱和度较高时液相中形成的晶核数量多,晶粒细小,因而产生的结晶接触点多,容易形成结晶结构网,反之,过饱和度较低则液相中形成的晶核数量少,晶粒粗大,因而结晶接触点也较少,形成同等结晶结构网所消耗的水化物较多。在初始结构形成以后,水化物继续生成,有利于结晶结构网的密实强化。但是,当达到某一限度值后,若过饱和度仍然过大,水化物势必会继续增加,就会对已经形成的结晶结构网产生一种内应力(称为结晶应力),当结晶应力大于结构所能承受的限度时,就会导致结构破坏。此外,在结晶接触点的区段,晶格不可避免地发生歪曲和变形,因此,它与规则晶体比较,具有较高的溶解度。所以,在潮湿条件下,产生接触点的溶解和较大晶体的再结晶,也会明显地影响石膏硬化浆体的结构强度。实际生产中,应注意控制石膏的质量和细度、养护温度、水灰比以及外加剂的种类和掺量,从而保证石膏制品的质量。

14.1.4 建筑石膏的性能和应用

1. 建筑石膏的主要性能

建筑石膏的密度通常为 2.5~2.7,体积密度为 800kg/m³~1000kg/m³。其技术要求有强度、细度和凝结时间。并按强度和细度划分等级(表 14-4)。建筑石膏的初凝时间应不小于 6min,终凝时间应不大于 30min。

表 14-4　建筑石膏各等级的强度和细度数值

等　级	优等品	一等品	合格品
抗折强度(MPa)	2.5	2.1	1.8
抗压强度(MPa)	4.9	3.9	2.9
细　度 0.2mm 方孔筛筛余(%)不大于	5.0	10.0	15.0

注:表中强度为 2h 的强度值。

建筑石膏主要具有以下性能:

凝结硬化快　加水搅拌后,几分钟内便开始失去可塑性。为满足施工操作的要求,一般均需加硼砂和柠檬酸、亚硫酸盐纸浆废液等做缓凝剂。

凝结硬化时体积微膨胀　凝结硬化初期的这种体积微膨胀(约 0.5%~1.0%),使制得的石膏制品表面光滑、细腻、尺寸精确、形体饱满,因而装饰性好。

孔隙率高、体积密度小　建筑石膏在拌合时,为使浆体具有施工要求的可塑性,需加入 60%~80% 的用水量,而建筑石膏水化的理论需水量为 18.6%,故大量多余的水造成了建筑石膏制品的多孔的性质(孔隙率可达 50%~60%),并且体积密度小(800kg/m³~1 000kg/m³)。

保温性、吸声性好　孔隙率大且均为微细的毛细孔,故导热系数小、保温性与吸声性好。具有一定的调温调湿性。

强度较低　2h 强度为 3MPa~6MPa,7d 为 8MPa~12MPa。

防火性好　因其导热系数小,传热慢,且二水石膏脱水产生的水蒸气能延缓火势的蔓延。

抗渗性、耐水性、抗冻性差　因孔隙率大,并且二水石膏可以微溶于水。软化系数 Kp 为 0.2~0.3。

2. 建筑石膏的应用

建筑石膏由于具有较好的性能,因而广泛用于较高级的室内抹灰、粉刷以及制作各种板材,如纸面石膏板、装饰石膏板、吸声用穿孔石膏板、纤维石膏板以及空心石膏板等。

14.2　石　灰

石灰通常是生石灰、熟石灰的统称。在国民经济的许多行业中占有重要地位,限于篇幅本节仅介绍在建筑工程和在建材工业中所使用的石灰。

14.2.1　石灰的原料和石灰的技术要求

1. 石灰的原料

石灰是以碳酸钙($CaCO_3$)为主要成分的原料(如石灰石、白垩等),经过高温下适当的煅烧,尽可能分解和排出二氧化碳所得的成品。其主要成分是氧化钙(CaO)。

在自然界中,碳酸钙矿物有两种,即方解石和文石。纯净的方解石透明至半透明,一般呈无色或白色。三方晶系,晶形复杂,常见者为菱面体接触双晶和聚片双晶,密度2.715,硬度(莫氏)3。文石呈无色、白色或琥珀黄色(半透明至透明),斜方晶系,晶体呈柱状、针状,密度2.940,硬度(莫氏)3.5~4。

石灰石主要是由方解石组成的一种碳酸盐类沉积岩,其结构、杂质成分和含量,以及这些杂质在石灰石中分布的均匀程度都会影响石灰的生产过程和质量。通常,以含粘土杂质(SiO_2+R_2O)不大于8%的石灰石煅烧,所得产品为气硬性石灰。当粘土杂质含量大于8%时,所得石灰具有一定的水硬性,为水硬性石灰,水化速度极慢。目前,我国只生产气硬性石灰。

煅烧石灰的常用原料有下述几种:

致密石灰石　即普通石灰石,是煅烧石灰最常用的一种原料。它的$CaCO_3$含量一般不少于90%,由于其结构比较致密坚硬,因而煅烧温度较高。

大理石　是含$CaCO_3$最多的岩石,一般直接用作装饰材料。某些不适宜作装饰材料的大理石以及大理石碎块,可用来烧制石灰,其成分几乎是化学纯的CaO。

鲕状石灰石　又称鱼卵石,是由一些球形石灰石粒粘结而成,其机械强度较低,比较少见,也可以用来生产石灰。

石灰华　是一种多孔石灰石,系由碳酸氢钙遇水分解放出CO_2而成。

贝壳石灰石　是由大小不一的贝壳粘合而成的松软石灰岩,其机械强度和硬度均低,很难在立窑中煅烧,故应选用回转窑煅烧。

白垩　由小动物的外壳、贝壳堆积而成,含$CaCO_3$高,结构疏松,容易粉碎,宜用回转窑煅烧。

除上述天然原料外,还可以利用含CaO量高的工业废渣,如电石渣[主要成分$Ca(OH)_2$]以及氨碱法制碱的残渣(主要成分$CaCO_3$)来生产石灰。

2. 石灰的技术要求

按石灰中氧化镁含量将生石灰、生石灰粉划分为钙质石灰($MgO<5\%$)和镁质石灰($MgO\geqslant5\%$);按消石灰中氧化镁含量将消石灰粉划分为钙质消石灰粉($MgO<4\%$)、镁质消石灰粉($4\%\leqslant MgO<24\%$)和白云石消石灰粉($24\%\leqslant MgO<30\%$)。按石灰中($CaO+MgO$)的含量、产浆量或细度等,将生石灰、生石灰粉、消石灰粉划分为优等品、一等品、合格品三等。各等级要求见表14-5、表14-6和表14-7。

表 14-5 建筑生石灰各等级的技术指标（JC/T479—92）

项 目	钙质生石灰			镁质生石灰		
	优等品	一等品	合格品	优等品	一等品	合格品
（CaO+MgO）含量,% ,不小于	90	85	80	85	80	75
未消化残渣含量（5mm 圆孔筛余）,% ,不大于	5	10	15	5	10	15
CO_2 含量,% ,不大于	5	7	9	6	8	10
产浆量,L/kg,不小于	2.8	2.3	2.0	2.8	2.3	2.0

表 14-6 建筑生石灰粉各等级的技术指标（JC/T480—92）

项 目		钙质生石灰			镁质生石灰		
		优等品	一等品	合格品	优等品	一等品	合格品
（CaO+MgO）含量,% ,不小于		85	80	75	80	75	70
CO_2 含量,% ,不大于		7	9	11	8	10	12
细度	0.90mm 筛余量,% ,不大于	0.2	0.5	1.5	0.2	0.5	1.5
	0.125mm 筛余量,% ,不大于	7.0	12.0	18.0	7.0	12.0	18.0

表 14-7 建筑消石灰粉各等级的技术指标（JC/T481—92）

项 目		钙质消石灰粉			镁质消石灰粉			白云石消石灰粉		
		优等品	一等品	合格品	优等品	一等品	合格品	优等品	一等品	合格品
（CaO+MgO）含量,% ,不小于		70	65	60	65	60	55	65	60	55
游离水,%		0.4~2	1.4~2	0.4~2	0.4~2	0.4~2	0.4~2	0.4~2	0.4~2	0.4~2
体积安定性		合格	合格	合格	合格	合格	合格	合格	合格	合格
细度	0.9mm 筛余量,% ,不大于	0	0	0.5	0	0	0.5	0	0	0.5
	0.125mm 筛余量,% ,不大于	3	10	15	3	10	15	3	10	15

14.2.2 石灰石的煅烧

1. 碳酸钙的分解反应

由石灰石煅烧成石灰,实际上是碳酸钙（$CaCO_3$）的分解过程,其反应式如下

$$\mathrm{CaCO_3 + 178kJ \Longleftrightarrow CaO + CO_2 \uparrow}$$

$CaCO_3$ 分解时,每 100 份质量的 $CaCO_3$ 可能得到 56 份质量的 CaO,并失去 44 份质量的 CO_2。

$CaCO_3$ 分解反应是吸热反应,依据反应式可知,分解 1kg 的 $CaCO_3$ 理论上需要热量 1 780kJ。

$CaCO_3$ 的分解反应又是一个可逆反应,根据反应温度和周围介质中的 CO_2 分压不同,反应可以向任一方向进行。当周围介质中的 CO_2 分压等于该温度下 $CaCO_3$ 的分解压力时,分解反应达到了动平衡状态,因此,为了使分解反应向正方向进行,必须适当提高温度,使 $CaCO_3$ 分解压力(即 CO_2 分压)高于周围介质中 CO_2 分压,或者及时排除 CO_2 气体,以降低周围介质中的 CO_2 分压,使其压力小于该温度下 $CaCO_3$ 的分解压力。

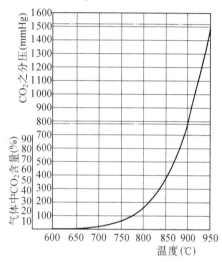

图 14-7 $CaCO_3$ 分解压力与温度的关系

图 14-7 绘出 $CaCO_3$ 的分解压力与温度的关系。横坐标表示温度,纵坐标表示 CO_2 分压和周围介质中 CO_2 的体积百分数,两条虚线分别表示 1atm 和 2atm。由图可见,$CaCO_3$ 在 600℃ 左右已开始分解,800℃ ~850℃ 时分解加快,到 898℃ 时,分解压力达到 1atm,通常,就把这个温度作为 $CaCO_3$ 的分解温度。继续提高温度,分解速度将进一步加快。

2. 石灰石的煅烧过程

在实际生产中,为了加快石灰石的煅烧过程往往采用更高的温度,且应随着石灰石的致密程度、块度大小、杂质含量及成分以及窑型等作相应的变化。通常,在生产中石灰石的煅烧温度控制在 1 000℃ ~1 200℃ 或更高些。

煅烧时热量从石灰石料块表面向内部传递,料块越致密、块度越大,煅烧温度越高。石灰石中的粘土杂质(SiO_2)、酸性氧化物(Al_2O_3、Fe_2O_3)在石灰石煅烧过程中能与 CaO 发生固相反应,生成 β 型硅酸二钙(β-C_2S)、铝酸一钙(CA)和铁酸二钙(C_2F)。粘土杂质的存在会对煅烧制度产生明显的影响,降低煅烧温度。石灰石中所含的菱镁矿杂质,其分解温度比 $CaCO_3$ 低得多,在 600℃ ~650℃ 时分解很快,此时所得的 MgO 具有良好的消化性能。若温度过高,则所得 MgO 结构致密,甚至成为方镁石结晶,降低消化性能。故当石灰石中菱镁矿含量增加时,在保证 $CaCO_3$ 分解完全的前提下,尽可能降低煅烧温度。

石灰的"活性"即其与水反应的能力,主要由石灰的内比表面积和晶粒尺寸大小所决定。当正常煅烧石灰石时,平均要分解出 40% 左右的 CO_2 气体,而其外观体积比煅烧前仅有 10% ~15% 的收缩,因此,烧成的石灰呈多孔结构。提高煅烧温度或延长煅烧时间将使多孔结构破坏,石灰颗粒增大,内比表面积减小。图 14-8 绘出 $CaCO_3$ 在不同温度下烧成的石灰其内比表面积随煅烧时间的变化曲线。由图可见,随着煅烧温度提高和煅烧时间延长,石灰的内比表面积将逐渐缩小。

布特(Ю・М・Бутт)通过实验测得了不同煅烧温度时的 CaO 晶粒尺寸,其结果如下,900℃时晶粒尺寸为$0.5\mu m \sim 0.6\mu m$；1 000℃时为$1\mu m \sim 2\mu m$；1 100℃时为$2.5\mu m$；1 200℃时,起初晶粒增大到$6\mu m \sim 13\mu m$,然后晶粒相互连生在一起；1 400℃或更高温度时,经过长时间恒温煅烧得到完全烧结的CaO,这就是通常所说的死烧。

过烧或死烧石灰的内部多孔结构变得致密,CaO晶粒变得粗大,消化时与水反应的速度极慢,以至在使用以后才发生水化作用,于是将产生膨胀而引起崩裂或隆起等现象。反之,若煅烧温度过低或时间太短将引起生烧或欠烧,欠烧石灰不能消解,故影响石灰的产浆量。

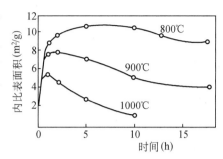

图 14-8　$CaCO_3$ 在不同温度煅烧时煅烧时间与石灰内比表面积的关系

14.2.3　石灰的消化

1. 石灰的消化反应

煅烧后的生石灰呈块状,使用时应将其变成粉末状,通常,可利用其与水发生反应时能自动松散的特性将其变成干的粉末。这一反应过程称作石灰的消化。生石灰消化后变成熟石灰,故石灰的消化也称为熟化。石灰消化的化学反应式如下

$$CaO + H_2O \Longleftrightarrow Ca(OH)_2 + 64.9kJ$$

分析石灰消化反应过程。可概括出如下几个特点：

反应可逆　反应方向取决于温度及周围介质中水蒸气的压力。在常温下,反应向右方进行。在547℃时,$Ca(OH)_2$分解的水蒸汽压力达到1atm,反应向左方进行,即$Ca(OH)_2$分解为CaO和H_2O。在较低温度下,$Ca(OH)_2$也可能发生部分分解。如果在密闭容器中消化生石灰,因水蒸气压力高于$Ca(OH)_2$分解的水蒸气压力,即使温度较高,也不致引起$Ca(OH)_2$分解。

反应放热　由于生石灰呈多孔结构,内比表面积极大,CaO的晶粒尺寸极细,因此,它具有强烈的水化反应能力。依据反应式可知,每消化1kg生石灰,理论放热量达1 159kJ。石灰不但水化热大而且放热速度也快。从表14-8可知,石灰水化时放出的热量是半水石膏的10倍。最初1h所放出的热量几乎是硅酸盐水泥1d放热量的9倍,是28d放热量的3倍。

表 14-8　几种胶凝材料水化时放出的热量及放热时间

胶凝材料种类	放热时间	热量(J/g)
生　石　灰	1h	1 159
半　水　石　膏	1h	113
硅酸盐水泥	1d	126
硅酸盐水泥	3d	360
硅酸盐水泥	28d	402

反应伴随外观体积增大　石灰水化过程中,除了发生强烈的放热反应外,还伴随着外观体积显著增大,表14-9给出了石灰-水系统中体积变化的理论计算结果。不难看出,当石灰和水进行化学反应时,其固相的绝对体积反应后比反应前增加了97.6%,但是,就石

灰-水系统而言,反应后总体积不仅没有增加,反而减少了 4.06%。实际上,块状生石灰消化成松散的消石灰粉,其外观体积约可增大 1.5 ~ 2 倍,远比理论计算值 97.6% 大得多。这是因为石灰的内比表面积大,水化速度很快,常常是水化速度大于水化产物的转移速度,大量的新生反应产物将冲破原来的反应层,使粒子产生机械跳跃,甚至使石灰浆体散裂成质地疏松的粉末。

表 14-9 石灰-水系统中体积变化情况

反应式	分子量	密度	系统的绝对体积(cm³)		固相的绝对体积(cm³)		绝对体积的变化(%)		反应所需的相对水量
			反应前	反应后	反应前	反应后	系统	固相	
CaO+ H_2O = $Ca(OH)_2$	56.08 18.02 74.10	3.34 1.00 2.23	34.8	33.2	16.8	33.2	-4.60	+97.6	0.321

试验表明,改变石灰的细度、水灰比、消化温度及掺入外加剂(如石膏)等,可有效地控制石灰消化时的体积变化。

2. 石灰在消化过程中的分散

磨细生石灰与水拌和后,其颗粒表面即刻开始消化,生成氢氧化钙,并溶解于水,电离成钙离子(Ca^{2+})和氢氧根离子(OH^-)。但由于氢氧化钙的溶解度不大(表 14-10),且随温度的提高而减小,所以溶液很快达到氢氧化钙饱和,电离出现动平衡

$$Ca(OH)_2 \rightleftharpoons Ca^{2+} + 2OH^-$$

表 14-10 不同温度下 $Ca(OH)_2$ 在纯水中的溶解度(gCaO/1 000gH₂O)

温度 (℃)	饱和溶液浓度	温度 (℃)	饱和溶液浓度	温度 (℃)	饱和溶液浓度
0	1.30	60.8	0.818	125	0.380
15	1.22	81.7	0.657	150	0.247
25	1.13	90	0.591	190	0.084
40	1.00	99	0.523	200	0.050
50	0.917	120	0.400	250	0.037

此刻,水对未消化石灰的作用并未停止。一方面是水分子和 OH^-,沿着石灰粒子的微细裂纹向内渗入,并在裂纹的内壁形成吸附层,由于这种吸附层降低了石灰粒子内部的表面张力。因此,在热运动的作用下,将加速石灰粒子沿着这些裂纹分裂成更细的颗粒,这种分散称之为吸附分散。另一方面,水分子或 OH^- 直接参与 CaO 反应,形成 $Ca(OH)_2$ 晶体,固相体积增大,产生内部结晶压力,也会使石灰粒子分散,这种分散称之为化学分散。

吸附分散和化学分散的结果,将形成大量胶体粒子。一方面,固相的比表面积急剧增大,例如,采用透气法测定的标准磨细度的石灰,其比表面积一般为 $0.2m^2/g\sim0.4m^2/g$,而消化石灰的比表面积达 $10m^2/g\sim30m^2/g$,后者几乎是前者的 100 倍;另一方面,胶体粒子将形成如图 14-9 所示的胶团结构,即在胶核周围吸附了一层 Ca^{2+} 和反离子 OH^- 构成吸附层,最外面浓集了一群 OH^- 构成反离子扩散。这层离子是水合的,它们保有很大一部分水。因此,与石灰拌和的水,一部分与 CaO 结合生成 $Ca(OH)_2$ 外,另一部分就进入扩散层,从而使石灰浆体迅速稠化并失去流动性。

图 14-9 石灰胶团结构示意图

3. 石灰浆体结构的形成过程

如前所述,在石灰浆体中形成相当数量的胶体粒子,这些粒子中,一部分是水化产物即 $Ca(OH)_2$ 晶体,也有一部分是表面层已经成为水扩散层的尚未水化的粒子,这些粒子内层欲继续水化,必须从水扩散层中"吸入"结合得最弱的水分子,伴随这一过程,石灰浆体中粒子之间的水层厚度逐渐减小,扩散层压缩,即粒子之间紧密。此时,粒子在热运动的作用下碰撞不断加剧,当粒子的碰撞发生在活性最大区段(如端、棱、角处)时,固体粒子间的范德华分子引力经过水夹层开始发生作用,分子引力可能超过水夹层被挤压变形所产生的阻力,于是粒子就在分子引力的作用下互相粘结起来,并逐渐形成一个凝聚结构空间网。在这个空间网内,分布着吸附水和游离水。这种凝聚结构具有触变性,即在外力作用下,结构体系发生破坏,体系流动性增加,但外力一经取消,由于布朗运动,粒子彼此碰撞而重新粘结起来,整个系统又恢复凝聚结构状态。

应当指出,石灰浆体凝聚结构的强度较低,欲使石灰浆体具有较高的强度,必须促使浆体从凝聚结构向结晶结构转变,在水化物晶体之间形成稳定的结晶接触点。

通常,固态物质分散度增大时,溶解度也随之增加。即粒子越小,溶解度越大,所以对于微细粒子是饱和溶液,对于较粗大的粒子来说,已经是过饱和溶液。在这种情况下,必须要发生同时进行的两个过程,即微细的胶体粒子溶解并进入溶液和较粗大的粒子吸收溶解的物质而长大。由此可知,石灰浆体在凝聚结构的基础上向结晶结构转变是一个自发过程,它是通过细分散状态的氢氧化钙晶粒的溶解和较粗大的氢氧化钙晶粒的长大并互相连生而形成的。

综上所述,石灰浆体结构的形成过程经历着凝聚结构和结晶结构两个阶段。值得注意的是,由于石灰水化迅速,并伴随发生激烈的放热和体积膨胀,往往使其由凝聚结构向结晶结构转变过程中遭到破坏,同时,即使结晶结构形成后,也会因为结晶接触点的溶解和结晶内应力的破坏作用,造成浆体硬化体强度下降。因而,迫使人们在使用石灰时不得不采取预消化措施。

14.2.4 石灰浆体的硬化

石灰浆体的硬化包括两个同时进行的过程,即干燥和碳化。

1. 石灰浆体的的干燥硬化

石灰浆体在干燥环境中,因失水产生毛细管压力,使氢氧化钙颗粒间的接触紧密,相互粘结产生一定强度。此外,氢氧化钙也会在过饱和溶液中析晶,加强了石灰浆体中原来的氢氧化钙颗粒之间的结合。若再遇水后,因毛细管压力消失,且氢氧化钙微溶于水,强度丧失。

2. 石灰浆体碳化硬化

石灰浆体吸收空气中的 CO_2 生成碳酸钙而硬化,其反应式如下

$$Ca(OH)_2 + CO_2 + nH_2O =\!=\!= CaCO_3 + (n+1)H_2O$$

上式表明,$Ca(OH)_2$ 与 CO_2 只有在水分存在下才能发生碳化过程。生成的碳酸钙晶粒或是互相共生或是与石灰粒子及砂粒相粘结,产生强度。此外,碳酸钙固相体积比氢氧化钙固相体积稍微增大一些,使硬化石灰浆体结构更加紧密。

由于空气中的 CO_2 浓度很低,且石灰浆体的碳化过程是从表层开始的,由于生成的碳酸钙层结构致密,阻碍了 CO_2 向内层的渗透,因此,石灰浆体的硬化过程极其缓慢。空气中湿度过小或过大均不利于石灰的碳化硬化。

由硬化原因及过程可以得出石灰硬化慢、强度低、不耐水的结论。

14.2.5 石灰的应用

石灰在建筑工程和建材工业中最常见的用途有:

(1)粉白用石灰乳 密度为 1.07～1.20 的石灰乳可在混凝土、砖和一般石材的表面上粉白。应用时掺入少量佛青颜料,以抵消因含有铁化物杂质而形成的淡黄色,使粉白色以呈纯白色。

(2)抹灰和砌筑砂浆 石灰浆可以单独或与其他胶凝材料(如水泥、石膏等)一起配制抹灰用、砌筑用砂浆。在抹面砂浆中,为防止产生干裂,可掺入一定量的麻刀、纸筋等纤维材料。

(3)无熟料水泥和硅酸盐制品 石灰与活性混合材料(如粉煤灰、煤矸石、高炉矿渣等)混合,并掺入适量石膏等,磨细后可制成无熟料水泥。也可将磨细石灰与含 SiO_2 的材料加水混合,经过消化、成型、养护等工艺制作硅酸盐制品(如灰砂砖、加气混凝土等)。

(4)碳化制品 是在石灰中掺入适量纤维状填料(如玻璃纤维、石棉等)或轻骨料(如炉渣等)加水搅拌均匀,经成型干燥后,在 CO_2 气氛中碳化硬化而成的一种制品(如碳化石灰板)。

生石灰的贮存和运输应防止受潮,而且不宜贮存过久,否则失去胶结能力。$Ca(OH)_2$ 对人体皮肤有损害,所以在石灰消化和使用时要注意劳动保护。

14.3 镁质胶凝材料

镁质胶凝材料一般指苛性苦土(主要成分是 MgO)和苛性白云石(主要成分是 MgO 和 $CaCO_3$)。前者的原料是天然菱镁矿,后者的原料是天然白云石。

与其他胶凝材料不同,镁质胶凝材料在使用时不用水调和,必须用一定浓度的氯化镁溶液或其他盐类溶液来调和。

14.3.1 镁质胶凝材料的原料

1. 菱镁矿

菱镁矿的主要成分是 $MgCO_3$，其理论质量组成为：$MgO47.82\%$，$CO_252.18\%$。硬度（莫氏）3.5～4.5，密度为2.90～3.10。有晶质和非晶质两种，前者晶形结构清楚，具有玻璃光泽，因含杂质（氧化硅、粘土、碳酸钙等）不同而有不同的颜色。后者呈瓷土状，一般为白色。

我国的菱镁矿蕴藏量丰富，辽宁、吉林、山东、内蒙古等有出产。其化学成分如表14-11所示。

表 14-11　菱镁矿的化学成分举例

产　地	化　学　成　分 /%					
	SiO_2	Al_2O_3	Fe_2O_3	CaO	MgO	烧失量
辽　宁	0.67	0.19	1.01	0.12	46.78	51.39
山　东	0.63	0.36	0.60	0.89	45.72	49.20

2. 白云石

白云石的主要成分是 $MgCO_3 \cdot CaCO_3$ 复盐或写成 $CaMg(CO_3)_2$，其理论质量组成为：$MgO21.87\%$、$CaO30.41\%$ 和 $CO_247.72\%$。硬度（莫氏）3.5～4.0，密度为2.85～2.95。天然白云石矿常常是白云石与石灰石之间的过渡成分，一般只有当 $MgCO_3$ 含量大于25%时才称为白云石。天然白云石也呈晶质与非晶质两种，集合体呈粒状、致密块状、多孔状和肾状。白色，具有玻璃光泽，有时因含杂质（氧化硅、氧化铁、氧化锰等）而带有浅黄色、浅褐、浅绿色。

我国白云石的储量较菱镁矿更丰富，辽宁、湖北、甘肃、青海、江苏等省都出产。

生产镁质胶凝材料的原料除上述两种主要矿物外，还可采用天然的蛇纹石，其主要成分是 $3MgO \cdot 2SiO_2 \cdot 2H_2O$，也可采用冶炼轻质镁合金的熔渣或以海水为原料提制苛性苦土。

14.3.2 镁质胶凝材料的生产

镁质胶凝材料一般是将菱镁矿或白云石煅烧再磨细而成。煅烧工艺对其活性影响甚大。

1. 菱镁矿的煅烧

菱镁矿的煅烧，实际上是碳酸镁（$MgCO_3$）的分解过程，其反应式如下

$$MgCO_3 + 121kJ \Longleftrightarrow MgO + CO_2 \uparrow$$

$MgCO_3$ 的分解反应是吸热反应，分解1kg的 $MgCO_3$ 理论上需要热量1 440kJ。

$MgCO_3$ 的分解反应又是一个可逆反应。反应方向取决于温度和周围介质中 CO_2 的分压。

$MgCO_3$ 一般在400℃开始分解，到600℃～650℃分解反应剧烈进行。实际生产中，煅烧温度高得多，约为800℃～850℃。采用回转窑煅烧时，因物料在窑内停留的时间短，煅烧温度有时须达1 000℃～1 100℃。

煅烧温度对 MgO 的结构及水化反应活性影响很大。例如，在450℃～700℃煅烧并磨细到一定细度的 MgO，在常温下数分钟内就内完全水化。若在1 300℃以上煅烧所得的 MgO，实际上成为死烧 MgO，几乎丧失胶凝性质。表14-12给出 $MgCO_3$ 经不同煅烧温度所得的 MgO 的水化速度（以水化程度表示）。

表 14-12 MgO 水化程度(%)与煅烧温度的关系

水化时间 (d)	煅　烧　温　度　(℃)		
	800	1 200	1 400
1	75.4	6.49	4.72
3	100	23.40	9.27
30	—	94.76	32.80
360	—	97.60	—

MgO 的水化反应活性与煅烧温度的关系之所以如此密切,是因为 $MgCO_3$ 加热分解逸出 CO_2 后形成的 MgO,当煅烧温度低时,其晶格较大,并且在晶粒之间存在着较大的空隙,所以它的结构具有庞大的内比表面积,与水的反应面积大,反应速度快。相反,如果提高煅烧温度或者延长煅烧时间,则晶格的尺寸减小,结晶粒子之间也逐渐密实,所以大大延缓了它与水的反应速度。图 14-10 绘出用 $Mg(OH)_2$ 为原料,在不同温度下煅烧所得的 MgO 其内比表面积和煅烧温度的关系曲线。它表明,当煅烧温度为 400℃ 左右时,内比表面积可达 $180m^2/g$。高于此温度内比表面积迅速减小。在 1 000℃ 时,其内比表面积每 g 只有十几平方米,比 400℃ 时,要小几十倍。因此,生产苛性苦土时,在保证 $MgCO_3$ 完全分解并具有一定的分解速度的前提下,煅烧温度应尽可能低些。

2. 白云石的煅烧

生产苛性白云石时,最适宜的煅烧温度应是使白云石中的 $MgCO_3$ 能充分分解而又避免其中的 $CaCO_3$ 分解。考虑到白云石的成分变化很大,最好通过试验来确定适宜的煅烧温度。一般在 650℃ ~ 750℃ 为宜。这时所得的镁质胶凝材料的成分主要是活性 MgO 和惰性 $CaCO_3$。在上述温度范围内,白云石的分解按下述两步进行:

(1)复盐的分解:$MgCO_3 \cdot CaCO_3 \Longrightarrow MgCO_3 + CaCO_3$

(2)碳酸镁的分解:$MgCO_3 \Longrightarrow MgO + CO_2\uparrow$

当煅烧温度超过 900℃ 时,所得成品中将含有大量的 CaO,对镁质胶凝材料的性能会产生不良影响。当温度超过 1 300℃ 时,得到的为死烧白云石。

煅烧菱镁矿和白云石的设备主要是采用立窑和回转窑。

14.3.3 镁质胶凝材料的水化相

MgO 与水拌和,立即发生下列化学反应

$$MgO + H_2O \Longrightarrow Mg(OH)_2$$

实验证明,经一般煅烧温度(600℃ ~ 850℃)所得的 MgO,在常温下水化时,其水化产物 $Mg(OH)_2$ 的最大浓度可达 0.8 ~ 1.0g/L,而 $Mg(OH)_2$ 在常温下的平衡溶解度为 0.01g/L,所以溶液中 $Mg(OH)_2$ 的相对过饱和度很大(为 80 ~ 100),过大的过饱和度会产生大的结晶

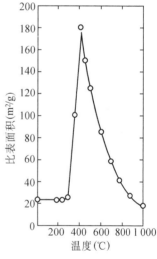

图 14-10 不同温度煅烧 $Mg(OH)_2$ 所得 MgO 的内比表面积

压力,使硬化过程中形成的结晶结构网遭到破坏。因此,镁质胶凝材料不能用水调和。

镁质胶凝材料最常用的调和剂是 $MgCl_2$ 溶液。用 $MgCl_2$ 溶液调和 MgO 时,能生成新的水化物氧氯化镁($mMgO \cdot MgCl_2 \cdot nH_2O$),该水化物在水中的平衡溶解度比 $Mg(OH)_2$ 高,因此,其过饱和度也相应降低。

在室温下,当 MgO 用 $MgCl_2$ 溶液拌和时,水化产物主要有四种:$5Mg(OH)_2 \cdot MgCl_2 \cdot 8H_2O$,$3Mg(OH)_2 \cdot MgCl_2 \cdot 8H_2O$,$Mg(OH)_2$ 和 $MgCl_2 \cdot 6H_2O$,且随 $MgO/MgCl_2$(mol 比)之比值而变化。

当 $MgO/MgCl_2$(mol 比)之比小于 4 时,开始形成的水化物主要是 $5Mg(OH)_2 \cdot MgCl_2 \cdot 8H_2O$,并有过量的 $MgCl_2$。但随着水化时间延长,$5Mg(OH)_2 \cdot MgCl_2 \cdot 8H_2O$ 转变为 $3Mg(OH)_2 \cdot MgCl_2 \cdot 8H_2O$,其转变速度随 $MgO/MgCl_2$(mol 比)之比的降低而加快。

当 $MgO/MgCl_2$(mol 比)之比在 $4 \sim 6$ 之间时,形成的水化物 $5Mg(OH)_2 \cdot MgCl_2 \cdot 8H_2O$ 是稳定的。

当 $MgO/MgCl_2$(mol 比)之比大于 6 时,形成 $Mg(OH)_2$ 与 $5Mg(OH)_2 \cdot MgCl_2 \cdot 8H_2O$。在这种情况下,$5Mg(OH)_2 \cdot MgCl_2 \cdot 8H_2O$ 是不稳定的,将转变为 $3Mg(OH)_2 \cdot MgCl_2 \cdot 8H_2O$。

另外,$5Mg(OH)_2 \cdot MgCl_2 \cdot 8H_2O$ 和 $3Mg(OH)_2 \cdot MgCl_2 \cdot 8H_2O$ 都能与大气中的 CO_2 作用,生成 $MgCl_2 \cdot 2MgCO_3 \cdot Mg(OH)_2 \cdot 6H_2O$,其形成的数量随时间延长而增加,也就是说这些水化物的抗碳化性不佳。试验证明,当 mol 比值为 $6>(MgO/MgCl_2)>4$ 时,这种碳化转变是比较缓慢的,并主要在表面进行,对硬化后的浆体强度影响不大。

综上所述,使用 $MgCl_2$ 溶液作调和剂时,要合理控制 $MgO/MgCl_2$ mol 之比在 $4 \sim 6$ 之间,过大或过小都会随着硬化的进行发生水化物的转变,导致结晶结构网的局部破坏和强度降低。

用 $MgCl_2$ 溶液作为镁质胶凝材料的调和剂,硬化浆体的强度高,但吸湿性大,易返潮和翘曲变形,抗水性差。

改用硫酸镁($MgSO_4 \cdot 7H_2O$)、铁矾〔$KFe(SO_4)_2 \cdot 12H_2O$〕作调和剂,可以降低吸湿性,但强度也较低。

镁质胶凝材料的硬化过程与建筑石膏等胶凝材料类似,其水化相有良好的针状结晶形状,这些晶体在浆体中 MgO 颗粒之间的充水空间很快地长大,晶体相互连生,形成致密的结构。

14.3.4 镁质胶凝材料的应用

镁质胶凝材料是一种快硬性胶凝材料,并且具有相当高的强度。在建筑上,常用于以下几个方面:

(1)锯末地板 以锯木屑作填料,也可掺入适量矿物骨料和颜料。用于地面,具有隔热、防火、防爆(碰撞时不发火星)及一定的弹性,表面宜刷油漆。

(2)配制砂浆 可用于室内装饰用的抹灰砂浆。

(3)空心隔板 以轻细骨料为填料,制成空心隔板,可用于建筑内墙的分隔。

(4)刨花板 将刨花、亚麻或其他木质纤维材料与少量镁质胶凝材料混合后,压制成平板。主要用于墙的复面板、隔板、屋面板等。这种板材不会燃烧,易切割加工。

(5)玻纤波形瓦 以玻璃纤维为加筋材料,可制成抗折强度高的玻纤波形瓦。

第十五章 硅酸盐水泥

在胶凝材料中,水泥占有突出的地位,它是基本建设的主要原材料之一。硅酸盐水泥即是以硅酸钙为主要成分的熟料所制得水泥的总称,又是专指一种水泥品种。根据我国国家标准《GB175-1999》规定:凡由硅酸盐水泥熟料,0%~5%石灰石或粒化高炉矿渣、适量石膏磨细制成的水硬性胶凝材料称为硅酸盐水泥,亦称波特兰水泥。又根据是否掺加混合材料而分为Ⅰ型、Ⅱ型硅酸盐水泥,代号分别为 P.Ⅰ、P.Ⅱ。若掺有 6%~15% 的混合材料,即称为普通硅酸盐水泥代号 P.0;若掺混合材料达一定数量时,则在前面冠以混合材料的名称,如矿渣硅酸盐水泥、火山灰质硅酸盐水泥、粉煤灰硅酸盐水泥。此外,尚可根据某种特殊性质或特种用途而命名。如膨胀水泥、快硬硅酸盐水泥等。本章主要介绍硅酸盐水泥和普通硅酸盐水泥。

硅酸盐水泥的主要技术要求为:

(1)细度　比表面积应大于 $300m^2/kg$(勃氏法测定值);

(2)凝结时间　初凝不早于 45min,终凝不迟于 6.5h;

(3)体积安定性　用沸煮法检验合格;

(4)强度等级　各龄期强度不得低于表 15-1 中的数值。

表 15-1　硅酸盐水泥各龄期强度数值(GB175-1999)

强度等级	抗压强度/MPa		抗折强度/MPa	
	3d	28d	3d	28d
42.5	17.0	42.5	3.5	6.5
42.5R	22.0	42.5	4.0	6.5
52.5	23.0	52.5	4.0	7.0
52.5R	27.0	52.5	5.0	7.0
62.5	28.0	62.5	5.0	8.0
62.5R	32.0	62.5	5.5	8.0

普通硅酸盐水泥的主要技术要求为:

(1)细度　80μm 方孔筛余不得超过 10%;

(2)凝结时间　初凝不早于 45min,终凝不迟于 10h;

(3)强度等级　各龄期强度不得低于表 15-2 中的数值。

表 15-2　普通硅酸盐水泥各龄期强度数值（GB175-1999）

强度等级	抗压强度/MPa		抗折强度/MPa	
	3d	28d	3d	28d
32.5	11.0	32.5	2.5	5.5
32.5R	16.0	32.5	3.5	5.5
42.5	16.0	42.5	3.5	6.5
42.5R	21.0	42.5	4.0	6.5
52.5	22.0	52.5	4.0	7.0
52.5R	26.0	52.5	5.0	7.0

15.1　硅酸盐水泥的原料

生产硅酸盐水泥的主要原料是石灰质原料,粘土质原料和铁质校正原料。

15.1.1　石灰质原料

常用的天然石灰质原料有石灰岩、泥灰岩、白垩、贝壳等。

1. 石灰岩

石灰岩系由碳酸钙所组成的化学与生物化学沉积岩。主要矿物是方解石,并含有白云石、硅质(石英或燧石)、含铁矿物和粘土质杂质。

2. 泥灰岩

泥灰岩是由碳酸钙和粘土物质同时沉积所形成的均匀混合的沉积岩。它是一种由石灰岩向粘土过渡的岩石。若氧化钙含量超过 45%,称为高钙泥灰岩,用它作原料时,应加粘土配合;若氧化钙含量低于 43.5%,称为低钙泥灰岩,应与石灰石掺配使用;若氧化钙含量在 43.5% ~45%,则称天然水泥岩,是一种极好的水泥原料。

3. 白垩

白垩是由海生生物外壳与贝壳堆积而成,常夹有软的或硬白裂礓石(主要为 CaCO₃)、红粘土和燧石(结晶二氧化硅)。白垩易于粉磨和煅烧,是立窑水泥厂的优质石灰质原料。

表 15-3 给出我国部分水泥厂所用石灰岩、泥灰岩、白垩的化学成分。

表 15-3　一些天然石灰质原料的化学成分

名　　称		烧失量	SiO_2	Al_2O_3	Fe_2O_3	CaO	MgO	合计
柳州水泥厂	石灰岩	43.41	0.12	0.21	0.04	55.39	0.59	99.41
太原水泥厂		42.78	1.23	0.70	0.20	53.83	1.32	100.06
华新水泥厂		39.83	5.82	1.77	0.82	49.74	1.16	99.14
本溪水泥厂		41.84	3.04	1.02	0.64	49.61	3.19	99.34
贵州水泥厂	泥灰岩	40.24	4.86	2.08	0.80	50.69	0.91	99.58
首都水泥厂		38.02	8.64	2.20	0.99	46.98	1.30	98.13
偃师白垩		36.62	10.24	2.16	1.80	46.28	1.95	99.01
		36.37	12.22	3.26	1.40	45.84	0.81	99.90

15.1.2　粘土质原料

天然粘土质原料有黄土、粘土、页岩、泥岩、粉砂岩及河泥等,其中黄土与粘土用量最广。

1. 黄土

黄土是没有层理的粘土与微粒矿物的天然混合物,轻质而多孔,其中粘土矿物以伊利石为主、蒙脱石、拜来石次之,非粘土矿物有石英、长石类。

2. 粘土

粘土是多种含水铝硅酸盐矿物的混合体,按其主要矿物成分可分为,高岭石类、水云母类、蒙脱石类、叶腊石类、水铝石类。我国部分水泥厂所用粘土质原料的化学成分见表15-4。

表15-4　部分水泥厂所用粘土质原料化学成分

厂　　别	烧失量	SiO_2	Al_2O_3	Fe_2O_3	CaO	MgO	K_2O	Na_2O	SO_3	合计
首　　都	4.38	68.42	13.85	4.85	2.52	2.00				96.02
青　　海	9.32	56.97	11.90	4.54	7.87	3.25	2.25	1.84	0.70	98.64
洛　　阳	5.48	64.49	14.35	5.52	1.67	2.21	3.46 ~ 3.58			
大　　同	8.66	58.35	17.14	5.85	3.08	2.94				96.02
牡丹江	6.32	63.52	17.76	5.96	2.13	1.73	3.00			100.42
哈尔滨	4.34	67.17	15.83	4.69	2.09	1.39	4.5 ~ 5.0			
吉　　林	6.29	63.67	17.68	5.51	1.29	1.44	4.0 ~ 4.5			
本　　溪	7.42	69.83	20.51	8.36	2.22	0.91	2.07			99.25
西　宁地　区	13.09	47.18	15.37	5.85	9.13	3.21	2.81	1.31	1.81	99.76
新　　疆	7.71	59.65	15.62	6.69	3.83	3.04	2.68			96.54

15.1.3　校正原料

当石灰质原料和粘土质原料配合所得生料成分不能符合配料方案时,必须根据所缺少的组分,掺加相应的校正原料。其中,掺加氧化铁含量大于40%的铁质校正原料最为多见。常用的有低品位铁矿石、炼铁厂尾矿以及硫酸厂工业废渣(硫铁矿渣)等。其化学成分见表15-5。

表15-5　一些铁质校正原料的化学成分

种　　类	烧失量	SiO_2	Al_2O_3	Fe_2O_3	CaO	MgO	FeO	CuO	总和
低品位铁矿石	—	46.09	10.37	42.70	0.73	0.14			100.03
尾　　矿	3.48	23.38	7.68	55.24	5.00	1.52	—	—	96.31
硫铁矿渣	3.18	26.45	6.45	60.30	2.34	2.22	—	—	100.94
铜矿渣	—	38.40	4.69	10.29	8.45	5.27	30.90		98.00
铅矿渣	3.10	30.56	6.94	12.93	24.20	0.60	27.30	0.13	99.99

此外,若氧化硅含量不足时,须掺加硅质校正原料,常用的有砂岩、河砂、粉砂岩等。

15.2 硅酸盐水泥的生产

硅酸盐水泥的生产主要经过三个阶段,即生料制备、熟料煅烧与水泥粉磨。

15.2.1 生料制备

生料制备主要将石灰质原料、粘土质原料与少量校正原料经破碎后,按一定比例配合磨细,并调配为成分合适、质量均匀的生料。其制备方法有干法和湿法两种。前者是将原料同时烘干与粉磨或先烘干后粉磨成生料粉,而后喂入干法窑内煅烧成熟料的生产方法。而后者是将原料加水粉磨成生料浆后喂入湿法回转窑煅烧成熟料的生产方法。

15.2.2 熟料的煅烧

煅烧水泥熟料的窑型主要有两类:回转窑和立窑。窑内煅烧过程虽因窑型不同而有所差别,但基本反应是相同的。现以湿法回转窑为例,说明如下:

湿法回转窑用于煅烧含水 30% ~ 40% 的料浆。图 15-1 所示为一台 φ5/4.5×135m 湿法回转窑内熟料煅烧过程。

燃料与一次空气由窑头喷入,和二次空气(由冷却机进入窑头与熟料进行热交换后加热了的空气)一起进行燃烧,火焰温度高达 1 650℃ ~ 1 700℃。燃烧烟气在向窑尾运动的过程中,将热量传给物料,温度逐渐降低,最后由窑尾排出。料浆由窑尾喂入,在向窑头运动的同时,温度逐渐升高并进行一系列反应,烧成熟料由窑头卸出,进入冷却机。

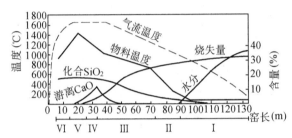

图 15-1 φ5/4.5×135 米湿法回转窑内熟料形成过程
Ⅰ—干燥带;Ⅱ—预热带;Ⅲ—碳酸盐分解带;
Ⅳ—放热反应带;Ⅴ—烧成带;Ⅵ—冷却带

料浆入窑后,首先发生自由水的蒸发过程,当水分接近零时,温度达 150℃ 左右,这一区域称为干燥带。

随着物料温度上升,发生粘土矿物脱水与碳酸镁分解过程。这一区域称为预热带。

物料温度升高至 750℃ ~ 800℃ 时,烧失量开始明显减少,氧化硅开始明显增加,表示同时进行碳酸钙分解与固相反应。物料因碳酸钙分解反应吸收大量热而升温缓慢。当温度升到大约 1 100℃ 时,碳酸钙分解速度极为迅速,游离氧化钙数量达极大值。这一区域称为碳酸盐分解带。

碳酸盐分解结束后,固相反应还在继续进行,放出大量的热,再加上火焰的传热,物料温度迅速上升 300℃ 左右,这一区域称为放热反应带。

大约在 1 250℃ ~ 1 280℃ 时开始出现液相,一直到 1 450℃,液相量继续增加,同时游离氧化钙被迅速吸收,水泥熟料化合物形成,这一区域(1 250℃ ~ 1 450℃ ~ 1 250℃)称为烧成带。

熟料继续向前运动,与温度较低的二次空气进行热交换,熟料温度下降,这一区域称为冷却带。

应该指出,上述各带的划分是十分粗略的,物料在这些带中所发生的各种变化往往是交叉或同时进行的。

其他类型的回转窑内物料的煅烧过程,与湿法回转窑基本相同,只是在煅烧过程中将某些过程移到回转窑外的专门设备内进行。

立窑的煅烧过程与回转窑有些不同。含煤湿料球从窑顶喂入,空气由窑下部鼓入,因而其煅烧过程是由窑顶自上而下,从料球表面向内部、与燃料燃烧交织在一起进行。但窑内物料同样经历干燥、粘土矿物脱水、碳酸盐分解、固相反应、熟料烧结反应以及冷却等过程。

1. 煅烧过程中的物理和化学变化

(1) 干燥和脱水

干燥即物料中自由水的蒸发,而脱水则是粘土矿物分解脱出化合水。自由水的蒸发温度一般为100℃左右。

对粘土矿物——高岭土在500℃~600℃下失去结晶水时所产生的变化和产物,主要有两种观点,一种认为产生了无水铝酸盐(偏高岭土),其反应式为

$$Al_2O_3 \cdot 2SiO_2 \cdot 2H_2O \longrightarrow Al_2O_3 \cdot 2SiO_2 + 2H_2O$$

另一种认为高岭土脱水分解为无定型氧化硅与氧化铝,其反应式为

$$Al_2O_3 \cdot 2SiO_2 \cdot 2H_2O \longrightarrow Al_2O_3 + 2SiO_2 + 2H_2O$$

(2) 碳酸盐分解

生料中的碳酸钙与碳酸镁在煅烧过程中都分解放出二氧化碳,其反应式如下

$$MgCO_3 \Longleftrightarrow MgO + CO_2 - (1\ 047 \sim 1\ 214)J/g \quad (590℃时)$$

$$CaCO_3 \Longleftrightarrow CaO + CO_2 - 1\ 645J/g \quad\quad\quad (890℃时)$$

通常,碳酸钙约在600℃时就开始有微量的分解,至898℃时,分解出的CO_2分压达1atm,此后,分解速度加快,达1 100~1 200℃时,分解速度更为迅速。温度、窑系统的CO_2分压、生料细度和颗粒级配、生料悬浮分散程度、石灰石的种类和物理性质以及生料中粘土质组分的性质是影响碳酸钙分解的主要因素。

(3) 固相反应

在碳酸钙分解的同时,石灰质和粘土质组分间,通过质点间的相互扩散,进行固相反应,其反应过程大致如下

~800℃:$CaO \cdot Al_2O_3(CA)$、$CaO \cdot Fe_2O_3(CF)$与$2CaO \cdot SiO_2(C_2S)$开始形成。

800℃~900℃:$12CaO \cdot 7Al_2O_3(C_{12}A_7)$开始形成。

900℃~1100℃:$2CaO \cdot Al_2O_3 \cdot SiO_2(C_2AS)$形成后又分解。$3CaO \cdot Al_2O_3(C_3A)$和$4CaO \cdot Al_2O_3 \cdot Fe_2O_3(C_4AF)$开始形成。所有碳酸钙均分解,游离氧化钙达最高值。

1100~1200℃:C_3A和C_4AF大量形成,C_2S含量达最大值。

固相反应是放热反应。温度、生料的粉磨细度和混合均匀性、生料颗粒粒度的分布范围以及掺加矿化剂都会对固相反应速度产生显著影响。

(4) 熟料烧结

一般,硅酸盐水泥生料在通常的煅烧制度下,约在1 250℃时,开始出现液相。在高温液相作用下,水泥熟料逐渐烧结,物料逐渐由疏松状转变为色泽灰黑、结构致密的熟料。

同时,硅酸二钙与游离氧化钙都逐步溶解在液相中,硅酸二钙吸收氧化钙形成硅酸三钙主要矿物,其反应式如下

$$C_2S + CaO \xrightleftharpoons{液相} C_3S$$

随着温度升高和时间的延长,液相量增加,液相量粘度减小,氧化钙、硅酸二钙不断溶解、扩散,硅酸三钙晶核不断形成,并且小晶体逐渐发育长大,最终形成几十微米大小的发育良好的阿利特(C_3S固溶体)晶体,完成熟料的烧结过程。

由此可知,熟料烧结形成阿利特的过程,与液相形成温度、液相量、液相性质以及氧化钙、硅酸二钙溶解于液相的溶解速度、离子扩散速度等各种因素有关。

(5)熟料冷却

熟料冷却对熟料矿物组成和矿物相变有很大影响。表15-6给出不同冷却制度下,C_3S-C_2S-C_4AF系统的熟料矿物组成。急速冷却可使高温下形成的液相来不及结晶而形成玻璃相。

表 15-6　C_3S-C_2S-C_4AF 系统的熟料矿物组成

冷却制度	C_3S	C_2S	C_4AF	CaO	玻璃体
平衡冷却	52.9	24.9	22.2	—	—
独立结晶	50.6	26.8	22.0	0.6	—
急速冷却	41.1	26.9	—	—	32

熟料在冷却时,形成的矿物还会进行相变,其中硅酸二钙由β型转变为γ型,硅酸三钙会分解为硅酸二钙与二次游离氧化钙。若冷却速度快并固溶一些离子(如Sr^{2+}、Ba^{2+}、B^{2+}、S^{2+}等)等可以阻止相变。

总之,熟料的快速冷却不仅能使水泥熟料的使用性能,如水泥的活性、安定性、抗硫酸盐性能等变好,而且也能使熟料的工艺性能,特别是易磨性变好。因此,在工艺装备允许的条件下尽可能采用快速冷却。

2. 矿化剂及微量元素对熟料煅烧和质量的影响。

(1)矿化剂

是指能加速结晶化合物的形成,使水泥生料易烧,提高熟料质量的少量外加物。主要有萤石(CaF_2)矿化剂和萤石-石膏($CaSO_4$)复合矿化剂。

矿化剂的作用主要是促进碳酸盐的分解过程;加速碱性长石、云母的分解过程;加速碱的氧化物的挥发;促进结晶氧化硅(石英、燧石)的Si-O键的断裂,降低液相出现温度和液相的粘度,并形成过渡相,这些过渡相能使C_3S的生成温度降低约150~200℃,有利于C_3S的生成。在使用复合矿化剂时还能使熟料中阿利特含量高而且发育良好,以及生成$C_4A_3\bar{S}$和$C_{11}A_7 \cdot CaF_2$或者其一的早强矿物等。

在立窑煅烧中采用复合矿化剂对改善熟料的煅烧、降低煅烧温度、降低熟料中游离氧化钙、提高熟料质量是一种十分有效的措施。

掺加复合矿化剂的熟料,有时会出现闪凝或缓凝,生产中应格外注意。

（2）微量元素

是指主要来自原料和少量来自煤灰的碱、硫、氧化镁、氧化钛和其他微量元素。

熟料中含有微量的碱，能降低最低共熔温度、降低熟料烧成温度、增加液相量，起助熔作用；但含碱较多时，会影响熟料质量。

熟料中含有少量氧化镁能降低熟料的烧成温度，增加液相数量，降低液相粘度，有利于熟料的烧成，还能改善水泥色泽。但熟料中氧化镁含量过高时，会影响水泥的安定性。

此外，熟料中含有少量氧化钛（TiO_2）、氧化磷（P_2O_5）对 β-C_2S 起稳定作用，可提高水泥强度。

15.2.3　水泥粉磨

确定合适的粉磨细度，选择合理的粉磨系统，对保证水泥生产中水泥和生料的产量和质量，降低生产电耗，具有十分重要的意义。

1. 生料的粉磨细度

生料的粉磨细度影响生料煅烧时熟料的形成速度。生料磨得越细，其比表面积越大，生料在窑内反应如碳酸钙分解、固相反应、固液相反应等速度越快、越有利于游离氧化钙的被吸收。

通常，考虑到生料反应速度、磨机产量和电耗的综合经济效果，当粉磨由一般的石灰石、粘土所配的普通硅酸盐水泥生料时，其细度可控制如下

0.20mm 方孔筛筛余小于 1.0% ~ 1.5%；0.08mm 方孔筛筛余可以放宽至 10% ~ 16%。

当生料中含有石英、方解石时（一般小于 4.0%），0.20mm 方孔筛筛余小于 0.5% ~ 1.0%；0.08mm 方孔筛筛余可以控制在 10% ~ 14%。

2. 水泥粉磨细度

熟料经过粉磨，并在粉磨过程中加入少量石膏，达到一定细度，才成为水泥。通常，水泥细度越细，水化速度越快，越易水化完全，对水泥胶凝性质的有效利用率就越高。水泥的强度，特别是早期强度也越高，而且还能改善水泥的泌水性、和易性、粘结力等。粗颗粒（>60μm）水泥，水化缓慢，只能在颗料表面水化，其未水化内核部分只起填料作用。

必须注意，水泥细度过细，比表面积过大，水泥浆体要达到同样流动度，需水量就过多，将使硬化水泥浆体因水分过多引起孔隙率增加而降低强度。此外，随着水泥比表面积的提高，干缩和水化放热速率也会变大；磨机的台时产量下降，电耗、球段和衬板的消耗也相应增加。

通常，水泥粉磨的比表面积约在 3 000cm²/g 左右。

15.3　硅酸盐水泥熟料的矿物组成

水泥的质量主要决定于熟料的质量。优质熟料应该具有合适的矿物组成和岩相结构。

15.3.1　熟料的矿物组成

在硅酸盐水泥熟料中主要形成四种矿物

1. 硅酸三钙

硅酸三钙($3CaO \cdot SiO_2$),可简写为 C_3S,是硅酸盐水泥熟料中的主要矿物,其含量通常为 50% 左右,有时甚至高达 60% 以上。硅酸三钙并不以纯的形式存在,而是含有少量氧化镁、氧化铝等形成的固溶体,称为阿利特(Alite)或 A 矿。也常因含有不同氧化物而呈现不同颜色。

硅酸三钙加水调和后,凝结时间正常。它水化较快,粒径为 $40\mu m \sim 45\mu m$ 的硅酸三钙颗料,加水后 28d 其水化程度可达 70% 左右。所以硅酸三钙强度发展比较快,早期强度较高,且强度增进率较大,28d 强度可以达到其一年强度的 70% ~80%。但硅酸三钙水化热较高,抗水性较差,且熟料中硅酸三钙含量过高时,会给煅烧带来困难,往往使熟料中游离氧化钙增高,从而降低水泥强度,甚至影响水泥安定性。

2. 硅酸二钙

硅酸二钙($2CaO \cdot SiO_2$),可简写为 C_2S,是硅酸盐水泥熟料的主要矿物之一,含量一般为 20% 左右。

硅酸二钙有多种晶型,即 α-C_2S,α'_H-C_2S,α'_L-C_2S,β-C_2S,γ-C_2S 等,在 1450℃ 温度以下,要进行下列多晶转变(图 15-2)。

但是,要实现这样的转变,晶格要作很大重排。如果冷却速度很快,这种晶格的重排是来不及完成的,这样便形成了介稳的 β-C_2S。在水泥熟料的实际生产中,由于采用了急冷的方法,所以硅酸二钙是以固溶有少量氧化物的 β-C_2S 的形式存在,这种固溶有少量氧化物的硅酸二钙称为贝利特

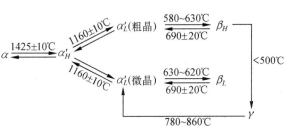

图 15-2 硅酸二钙的多晶转变

(Belite),简称 B 矿。当含有某些离子时,可呈不同颜色。

贝利特水化较慢,至 28d 龄期仅水化 20% 左右;凝结硬化缓慢,早期强度较低,但 28d 以后,强度仍能较快增长,在一年后,可以赶上阿利特。贝利特水化热较小,抗水性较好,因而对大体积工程或处于一定侵蚀性环境下的工程用水泥,适量提高贝利特含量,降低阿利特含量是有利的。

3. 中间相

填充在阿利特、贝利特之间的铝酸盐、铁酸盐、组成不定的玻璃体和含碱化合物等称为中间相。

(1)铝酸钙

熟料中的铝酸钙主要是铝酸三钙(C_3A),有时还有七铝酸十二钙($C_{12}A_7$)。

铝酸三钙水化迅速,放热多,凝结很快,如不加石膏等缓凝剂,易使水泥急凝。铝酸三钙硬化也很快,它的强度 3 天内就大部分发挥出来;故其早期强度较高,但绝对值不高,以后几乎不再增长,甚至倒缩。铝酸三钙的干缩变形大,抗硫酸盐性能差。

(2)铁相固溶体

熟料中含铁相比较复杂,是化学组成为 C_8A_3F-C_2F 的一系列连续固溶体,也有人认

为其组成为 $C_6A_2F-C_6AF_2$ 之间的一系列固溶体，通常称为铁相固溶体。在一般硅酸水泥熟料中，其成分接近于铁铝酸四钙（C_4AF），所以常用 C_4AF 来代表熟料中的铁相固溶体。称才利特（Celite）或 C 矿。

当熟料中 $Al_2O_3/Fe_2O_3<0.64$ 时，则生成 C_4AF 和铁酸二钙（C_2F）的固溶体。

铁铝酸四钙的水化速度在早期介于铝酸三钙与硅酸三钙之间，但随后的发展不如硅酸三钙。它的强度早期发展较快，后期还能不断增长，类似于硅酸二钙。才利特的抗冲击性能和抗硫酸盐性能较好，水化热较铝酸三钙低。

铁酸二钙水化较慢，但有一定的水硬性。

（3）玻璃体

是由于熟料烧至部分熔融时部分液相在冷却时来不及析晶的结果。因此，它是热力学不稳定的，具有一定的活性。其主要成分为 Al_2O_3，Fe_2O_3，CaO 以及少量的 MgO 和 R_2O（K_2O 和 Na_2O）等。

图 15-3a、b 所示为硅酸盐水泥熟料在反光显微镜下和扫描电子显微镜下的照片。阿利特 C_3S：结晶轮廓清晰灰色多角形颗粒，晶较粒大，多为六角形和棱柱形。贝利特 $\beta-C_2S$：常呈圆粒状，也可见其它不规则形状。反光显微镜下有的有黑白交叉双晶条纹。铝酸盐熔融物中间相 C_3A：一般呈不规则的微晶体，如点滴状、矩形或柱状。由于反光能力弱，反光镜下呈暗灰色，常称黑色中间相。铁酸盐熔融物中间相 C_4AF：常呈棱柱状和圆粒状，反射能力强，反光镜下呈亮白色，称白色中间相。

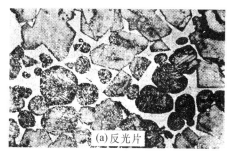
(a)反光片

(b)扫描电镜片

图 15-3　硅酸盐水泥熟料矿物显微照片

4. 游离氧化钙和方镁石

水泥熟料中，常常还含有少量的没有与其他矿物结合的以游离状态存在的氧化钙，称为游离氧化钙，又称游离石灰（f-CaO）。因多呈死烧状态，因此水化速度极慢，常常在水泥硬化以后，游离氧化钙的水化才开始进行，生成氢氧化钙，体积增大，在水泥石内部产生内应力，使抗拉、抗折强度有所降低，严重时甚至引起安定性不良。

熟料煅烧时,氧化镁有一部分可和熟料矿物结合成固溶体以及溶于液相中,多余的氧化镁即结晶出来呈游离状态的方镁石存在,并对水泥安定性有不良影响。

15.3.2 熟料的率值

率值作为生产控制的一种指标,可以比较方便地表示化学成分和矿物组成之间的关系,明确地表示对水泥熟料的性能和煅烧的影响。

1. 硅率

表示熟料中 SiO_2 与 Al_2O_3、Fe_2O_3 之和的质量比值,以 SM 或 n 表示,计算式如下

$$SM(n) = \frac{SiO_2}{Al_2O_3 + Fe_2O_3}$$

硅率表达了水泥熟料矿物中硅酸盐矿物与熔剂性矿物($C_3A + C_4AF$)之间的数量对比关系。硅率越大,则硅酸盐矿物含量越高,熔剂性矿物含量越少,煅烧过程中出现的液相含量越小,所要求的烧成温度越高;但硅率过小,则煅烧过程中容易形成熟料大块甚至结圈。通常,硅率控制在 1.7~2.7 之间。

2. 铝率

又称铁率,表示熟料中 Al_2O_3 和 Fe_2O_3 含量的质量比,以 IM 或 P 表示,计算式如下

$$IM(P) = \frac{Al_2O_3}{Fe_2O_3}$$

若熟料中 Al_2O_3 和 Fe_2O_3 的总含量已确定,那么铝率表示 C_3A 与 C_4AF 的相对含量。从 C_4AF 的组成可知,只有当 IM≥0.64 时,才有多余量的 Al_2O_3 形成 C_3A。通常,铝率控制在 0.9~1.7 之间。

3. 石灰饱和系数

在水泥熟料中,氧化钙总是与酸性氧化物 Al_2O_3,Fe_2O_3 饱和生成 C_3A,C_4AF,在生成上述矿物后,所余下的 CaO 与使 SiO_2 饱和形成 C_3S 所需的 CaO 的比值称为石灰饱和系数,以 KH 表示。它表示 SiO_2 与 CaO 饱和形成 C_3S 的程度。

C_3S 中 CaO 与 SiO_2 的质量比为 2.8/1,C_3A,$CaSO_4$ 中 CaO 与 Al_2O_3,SO_3 的质量比分别为 1.65/1,0.70/1,而 C_4AF 假定是由 C_3A 与 CF 组成,CF 中 CaO 与 Fe_2O_3 的质量比为 0.35/1。

这样,石灰饱和系数 KH 的计算式如下

$$KH = \frac{CaO - 1.65Al_2O_3 - 0.35Fe_2O_3}{2.8SiO_2}$$

上式适用于 IM≥0.64 的熟料,如果 IM<0.64,则不可能形成 C_3A,此时全部 Al_2O_3 都形成了 C_4AF。若把 C_4AF 看成是由 C_2A 与 C_2F 组成,而 C_2A,C_2F 中 CaO 与 Al_2O_3,Fe_2O_3 的质量比分别为 1.1/1,0.7/1,则上式应为

$$KH = \frac{CaO - 1.1Al_2O_3 - 0.7Fe_2O_3}{2.8SiO_2}$$

考虑到熟料中还有游离 CaO,游离 SiO_2 与石膏,故应将上两式分别改写为

$$KH = \frac{(CaO - CaO_{游}) - (1.65Al_2O_3 + 0.35Fe_2O_3 + 0.7SO_3)}{2.8(SiO_2 - SiO_{2游})}$$

$$KH = \frac{(CaO - CaO_{游}) - (1.1Al_2O_3 + 0.7Fe_2O_3 + 0.7SO_3)}{2.8(SiO_2 - SiO_{2游})}$$

当石灰饱和系数等于 1.0 时,此时形成的矿物组成为 C_3S、CA_3 和 C_4AF,而无 C_2S;

当石灰饱系数等于 0.667 时,此时形成的矿物为 C_2S,C_3A 和 C_4AF,而无 C_3S。

石灰饱和系数值升高,说明熟料中 C_3S 相对含量增多,C_2S 相对含量减少。

为使熟料矿物顺利形成,不致因过多的游离石灰而影响熟料质量,通常,在工厂条件下,石灰饱和系数在 0.82 ~ 0.94 之间。

我国目前采用的是石灰饱和系数 KH、硅率 SM 和铝率 IM 等三个率值。生产中三个率值都应加以控制并要互相配合适当,不能单独强调其中任一个率值。控制指标应根据各工厂的原、燃料和设备等具体条件而定。

15.3.3 熟料矿物组成的计算

熟料的矿物组成可用岩相分析、X 射线分析和红外光谱等分析测定,也可根据化学成分算出。

岩相分析基于在显微镜下测出单位面积中各矿物所占百分率,再乘以相应矿物的密度,得到各矿物的含量。计算用矿物密度值如下

C_3S	C_2S	C_3A	C_4AF	玻璃体	MgO
3.13	3.28	3.0	3.77	3.0	3.58

采用此法测定,其结果比较符合实际情况,但当矿物晶体较小时,可能因重叠而产生误差。

X 射线分析基于熟料中各矿物的特征峰与单矿物特征峰强度之比以求得其含量。这种方法误差较小,但倘若矿物含量太低则不易测准。红外光谱分析误差也较小。近年来,已开始用电子探针、X 射线光谱分析(带扫描装置)等对熟料矿物进行定量分析。

用化学成分计算熟料矿物成分的方法较多,现选两种方法加以说明。

1. 石灰饱和系数法

为了计算方便,先列出有关分子量比值

$$C_3S \text{ 中的} \frac{M_{C_3S}}{M_{CaO}} = 4.7; \quad C_2S \text{ 中的} \frac{M_{C_2S}}{M_{SiO_2}} = 1.87$$

$$C_4AF \text{ 中的} \frac{M_{C_4AF}}{M_{Fe_2O_3}} = 3.04; \quad C_3A \text{ 中的} \frac{M_{C_3A}}{M_{Al_2O_3}} = 2.65$$

$$CaSO_4 \text{ 中的} \frac{M_{CaSO_4}}{M_{SO_3}} = 1.7 \quad \frac{M_{Al_2O_3}}{M_{Fe_2O_3}} = 0.64$$

设与 SiO_2 反应的 CaO 量为 Cs,则

$Cs = CaO - (1.65Al_2O_3 + 0.35Fe_2O_3 + 0.7SO_3) = 2.8KHSiO_2$

通常煅烧情况下,由于 CaO 和 SiO_2 反应先形成 C_2S,其余的 CaO 再和部分 C_2S 反应生成 C_3S。则由该多化合的 CaO 量($Cs - 1.87SiO_2$)可以算出 C_3S 的含量

$C_3S = 4.07(Cs - 1.87SiO_2) = 4.07Cs - 7.60SiO_2$

将 Cs 计算式代入并整理得

$$C_3S = 4.07(2.8KHSiO_2) - 7.60SiO_2 = 3.8(3KH-2)SiO_2$$

由 $Cs + SiO_2 = C_3S + C_2S$ 计算 C_2S 含量

$$C_2S = Cs + SiO_2 - C_3S = 8.60SiO_2 - 3.07(2.8KHSiO_2) = 8.60(1-KH)SiO_2$$

C_4AF 含量可直接由 Fe_2O_3 含量算出

$$C_4AF = 3.04Fe_2O_3$$

C_3A 含量的计算,应先从总 Al_2O_3 量中减去形成 C_4AF 可消耗的 Al_2O_3 量 $(0.64Fe_2O_3)$,从剩余的 Al_2O_3 量,即可算出它的含量

$$C_3A = 2.65(Al_2O_3 - 0.64Fe_2O_3)$$

$CaSO_4$ 含量可直接由 SO_3 含量算出

$$CaSO_4 = 1.7SO_3$$

同理,也可计算出 IM<0.64 时熟料的矿物组成。

2. 鲍格(R·H·Bogue)法

也称代数法。若以 C_3S,C_2S,C_3A,C_4AF,$CaSO_4$ 以及 C,S,A,F,SO_3 分别代表熟料中硅酸三钙、硅酸二钙、铝酸三钙、铁铝酸四钙、硫酸钙以及氧化钙、氧化硅、氧化铝、氧化铁和三氧化硫的百分含量,则四种矿物和硫酸钙的化学成分百分数可列成表15-7。

按此表数值,可列出下列方程式

$$C = 0.7369C_3S + 0.6512C_2S + 0.6227C_3A + 0.4616C_4AF + 0.4119CaSO_4$$

$$S = 0.2631C_3S + 0.3488C_2S$$

$$A = 0.3773C_3A + 0.2098C_4AF$$

$$F = 0.3286C_4AF$$

$$SO_3 = 0.5881CaSO_4$$

表 15-7　熟料四种矿物和硫酸钙的化学成分百分数表

氧化物	矿物				
	C_3S	C_2S	C_3A	C_4AF	$CaSO_4$
CaO	73.69	65.12	62.27	46.16	41.19
SiO_2	26.31	34.88	—	—	—
Al_2O_3	—	—	37.73	20.98	—
Fe_2O_3	—	—	—	32.86	—
SO_3	—	—	—	—	58.81

解上述联立方程,即可得各矿物的百分含量计算式(为 IM≥0.64 时)

$$C_3S = 4.07C - 7.60S - 6.72A - 1.43F - 2.86SO_3$$

$$C_2S = 8.60S + 5.07A + 1.07F + 2.15SO_3 - 3.07C$$
$$= 2.87S - 0.745C_3S$$

$$C_3A = 2.65A - 1.69F$$

$$C_4AF = 3.04F$$

$$CaSO_4 = 1.70SO_3$$

同理,当 IM<0.64 时,也可推导得出熟料矿物组成计算式。

上述从化学成分计算熟料矿物组成的计算式,系假定在完全平衡的条件下,而且形成的熟料矿物为纯的矿物而不是固溶体,也无别的杂质影响。实际上,熟料反应和冷却过程不可能处于平衡状态下,和实际生产情况有一定偏差,且熟料中各种少量氧化物如碱、氧化钛、氧化磷、硫等存在均会影响矿物的组成和熟料。因此,计算的矿物组成与显微镜、X射线、红外光谱等测定的矿物组成有一定的差异。表15-8、15-9所示为显微镜和X射线测定和计算值的比较。

表15-8　显微镜实测与计算矿物组成比较

矿物 \ 编号	1		2		3		4	
	实测	计算	实测	计算	实测	计算	实测	计算
C_3S	57.7	55.1	60.3	48.9	70.2	63.5	39.6	46.7
C_2S	12.8	19.4	16.9	26.3	4.2	12.4	44.5	36.5
C_3A	5.4	12.6	6.3	14.0	10.0	11.2	1.0	4.0
C_4AF	2.8	7.3	3.9	6.6	4.3	7.9	6.3	9.8

由化学成分计算矿物组成虽然有一定误差,但所得结果基本上还能说明它对煅烧和熟料性质的影响;另一方面,当欲设计某种矿物组成的水泥熟料时,它是计算生料组成的唯一可能的方法。因此,这种方法在水泥工业中,仍然得到广泛的应用。

表15-9　X射线实测与计算矿物组成的比较

矿物 \ 编号	1		2		3		4	
	实测	计算	实测	计算	实测	计算	实测	计算
C_3S	45.5	45.8	59.0	66.2	28.0	25.3	71.0	69.6
C_2S	37.0	36.4	13.0	8.0	52.0	50.8	13.0	9.1
C_3A	4.0	9.3	16.0	14.8	—	5.2	8.0	7.8
C_4AF	9.0	7.5	6.0	7.4	15.0	15.5	8.0	8.0
MgO	1.0	2.0	3.0	3.6	2.0	3.2	—	—
玻璃体	4.0	—	3.0		3.0	—	—	

熟料化学成分、矿物组成与率值是熟料组成的三种不同表示方法。三者可以互相换算,矿物组成计算率值公式如下

$$KH = \frac{C_3S + 0.8838C_2S}{C_3S + 1.3256C_2S}$$

$$SM = \frac{C_3S + 1.325C_2S}{1.434C_3A + 2.046C_4AF}$$

$$IM = \frac{1.15C_3A}{C_4AF} + 0.64$$

由石灰饱和系数KH、硅率SM、铝率IM计算化学组成公式如下

$$Fe_2O_3 = \frac{\Sigma}{(2.8KH+1)(IM+1)SM+2.65IM+1.35}$$

$$Al_2O_3 = IM \cdot Fe_2O_3$$

$$SiO_2 = SM(Al_2O_3 + Fe_2O_3)$$

$$CaO = \Sigma - (SiO_2 + Al_2O_3 + Fe_2O_3)$$

式中　Σ——熟料中 SiO_2，Al_2O_3，Fe_2O_3，CaO 四种氧化物含量总和(根据原料成分总和估算)。

总之，从上述各式可知，石灰饱和系数越高，则熟料中 C_3S/C_2S 比值越高，当硅率一定时，C_3S 越多，C_2S 越少；硅率越高，硅酸盐矿物越多，熔剂矿物越少。但硅率高低，尚不能决定各个矿物的含量，须视 KH 和 IM 的高低，如硅率较低，虽石灰饱和系数高，C_3S 含量也不一定高；同样，如铝率高，熟料中 C_3A/C_4AF 比会高一些。但如硅率高，因总的熔剂矿物少，则 C_3A 含量也不一定多。

为此，要使熟料既易烧成，又能获得较高的质量与要求的性能，必须对三个率值或四个矿物组成或氧化物含量加以控制，力求相互协调，配合得当。同时，还应视各厂的原、燃料和设备等具体条件而异，才能设计出比较合理的配料方案。

15.4　硅酸盐水泥的水化和硬化

水泥与水的化学反应是造成砂浆和混凝土凝结和硬化的根本原因。研究表明，水泥的水化反应不仅持续时间长，而且各种水化产物互相干扰，使水泥水化硬化过程更加复杂。所以，通常先研究水泥单矿物的水化反应，在此基础上再研究硅酸盐水泥的水化过程。

15.4.1　熟料矿物的水化

1. 硅酸三钙(C_3S)的水化

C_3S 的水化作用、产物以及所形成的结构对硬化水泥浆体的性能起主导作用。C_3S 水化反应可用下式来描述

$3CaO \cdot SiO_2 + nH_2O = xCaO \cdot SiO_2 \cdot yH_2O + (3-x)Ca(OH)_2$

即　$C_3S + nH = C—S—H + (3-x)CH$

其中水化硅酸钙(C—S—H)是一种成分复杂的无定形物质，氢氧化钙(CH)是结晶体，其成分是固定的。

反应动力学颇复杂，包括了几个水化过程，根据水化放热速率-时间曲线(图 15-4)，可以划分为五个阶段，每一阶段所发生的简略过程列于表 15-10。

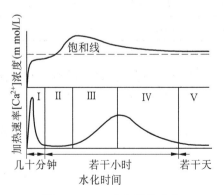

图 15-4　C_3S 水化放热速率和 Ca^{2+} 浓度变化曲线

表 15-10 C₃S 的水化过程和动力学行为

时 期	反应阶段	化学过程	总的动力学行为
早 期	Ⅰ. 预诱导期	开始水解; 释放出离子	很快 化学控制
	Ⅱ. 诱导期	继续分解; 早期 C—S—H 的形成	慢 核化或扩散控制
中 期	Ⅲ. 加速期 (诱导后期)	永久性水化产物开 始生长	快 化学控制
	Ⅳ. 减速期	水化产物继续生长; 显微结构的发展	适中 化学和扩散控制
后 期	Ⅴ. 扩散期 (稳定态时期)	显微结构逐渐 致密化	很慢 扩散控制

(1) C_3S 的早期水化

C_3S 一放入水,将发生一系列相互依赖的水化过程,从而必然导致诱导期的开始和结束。人们对此进行了大量的研究,提出了多种假说或理论

物理扩散屏蔽理论 由斯坦因(H·N·Stein)等人 1960 年提出,认为 C_3S 在水中是一致溶解的,最初生成的第一水化物 C_3SHn 很快就在 C_3S 周围形成一种物理扩散屏蔽层,从而阻碍了 C_3S 的进一步水化,使放热变慢,向液相溶出 Ca^{2+} 的速率也相应降低,导致诱导期开始。当第一水化物转变为较易使离子通过的第二水化物($C/S \approx 0.8 \sim 1.5$)时,水化重新加速,较多的 Ca^{2+} 和 OH^- 进入液相达到饱和,并加快放热,诱导期即告结束。然而,近年来用先进的电子光学技术观察结果不支持这个理论。因为整个表面受水侵蚀的情况似乎是不均匀的,需要经过一段时间才发育出可观察到的水化产物。

晶格缺陷理论 马依柯克(J·N·Maycock)等人认为,C_3S 的早期水化反应并不遍及整个粒子表面,而是首先发生在有晶格缺陷的活化点上。非均匀分布的水化产物不会形成上述扩散屏蔽层,决定诱导期长短的主要因素是晶格缺陷的类别和数量。

晶核形成延缓理论 泰卓斯(M·E·Tadros)等认为,C_3S 最初的溶解作用是 Ca^{2+} 和 OH^- 的不一致溶解,液相中的 C/S 比远高于3,使 C_3S 表面变为缺钙的"富硅层"。然后,Ca^{2+} 吸附到富硅的表面,使其带上正电荷,形成双电层,C_3S 溶出 Ca^{2+} 的速度减慢,导致诱导期的产生,一直到液相中的 Ca^{2+} 和 OH^- 缓慢增长,达到足够的过饱和度(饱和度的 1.5 ~ 2.0 倍),才形成稳定的 $Ca(OH)_2$ 晶体,并促使 C_3S 溶解加速,这时诱导期结束,加速期开始。

斯卡尼(J·Skalny)和杨(J·F·Young)等人综合各方面的观点提出如下较全面的见解:当与水接触后在 C_3S 表面有晶格缺陷的部位即活化点上很快发生 Ca^{2+} 和 OH^- 不一致溶解,而留下一个(带有负电荷的)富硅表面层。接着在负电荷表面上吸附了 Ca^{2+},建立起一个双电层,形成一个正的 Zeta 电位,这个富硅层被看作是一种含质子化 SiO_4^{-4} 离子的

紊乱层(图15-5),它导致 C_3S 溶解受阻而出现诱导期,但由于 C_3S 不一致溶解的继续进行,溶液中 Ca (OH)$_2$ 浓度继续增高,当达到一定过饱和度时,Ca (OH)$_2$ 析晶,导致诱导期结束,与此同时,还会有 C—S—H(E 型)沉淀析出。

关于一致溶解或不一致溶解问题,目前已成为理论性问题,两种概念的简要对比列于表15-11。

(2) C_3S 的中期水化

诱导期结束时的水化总量,充其量不过百分之几,Ⅲ(加速期)和Ⅳ(减速期)才是发生水化的主要时期。在 C_3S 水化的加速期内,伴随着 Ca(OH)$_2$ 及 C—S—H 的形成和长大,液相中 Ca(OH)$_2$ 和 C—S—H 的过饱和度降低,又会相应地使 Ca (OH)$_2$ 和 C—S—H 的生长速度逐渐变慢。随着水

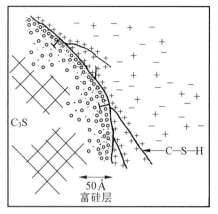

图 15-5 C_3S 形成的富硅层
○—$H_3SiO_4^-$ 或 $H_2SiO_4^{2-}$;·—H^+ 或 H_2O;+—Ca^{2+};-—OH^-;⊥—活化点

化产物在颗粒周围的形成,C_3S 的水化也受到阻碍。因而,水化加速过程就逐渐转入减速阶段。最初的产物,大部分生长在颗粒原始周界以外由水所填充的空间,而后期的生长则在颗粒周界以内的区域进行。这两部分的 C—S—H,即分别称为"外部产物"和"内部产物"。随着内部产物的形成和发展,C_3S 的水化即由减速期向稳定期转变,逐渐进入水化后期。

表 15-11 C_3S 早期水化的两种概念

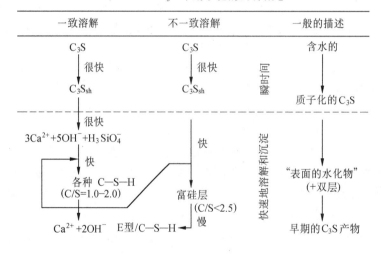

(3) C_3S 的后期水化

泰勒(F·H·Taylor)曾提出如图 15-6 所示的 C_3S 的后期水化示意图。他认为在水化过程中存在一个界面区,并逐渐推向颗粒内部。水离解所成的 H^+ 在内部产物中从一个氧原子(或水分子)转移到另一个氧原子,一直到达 C_3S 并与之作用,其情况与 C_3S 直接接触到水相差无几,而界面区部分 Ca^{2+} 和 Si^{4+} 则通过内部产物向外迁移,转入 Ca(OH)$_2$ 和外部 C—S—H。因此,在界面区内是得到 H^+,失去 Ca^{2+} 和 Si^{4+},原子重新组排,从而使

C_3S 转化成内部 C—S—H。如此,随着界面区的向内推进,水化继续进行。由于空间限制及离子浓度的变化,作为内部产物的 C—S—H,在形貌和成分等方面和外部 C—S—H 会有所差异,通常是较为密实。

C_3S 各阶段的水化可由图 15-7 示意。

2. 硅酸二钙(C_2S)的水化

β-C_2S 的水化过程和 C_3S 极为相似,但水化速率很慢,约为 C_3S 的 1/20 左右,其水化反应可用下式来描述

$$2CaO \cdot SiO_2 + mH_2O =$$
$$xCaO \cdot SiO_2 \cdot yH_2O + (2-x)Ca(OH)_2$$

即　　$C_2S + mH = C—S—H + (2-x)CH$

一些研究发现,C_2S 一旦与水接触,就可以观察到不均匀的腐蚀现象,露出粒子边缘,15s 之内,就可观察到有水化物形成。不过以后的发展则极其缓慢,所形成的水化硅酸钙与 C_3S 生成的在 C/S 比和形貌等方面都无大差别,故也统称为 C—S—H。就 $Ca(OH)_2$ 而言,并没有发现有很大程度的过饱和,可以看到大的 $Ca(OH)_2$ 晶体,生长相当慢。椐有关测试结果表明,β-C_2S 在水化过程中水化产物的成核和晶体长大的速率虽然与 C_3S 相差并不太大,但通

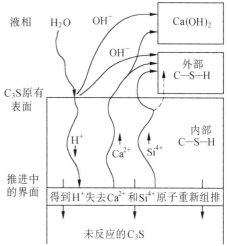

图 15-6　C_3S 后期水化反应示意图

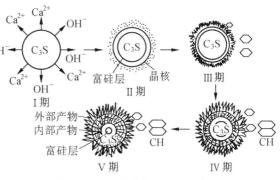

图 15-7　C_3S 水化各阶段的示意图

过水化产物层的扩散速率却要低 8 倍左右,而表面溶解速率则要相差几十倍之多。这表明 β-C_2S 的水化反应速度主要由表面溶解速率所控制。

3. 铝酸三钙(C_3A)的水化

铝酸三钙与水反应迅速,其水化产物的组成与结构受溶液中氧化钙、氧化铝离子浓度和温度的影响很大。在常温下,铝酸三钙依下式水化

$$2(3CaO \cdot Al_2O_3) + 27H_2O = 4CaO \cdot Al_2O_3 \cdot 19H_2O + 2CaO \cdot Al_2O_3 \cdot 8H_2O$$

即　　　　　　　　$2C_3A + 27H = C_4AH_{19} + C_2AH_8$

C_4AH_{19} 在低于 85% 的相对湿度时,即失去 6mol 的结晶水而成为 C_4AH_{13}。C_4AH_{19}、C_4AH_{13} 和 C_2AH_8 均为六方片状晶体(图 15-8),在常温下处于介稳状态,有向 C_3AH_6 等轴晶体(图 15-9)转化的趋势。

$$4CaO \cdot Al_2O_3 \cdot 13H_2O + 2CaO \cdot Al_2O_3 \cdot 8H_2O = 2(3CaO \cdot Al_2O_3 \cdot 6H_2O) + 9H_2O$$

即　　　　　　　　　　　$C_4AH_{13} + C_2AH_8 = 2C_3AH_6 + 9H$

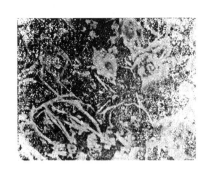

图 15-8　六方片状的
C_2AH_8 和 C_4AH_{13} 相

图 15-9　C_3AH_6 等轴晶体

上述过程随温度的升高而加速,而 C_3A 本身的水化热很高,所以极易按上式转化,同时在温度较高(35℃以上)的情况下,甚至还会直接生成 C_3AH_6 晶体

$$3CaO \cdot Al_2O_3 + 6H_2O = 3CaO \cdot Al_2O_3 \cdot 6H_2O$$

即
$$C_3A + 6H = C_3AH_6$$

在液相的氧化钙浓度达到饱和时,C_3A 还可能依下式水化

$$3CaO \cdot Al_2O_3 + Ca(OH)_2 + 12H_2O = 4CaO \cdot Al_2O_3 \cdot 13H_2O$$

即
$$C_3A + CH + 12H = C_4AH_{13}$$

C_4AH_{13} 在室温下能够稳定存在,其数量迅速增多,就足以阻碍粒子的相对移动。据认为是使浆体产生瞬时凝结的一个主要原因。为此,在水泥粉磨时通常都掺有石膏。因为,在石膏、氧化钙同时存在的条件下,C_3A 虽然开始也快速水化成 C_4AH_{13},但接着就会与石膏依下式反应

$$4CaO \cdot Al_2O_3 \cdot 13H_2O + 3(CaSO_4 \cdot 2H_2O) + 14H_2O = 3CaO \cdot Al_2O_3 \cdot 3CaSO_4 \cdot 32H_2O + Ca(OH)_2$$

即
$$C_4AH_{13} + 3C\bar{S}H_2 + 14H = C_3A \cdot 3C\bar{S} \cdot H_{32} + CH$$

所形成的三硫型水化硫铝酸钙,又称钙矾石。由于其中的铝可被铁置换而成为含铝、铁的三硫酸盐相,故常以 AFt 相表示。

当 C_3A 尚未完全水化而石膏已经耗尽时,则 C_3A 水化所成的 C_4AH_{13} 又能与先前形成的钙矾石依下式反应,生成单硫型水化硫铝酸钙(AFm)

$$3CaO \cdot Al_2O_3 \cdot 3CaSO_4 \cdot 32H_2O + 2(4CaO \cdot Al_2O_3 \cdot 13H_2O)$$
$$= 3(3CaO \cdot Al_2O_3 \cdot CaSO_4 \cdot 12H_2O) + 2Ca(OH)_2 + 20H_2O$$

即
$$C_3A \cdot 3C\bar{S} \cdot H_{32} + 2C_4AH_{13} = 3(C_3A \cdot C\bar{S} \cdot H_{12}) + 2CH + 20H$$

当石膏掺量极少,在所有的钙矾石都转化成单硫型水化硫铝酸钙后,就可能还有未水化的 C_3A 剩留。在这种情况下,则会依下式形成 $C_4A\bar{S}H_{12}$ 和 C_4AH_{13} 的固溶体。

$$3CaO \cdot Al_2O_3 \cdot CaSO_4 \cdot 12H_2O + 3CaO \cdot Al_2O_3 + Ca(OH)_2 + 12H_2O$$
$$= 2[3CaO \cdot Al_2O_3(CaSO_4 \cdot Ca(OH)_2) \cdot 12H_2O]$$

即
$$C_4A\bar{S}H_{12} + C_3A + CH + 12H = 2C_3A(C\bar{S}、CH)H_{12}$$

由上述可知,伴随实际参加反应的石膏量不同,C_3A 可能有各种不同的水化产物,如表 15-12。

表 15-12　C_3A 的水化产物

实际参加反应的 $C\bar{S}H_2/C_3A$ 摩尔比	水 化 产 物
3.0	钙矾石（AFt）
3.0~1.0	钙矾石（AFt）+单硫型水化硫铝酸钙（AFm）
1.0	单硫型水化硫铝酸钙（AFm）
<1.0	单硫型固溶体 $[C_3A(C\bar{S}、CH)H_{12}]$
0	水石榴石（C_3AH_6）

4. 铁相固溶体的水化

水泥熟料中的一系列铁相固溶体除用 C_4AF 作为其代表式外,还可以 Fss 来表示。C_4AF 的水化速率比 C_3A 略慢,水化热较低,即使单独水化也不会引起瞬凝。

铁铝酸钙的水化反应及其产物与 C_3A 极为相似。氧化铁基本上起着与氧化铝相同的作用,也就是在水化产物中铁置换部分铝,形成水化硫铝酸钙和水化硫铁酸钙的固溶体,或者水化铝酸钙和水化铁酸钙的固溶体。在水泥中可能产生的水化反应如下

$$4CaO \cdot Al_2O_3 \cdot Fe_2O_3 + 4Ca(OH)_2 + 22H_2O = 2[4CaO \cdot (Al_2O_3 \cdot Fe_2O_3) \cdot 13H_2O]$$

即

$$C_4AF + 4CH + 22H = 2C_4(A、F)H_{13}$$

$$4CaO \cdot Al_2O_3 \cdot Fe_2O_3 + 2Ca(OH)_2 + 6(CaSO_4 \cdot 2H_2O) + 50H_2O$$
$$= 2[3CaO \cdot (Al_2O_3、Fe_2O_3) \cdot 3CaSO_4 \cdot 32H_2O]]$$

即

$$C_4AF + 2CH + 6C\bar{S}H_2 + 50H = 2C_3(A、F) \cdot 3C\bar{S} \cdot H_{32}$$

$$2[4CaO \cdot (Al_2O_3、Fe_2O_3) \cdot 13H_2O] + 3CaO \cdot (Al_2O_3、Fe_2O_3) \cdot 3CaSO_4 \cdot 32H_2O$$
$$= 3[3CaO \cdot (Al_2O_3、Fe_2O_3) \cdot CaSO_4 \cdot 12H_2O] + 2Ca(OH)_2 + 20H_2O$$

即

$$2C_4(A、F)H_{13} + C_3(A、F) \cdot 3C\bar{S} \cdot H_{32} = 3C_3(A、F) \cdot C\bar{S} \cdot H_{12} + 2CH + 20H$$

在没有石膏的条件下,C_4AF 与氢氧化钙及水反应生成部分铝被铁置换过的 C_4AH_{13},即 $C_4(A,F)H_{13}$,也呈六方片状,在低温下比较稳定,但到20℃左右即要转化成 $C_3(A,F)H_6$。但这个转化过程比 C_3A 水化时的晶型转变要慢,可能是由于 C_3A 水化热大,易使浆体温度升高的缘故。与 C_3A 相似,氢氧化钙的存在也会延缓其向立方晶型 $C_3(A,F)H_6$ 的转化。当温度较高（>50℃）时,C_4AF 会直接形成 $C_3(A,F)H_6$。尼格（A·Negro）等人在对 $C_2F-C_6AFC_2F-C_6AF_2$ 范围内一系列固溶体的研究中,发现固溶体的水化活性随 A/F 比的增加而提高;反之,若 Fe_2O_3 含量增加,则水化速率就降低。但是亦有不同的结果,即认为 C_6AF_2 的水化速率大于其他含铁相。至于掺有石膏时的反应也与 C_3A 大致相同。当石膏量充分,形成铁置换过的钙矾石型固溶体;而石膏量不足时,则形成单硫型固溶体,并且同样有两种晶型的转化过程。

15.4.2　硅酸盐水泥的水化

当水泥与水拌和后,就立即发生化学反应,经过一极短瞬间,填充在颗粒之间的液相已不再是纯水,而是含有多种离子的溶液,主要为:硅酸钙→Ca^{2+}、OH^-;铝酸钙→Ca^{2+}、$Al(OH)_4^-$;硫酸钙→Ca^{2+}、SO_4^{2-};碱的硫酸盐→K^+、Na^+、SO_4^{2-}。因此,水泥的水化作用在开始后,基本上是在含碱的氢氧化钙、硫酸钙的饱和溶液中进行的。

根据目前的认识,硅酸盐水泥的水化可概括如图 15-10 所示。水泥加水后,C_3A 立即发生反应,C_3S 和 C_4AF 也很快水化,而 C_2S 则较慢。在电镜下观察,几分钟后可见在水泥颗粒表面生成钙矾石针状晶体、无定形的水化硅酸钙以及 $Ca(OH)_2$ 或水化铝酸钙等六方板状晶体。由于钙矾石的不断生成,使液相中 SO_4^{2-} 离子逐渐减少并在耗尽之后,就会有单硫型水化硫铝(铁)酸钙出现。若石膏不足,还有 C_3A 或 C_4AF 剩留,则会生成单硫型水化物和 $C_4(A,F)H_{13}$ 的固溶体,甚至单独的 $C_4(A,F)H_{13}$,而后者再逐渐转变成稳定的等轴晶体 $C_3(A,F)H_6$。

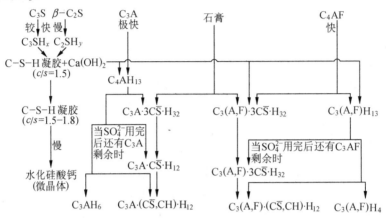

图 15-10　硅酸盐水泥的水化

图 15-11 为硅酸盐水泥在水化过程中的放热曲线,据此,则可将水泥的水化过程简单地划分为以下三个阶段,即:

钙矾石形成期　C_3A 率先水化,在石膏存在条件下,迅速形成钙矾石,是导致第一放热峰的主要因素。

C_3S 水化期　C_3S 开始迅速水化,大量放热,形成第二放热峰。有时会有第三放热峰或在第二放热峰上,出现一个"峰肩",一般认为是由于钙矾石转化成单硫型水化硫铝(铁)酸钙而引起的,当然,C_2S 与铁相亦以不同程度参与了这两个阶段的反应,生成相应的水化产物。

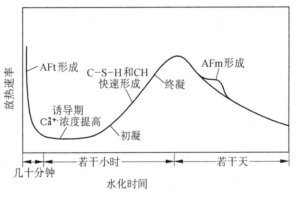

图 15-11　硅酸盐水泥的水化放热曲线

结构形成和发展期　放热速率很低,趋于稳定。随着各种水化产物的增多,填入原先由水所占据的空间,再逐渐连接,相互交织,发展成硬化的浆体结构。

值得注意的是,水泥即然是多矿物、多组分的体系,各熟料矿物不可能单独进行水化,它们之间的相互作用必然对水化进程有一定影响,例如,由于 C_3S 较快水化,迅速提高液相中的 Ca^{2+} 离子浓度,促使 $Ca(OH)_2$ 结晶,从而能使 $\beta\text{-}C_2S$ 的水化有所加速。又如 C_3A 和 C_4AF 都要与硫酸根离子结合,但 C_3A 反应速度快,较多的石膏由其消耗后,就使 C_4AF

不能按计量要求形成足够的硫铝（铁）酸钙，有可能使水化较少受到延缓。适量的石膏，可使硅酸盐水泥的水化略有加速。同时，在C—S—H内部会结合进相当数量的硫酸钙以及铝、铁等离子；因此C_3S又要与C_3A、C_4AF一起，共同消耗硫酸根离子。还要提出的是，碱的存在，也要影响到水泥特别是C_3A的初期水化反应，斯坦因（H·N·Stein）等指出，Na_2O浓度低时，C_3A初期水化的放热量随Na_2O含量的增加而降低；但浓度达0.4mol以上后，放热量则反而提高，水化加速。前一种效应是由于在NaOH溶液中Ca^{2+}离子的溶解度降低，而后者则是因为OH^-浓度高时C_3A中Al—O键被破坏的缘故。

另外，应用一般的反应方程式，实际上很难真实地表示水泥的水化过程，因为水泥的水化是从表面开始的，然后在浓度和温度不断变化的条件下，通过扩散作用，缓慢地向中心深入。即使在充分硬化的浆体中，也并不处于平衡状态。在熟料颗粒的中心，至少是大颗粒的中心，水化作用往往已经暂时停止。以后当温、湿度条件适当时，浆体从外界补充水分，或者在浆体内部进行水分的重新分配后，才能使水化作用得以极慢的速度继续进行，所以，绝不能将水化过程作为一般的化学反应对待。

15.4.3　水化速率

熟料矿物或水泥的水化速率常以单位时间内的水化程度或水化深度来表示。水化程度是指在一定时间内发生水化作用的量和完全水化量的比值；而水化深度是指已水化层的厚度。水化速率必须在颗粒粗细、水灰比以及水化温度等条件基本一致的情况下才能加以比较。图15-12为一球形颗粒（平均直径d_m）的水化深度示意图。其中阴影表示已经水化部分。根据上述水化程度的定义，并假定在水化过程中能始终保持球形，且密度不变，即可导出水化深度h和水化程度a之间的关系

$$h = \frac{d_m}{2}\left(1 - \sqrt[3]{1-a}\right)$$

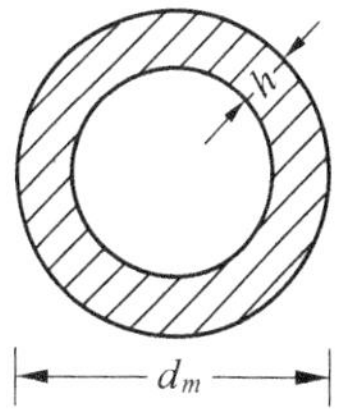

图15-12　水泥颗粒水化深度示意图

决定水泥水化速率的因素，主要是熟料矿物组成与结构，而水泥的细度、加水量、养护温度、混合材料以及外加剂的性质等，都会对水化速率有一定影响。

1. 熟料矿物的水化速率

测定水化速率的方法有直接法和间接法两类。直接法是利用岩相分析、X射线分析或热分析等方法，定量地测定已水化和未水化部分的数量。间接法则有测定结合水、水化热或$Ca(OH)_2$生成量等方法。其中以结合水法较为简便，将所测各龄期化学结合的水量与完全水化时的结合水量相比，即可计算出不同龄期的水化程度。表15-13为各熟料矿物单独水化不同龄期时水化程度的一例，而表15-14则是用表15-13中结合水法所测得的数据，按上式计算而得。由表中数据可见，直径为$50\mu m$的C_3S，C_3A，C_4AF颗粒经过180d，水化深度都已达到半径的一半以上，而C_2S水化部分还未到其深度的20%。同样大小的颗粒经28d水化后，C_3S的水化深度为其半径的30%，C_3A约40%，C_4AF比C_3S的水化深度略大，而C_2S还不到半径的4%。

表 15-13 熟料矿物的水化程度(%)

测定方法	矿 物	水 化 时 间				
		3d	7d	28d	90d	180d
结合水法	C_3S	33.2	42.3	65.5	92.2	93.1
	C_2S	6.7	9.6	10.3	27.0	27.4
	C_3A	78.1	76.4	79.7	88.3	90.8
	C_4AF	64.3	66.0	68.8	86.5	89.4
水化热法	C_3S	61	69	73	78	88
	C_2S	18	30	48	56	86
	C_3A	56	62	82	87	96
	C_4AF	31	44	66	73	—

表 15-14 熟料矿物的水化深度($\mu m, d_m = 50\mu m$)

矿 物	水 化 时 间				
	3d	7d	28d	90d	180d
C_3S	3.1	4.2	7.5	14.3	14.7
C_2S	0.6	0.8	0.9	2.5	2.8
C_3A	9.9	9.6	10.3	12.8	13.7
C_4AF	7.3	7.6	8.0	12.2	13.2

从上述数据可见,由于测定方法的不同,所测得的水化速率不尽相同。此外,熟料矿物的来源、所含杂质的种类和数量等都对水化速率有影响。但这几种矿物的水化速率,就相对趋势而言,一般总是铝酸三钙水化最快,硅酸三钙和铁铝酸钙次之,而硅酸二钙最慢。

2. 细度和水灰比的影响

按照化学反应动力学的一般原理,在其他条件相同的情况下,反应物参与反应的表面积越大,其反应速率越快。提高水泥的细度,增加表面积,早期水化速度明显加快,放热量提高。

水灰比如在 0.25~1.0 间变化,对水泥的早期水化速率并无明显影响。但水灰比过小时,由于水化所需水分的不足以及无足够空间容纳水化产物的缘故,会使后期的水化反应延缓。所以,为了达到充分水化的目的,拌和用水应为化学反应所需水量的一倍左右。也就是在密闭的容器中水化时,水灰比宜在 0.4 以上。

3. 温度对水化速率的影响

水泥的水化反应过程,也遵循一般的化学反应规律,即温度升高会加速水化反应。温度的影响主要表现在水化的早期阶段,对水化后期影响不大。

硅酸盐水泥及其矿物在-5℃时仍能水化,但在-10℃时水化反应基本停止。

4. 外加剂的作用

采用合适的外加剂可以调节水泥的水化速率。通常有促凝剂、早强剂和缓凝剂。

绝大部分无机电解质都有促进水泥水化的作用,只有氟化物和磷酸盐除外;大多数的有机外加剂对水泥的水化有延缓作用。

15.4.4 硬化水泥浆体

水泥加水拌成的浆体,起初具有可塑性和流动性。随着水化反应的不断进行,浆体逐渐失去流动性,转变为具有一定强度的固体,即为水泥的凝结和硬化。

1. 水泥的凝结和硬化过程

1887 年吕-查德里(H·Le-Chatelier chatelier)提出结晶理论。认为水泥中各熟料矿物首先溶解于水,与水反应,生成的水化产物由于溶解度小于反应物,所以就结晶沉淀出来。随后熟料矿物继续溶解,水化产物不断沉淀,如此,溶解-沉淀不断进行,伴随结晶沉淀的相互交联而凝结、硬化。

1892 年,米哈艾利斯(W·Michaelis)又提出了胶体理论。认为水泥水化以后生成大量胶体物质,再由于干燥或未水化的水泥颗粒继续水化产生"内吸作用"而失水,从而使胶体凝聚变硬。

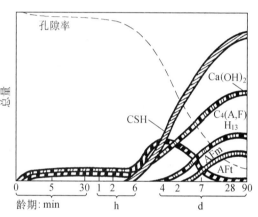

此后,拜依柯夫(А·А·Бойков)将上述两种理论加以发展,把水泥的硬化分为:溶解、胶化和结晶三个时期。在此基础上,列宾捷尔(П·А·Ребиндер)等又提出水泥的凝结、硬化是一个凝聚—结晶三维网状结构的发展过程。鲍格(R·H·Bogue)认为,微细粒子所具有的巨大表面能,是使粒子相互强烈粘附的主要原因。泰麦斯(F·D·Tamas)等则提出水泥的水化硬化是熟料矿物中〔SiO₄〕⁴⁻四面体之间形成硅氧键 Si—O—Si 、从而不断聚合的过程。洛赫尔(F·W·Locher)等人则从水化产物形成及其发展的角度,提出整个

图 15-13 水泥水化产物的形成和浆体结构发展示意图

硬化过程可以分为如图 15-13 所示的三个阶段。该图概括地表明了各主要水化产物的生成情况,也有助于形象地了解浆体结构的形成过程。

虽然,对水化硬化的论点仍是引起争议的主题,但经过长期工作以后,特别是现代测试技术的应用,使认识在某种程度上取得一致:水泥的水化反应在开始主要为化学反应所控制;当水泥颗粒四周形成较为完整的水化物膜层后,反应历程又受到离子通过水化产物层时扩散速率的影响。随着水化产物层的不断增厚,离子扩散速率即成为水化历程动力学行为的决定性因素。在所生成的水化产物中,有许多是属于胶体尺寸的晶体。随着水化反应的不断进行,各种水化产物逐渐填满原来由水所占据的空间,固体粒子逐渐接近。由于钙矾石针、棒状晶体的相互搭接穿插,特别是大量箔片状、纤维状 C—S—H 的交叉攀附,从而使原先分散的水泥颗粒以及水化产物连结起来,构成一个三维空间牢固结合、密实的整体。不过,对于硬化的本质仍存在着不同的看法,甚至对形成浆体结构,产生强度的主要键型还不甚清楚,有关范德华键、氢键或者原子价键等各别所起的作用,则更需要

进一步的探讨。要更清晰地揭示水泥凝结硬化的过程与本质,还有待于更深入的研究。

2. 硬化水泥浆体的组成和结构

硬化水泥浆体是一非匀质的多相体系,由各种水化产物和残存熟料所构成的固相以及存在于孔隙中的水和空气所组成,所以是固—液—气三相多孔体。它具有一定的机械强度和孔隙率,而外观和其他性能又与天然石材相似,因此通常又称之为水泥石。

（1）水化产物的组成和结构

水泥石的固态基质是结晶的和无定形的水化产物的紧密的混合物,其大概的组成见表15-15。从表中可以看出,C—S—H是主要的成分,约占固相的2/3。

表15-15　水泥石的组成（W/C=0.5）

水泥石组成	大概的体积百分率（%）	观察结果
C—S—H	50	无定形、含微孔隙
CH	12	晶体
AF[①]m	13	晶体
孔隙	25	取决于W/C

①被认为是 C_3A 和 C_4AF 的最终产物。

C—S—H 凝胶　研究表明,水泥浆体中形成的C—S—H可以吸附大量的氧化物杂质而形成固溶体。已知硫酸盐可以结合到C—S—H和CH的结构中去。同样,在C—S—H中还发现过铝、铁、碱,可能还有其他物质（图15-14）。因此,C—S—H的组成并不是一个固定的数值,会随一系列因素而变,如杂质取代的程度及水化龄期（图15-15）等,通常,用Ca/Si摩尔比来表示平均总体组分,其范围为1.5～1.7。

C—S—H中水含量（以H/Si摩尔比表示）的变动更大,这是因为参与C—S—H结构的水,与微孔中的水或多层吸附膜中的水之间没有明显的区别,因此,H/Si比不仅取决于所采用的平衡干燥条件,也取决于在这些条件下,干燥C—S—H所耗用的时间。例如,经d-干燥（-79℃时,超过水蒸汽压的干冰真空干燥）的C—S—H的H/Si比约为1（比相应的C/Si比约小0.5）,而在相对湿度为11%的条件下干燥,其H/Si比接近2.0。

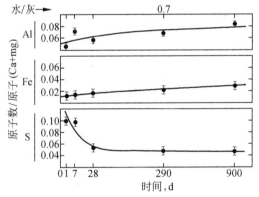

图15-14　水泥浆体的C—S—H
中取代物的平均原子比

由于C—S—H基本上是无定形的,所以要想直接测定其固体结构是不可能的。早先的研究倾向于无序层状结构,最新的研究提出,可把C—S—H看作是一种高能的固体,通过硅酸盐四面体 $[SiO_4]^{4-}$ 的多聚作用,它缓慢地朝低能状态移动。

C—S—H 有很多种形态,根据扫描电子显微镜(SEM)和透射电子显微镜(TEM)的研究,已经提出 C—S—H 形态的两种主要分类方法(表 15-16),显然,这些形态取决于所用的观察方法。

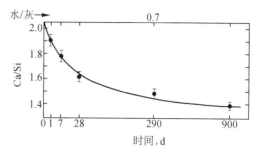

图 15-15 水泥浆体的 C—S—H 的 Ca/Si (平均原子比)

氢氧化钙 氢氧化钙具有固定的化学组成,生成比较粗的晶体,属三方晶系,具层状构造,由彼此联结的 $Ca(OH)_2$ 八面体组成。晶体在充水空间中生长、包围,甚至完全吞没部分已水化的水泥颗粒。在水化初期,$Ca(OH)_2$ 常呈薄的六方板状,在有外加剂存在时,可以形成棱柱形或板状的晶体。此外,在水泥浆体中还有部分 $Ca(OH)_2$ 会以无定形或隐晶质的状态存在。

表 15-16 C—S—H 形态的分类

	早期产物	中期产物		后期产物	
TEM 符号	E	0	1 (i)	3	4
形态		无定形	从粒子处放射的针状物	皱的薄片	致密的凝胶
SEM 符号	Ⅱ	Ⅰ		Ⅲ	Ⅳ
形态	网状的	从粒子处放射的针状物		不定	球形团聚物
硅酸盐聚合的大概程度	单体? 加二聚	二 聚		二聚 (加多聚)	多聚体 (加二聚)

AFt 相 钙矾石是典型的 AFt 相,属三方晶系,为一细棱柱形结晶体,其长径比可达到 10。其基本结构单元(图 15-16)是以组成为 $Ca_6[Al(OH)_6]_2 \cdot 24H_2O$ 的柱状物为基础的。硫酸盐离子和外加的水分子被固定在柱状物之间的通道中。Fe^{3+} 或 Si^{4+} 部分取代 Al^{3+},而其它离子可能部分地或完全地取代 SO_4^{2-}(如 OH^-,CO_3^{2-},$H_2SiO_4^{2-}$)。因此,钙矾石不能用 $C_6A\bar{S}_3H_{32}$ 来精确地表示其化学式,而常用 AFt 相来表示。

AFm 相 单硫铝酸钙是典型的 AFm 相,也属三方晶系,呈层状结构,其基本层状结构单元为:$[Ca_2Al(OH)_6]^+$。其通式可写为 $[Ca_2Al(OH)_6]_2^+ X_n^{m-} \cdot YH_2O$。式中 X^{m-} 表示层间的离子,n 是离子 X^{m-} 的数量,Y 表示层间水分子的数量。水泥水化的最终产物是在结构中同时含有 OH^- 和 SO_4^{2-} 的固溶体。最新的资料提出,可能还有硅酸盐离子(和或许是从大气的碳化而形成的一

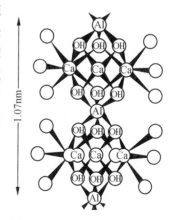

图 15-16 钙矾石相的结构单元

些碳酸盐),部分的 Fe^{3+} 和 Si^{4+} 置换 Al^{3+},也会产生这些化合物。不同 AFm 相的结构组成如表 15-17 所示。

表 15-17 AFm 相 $[Ca_2Al(OH)_6]_2^+X_n^{m-}\cdot YH_2O$ 的结构

AFm 相的化合物	层间离子	n	层间水分子数 Y	来　源
C_4AH_{19}	OH^-	2	12	由 C_3A 形成
C_4AH_{13}	OH^-	2	6	由 C_4AH_{19} 脱水
$2[C_2AH_8]$	$Al(OH)_4^-$	2	6	由 C_3A 形成
$C_4A\bar{S}H_{12}$	SO_4^{2-}	1	6	有硫酸盐存在时
$C_4A\bar{C}H_{11}$	CO_3^{2-}	1	5	有碳酸盐存在时

(2)孔及其结构特征

各种尺寸的孔也是硬化水泥浆体的一个重要组成,总孔隙率、孔径分布、孔的形态以及孔隙壁所形成的巨大内表面积,都是硬化水泥浆体的重要结构特征。

内表面积　由于水化产物特别是 C—S—H 凝胶的高度分散性,其中又包含有数量众多的微细孔隙,所以硬化水泥浆体具有极大的内表面积,从而构成了对物理力学性质有重大影响的另一结构因素。内比表面积通常采用水蒸汽吸附法进行测定。将经过一定方法干燥过的样品在不同蒸汽压下,测定其对蒸汽平衡时的吸附量。再根据 BET 公式计算出在固相表面上形成单分子吸附层所需的水蒸汽量,然后按下式算出硬化水泥浆体的比表面积。

$$S=a\frac{V_mN}{M}$$

式中　S——比表面积(cm^2/g);

　　　a——每一个吸附气体分子的覆盖面积(cm^2);

　　　水蒸气:$a=1.14nm^2$(25℃),氮气:$a=1.62nm^2$(-195.8℃);

　　　N——阿佛加德罗常数(6.02×10^{23});

　　　M——被吸附气体的分子量;

　　　V_m——在每克被测固体表面形成单分子吸附层所需气体的量(g)。

用此法测得硬化水泥浆体的比表面积约为 $210m^2/g$,与未水化的水泥相比,提高达三个数量级。

孔分布及总孔隙率　在水化过程中,水化产物的体积要大于熟料矿物的体积。据计算,每 $1cm^3$ 的水泥水化后约需占据 $2.2cm^3$ 的空间。即约 45% 的水化产物处于水泥颗粒原来的周界之内,成为内部水化产物;另有 55% 则为外部水化产物,占据着原先充水的空间。这样,随着水化过程的进展,原来充水的空间减少,而没有被水化产物填充的空间,则逐渐被分割成形状极不规则的毛细孔。另外,在 C—S—H 凝胶所占据的空间内还存在着孔,尺寸极为细小,用扫描电镜也难以分辩。表 15-18 给出孔的分类方法一例。由表可见,孔的尺寸在极为广宽的范围内变动,即使不计入粗孔,单是毛细孔和凝胶孔两类的孔径就要从 $15\mu m$,一直小到 0.5nm(0.000 $5\mu m$)以下,大小相差达五个数量级。至于孔的分类方法还有很多,看法也不完全一致。实际上孔的分布具有连续性,不可能有任何明确的区分界限。

表 15-18　孔的分类方法一例

类　别	名　称	直　径	孔中水的作用	对浆体性能的影响
粗　孔	球形大孔	$1\,000 \sim 15\mu m$	与一般水相同	强度、渗透性
毛细孔	大毛细孔	$10 \sim 0.05\mu m(50nm)$	与一般水相同	强度、渗透性
	小毛细孔	$50 \sim 10nm$	产生中等的表面张力	强度、渗透性、高湿度下的收缩
凝胶孔	胶粒间孔	$10 \sim 2.5nm$	产生强的表面张力	相对湿度50%以下时的收缩
	微　孔	$2.5 \sim 0.5nm$	强吸附水,不能形成新月形液面	收缩、徐变
	层间孔	$<0.5nm$	结构水	收缩、徐变

一般在水化 24 h 以后,硬化浆体中绝大部分(70% ~80%)的孔已经在 100nm 以下。随着水化过程的进展,孔径小于 10nm,即凝胶孔的数量由于水化产物的增多而增加,毛细孔则逐渐被填充减小,总的孔隙率则相应降低。

（3）水及其存在形式

水泥硬化浆体中的水有不同的存在形式,按其与固相组成的作用情况,可以分为以下三种基本类型:

结晶水　又称化学结合水,椐其结合水的强弱,分为强、弱结晶水。前者又称晶体配位水,以 OH⁻ 离子状态存在,只有在较高温度下晶格破坏时才能将其脱去;后者则是以中性水分子 H_2O 形式存在的水,脱水温度不高,在 100℃ ~200℃ 以上即可脱去,而且也不会导致晶格的破坏。

吸附水　以中性水分子的形式存在,但并不参与组成水化物的晶体结构,按其所处的位置分为凝胶水和毛细孔水。前者占凝胶体积的 28%,脱水温度有较大范围;后者仅受到毛细管力的作用,结合力较弱,脱水温度也较低,在数量上取决于毛细孔的数量。

自由水　又称游离水,存在于粗大孔隙内,与一般水的性质相同。

从实用的观点出发,常将硬化浆体中的水分分为蒸发水(We)和非蒸发水(Wn)两类。蒸发水是指在规定的基准条件下能除去的水,而剩余的则为非蒸发水。试验表明,蒸发水与非蒸发水的数量在相当程度上受到干燥方法的影响。通常,蒸发水的体积可概略地作为浆体内孔隙体积的量度,而将在不同的龄期实测的非蒸发水量作为水泥水化程度的一个表征值。

15.5　硅酸盐水泥的性能

15.5.1　凝结时间

水泥浆体的凝结时间,对于工程施工具有重要意义。在水化的诱导期,水泥浆的可塑性基本不变;然后逐渐失去流动能力,开始凝结,到达"初凝"。接着就进入凝结阶段,继续变硬,待完全失去可塑性,有一定结构强度,即为"终凝"。

1. 凝结速度

根据水泥浆体结构形成过程可知,必须使水化产物长大、增多到足以将各种颗粒初步联接成网,水泥浆体才能产生凝结。因此,凡是影响水化速度的各种因素,基本上也同样地影响着水泥的凝结时间,如矿物组成、细度、水灰比、温度和外加剂等。但是,水化和凝结又有一定的区别,例如水灰比越大,凝结反应变慢,这是由于用水量增多后颗粒间距大,网状结构较难形成的缘故。

从矿物组成后,铝酸三钙水化最为迅速,硅酸三钙水化也快,数量也多,因而这两种矿物与凝结速度的关系最为密切。如果单将熟料磨细,铝酸三钙很快水化,生成足够数量的水化铝酸钙,形成松散的网状结构,就会在瞬间很快凝结。硅酸盐水泥在粉磨时通常掺有石膏缓凝剂,因此其凝结时间在很大程度上受到硅酸三钙水化速度的制约。

应该指出,实质上的凝结作用不可能如此简单,熟料矿物以及水化产物的物理结构,对凝结都有一定的影响。实验证明,同一矿物组成的水泥,煅烧程度的差别,可使熟料结构有所不同,凝结时间会有相应变化。例如急速冷却的熟料凝结正常,而慢冷的熟料常会出现快凝现象。同样,如果水化生成的是凝胶状产物,形成薄膜,妨碍水和无水矿物的接触,则会延缓水泥的凝结时间。此外,环境温度、外加剂的掺用等都会对凝结时间产生明显的影响。

根据国家标准规定,硅酸盐水泥的初凝时间不得早于45min,终凝时间不得迟于12 h。

2. 假凝现象

假凝是指水泥的一种不正常的早期固化或过早变硬现象。与很多因素有关,除熟料的 C_3A 含量偏高、石膏掺量较多等条件外,一般认为主要还由于水泥在粉磨时受到高温,使二水石膏脱水成半水石膏的缘故。当水泥调水后,半水石膏迅速溶于水,溶解度亦大,部分又重新水化为二水石膏析出,形成针状结晶网状结构,从而引起浆体固化。

对于某些含碱较高的水泥,所含的硫酸钾会依下式反应

$$K_2SO_4+CaSO_4 \cdot 2H_2O=K_2SO_4 \cdot CaSO_4 \cdot H_2O+H_2O$$

所生成的钾石膏结晶迅速长大,也会是造成假凝的原因。

15.5.2 强度

水泥的强度是评价水泥质量的重要指标。是根据国家标准试验方法,测定水泥胶砂试件若干龄期强度值来确定的。

1. 浆体组成和强度的关系

有关硬化水泥浆体强度的产生,一种代表性的说法,是由于水化产物,特别是 C—S—H 凝胶具有巨大表面能所致。颗粒表面有从外界吸引其他离子以达到平衡的倾向,因此能相互吸引,构成空间网架,从而具有强度,其本质属于范德华力。另一种看法认为,硬化浆体的强度可归结于晶体的连生,由化学键产生强度。如可能存在 O—Ca—O 桥、氢键或 Si—O—Si 键等。实际上,可以认为在硬化水泥浆体中即有范德华力,又有化学键,两者对强度都有贡献。

从浆体的组成看,由于 C—S—H 凝胶所具的比表面积巨大,且在浆体组成中所占比例又最多,因此,C—S—H 在强度发展中起着最为主要的作用。至于氢氧化钙晶体,有人认为尺寸太大,妨碍其他微晶的连生和结合,对强度不利;但也有人提出,它至少能起填充

作用,对强度仍有一定帮助;而钙矾石和单硫型水化硫铝酸钙对强度的贡献主要在早期,到后期的作用就不太明显,甚至在浆体硬化后,再形成引起体积膨胀的钙矾石时,反而会导致强度的降低,直至引起破坏。

2. 熟料矿物组成的作用

熟料的矿物组成决定了水泥的水化速度、水化产物本身的强度、形态和尺寸,以及彼此构成网状结构时的各种键的比例,因此对水泥强度的增长起着最为重要的作用。表15-19为布特等人所测各单矿物净浆试体抗压强度的一些数据。

表 15-19   单矿物净浆试体的抗压强度/MPa

单 矿 物	7d	28d	180d	365d
C_3S	31.6	45.7	50.2	57.3
$\beta-C_2S$	2.35	4.12	18.9	31.9
C_3A	11.6	12.2	0	0
C_4AF	29.4	37.7	48.3	58.3

由表中数据可见,硅酸盐矿物的含量确是决定水泥强度的主要因素,28d强度基本上依赖于C_3S含量。而C_2S对后期强度有明显贡献。

至于C_3A对水泥强度的影响,各方面的看法不尽一致。从单矿物的强度发展考虑,C_3A主要对极早期的强度有利,但也有人认为它对28d强度仍有相当贡献。不过,到后期其作用逐渐减小,甚至在$1\sim2$年后反而对强度有消极影响。

C_4AF对水泥强度的作用效果有争议,鲍格和泰勒等人认为C_4AF是强度最差的一种矿物,而近年来的实验证实C_4AF不仅对水泥的早期强度有相当贡献,而且会更有助于后期强度的发展。我国学者的研究也得到了类似结果。还指出如果V^{5+},Ti^{4+},M_n^{4+}等金属离子进入铁相晶格,与铁离子通过不等价置换形成置换型固溶体,有可能提高C_4AF的水硬活性。

当水泥拌水后,熟料内所含的Na_2SO_4,K_2SO_4以及NC_8A_3等含碱矿物,能迅速以K^+,Na^+,OH^-等离子的形式进入溶液,使其pH值升高,Ca^{2+}离子浓度减小,$Ca(OH)_2$的最大过饱和度也相应降低。因此,碱的存在会使C_3S等熟料矿物的水化速度加快,水泥的早期强度提高,但28d及以后的强度则有所降低。

此外,熟料如含有适量的P_2O_5,Cr_2O_3(0.2%~0.5%)或者BaO,TiO_2,Mn_2O_3(0.5%~2.0%)等氧化物,并以固溶体的形式存在时,都能促进水泥的水化,提高早期强度。

3. 密实度和强度的关系

硬化水泥浆体的强度与其密实度密切相关。鲍维斯提出用"胶空比"(X)来反映浆体的密实程度。所谓"胶空比"是指凝胶固相在浆体总体积中所占的比例,也就是凝胶体填充浆体内原有孔隙的程度。

$$X = \frac{凝胶体积}{水泥浆体所占空间} = \frac{凝胶体积}{凝胶体积+毛细孔体积}$$

根据大量的试验结果,水泥浆体的强度与胶空比(X)又可有如下关系

$$S = S_o X^n$$

式中 S_0——毛细孔隙率为零(即$X=1$)时的浆体强度;

n——实验常数,与水泥种类以及实验条件有关,波动于 2.6 ~3.0 之间。

典型的强度–胶空比曲线如图 15-17 所示。该式比较适用于组成相同的水泥,在不同水化阶段时胶空比与强度的关系。而对不同组成的水泥,即使胶空比相同,其强度仍会有相当差别。另外,由于胶空比与水灰比又有如下关系

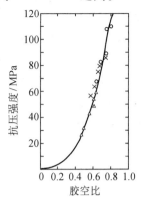

$$X=\frac{凝胶体积}{浆体总体积}=\frac{2.2C\cdot a\cdot Vc}{C\cdot a\cdot Vc+W}=\frac{0.704a}{0.32a+\dfrac{W}{C}}$$

式中　C——水泥质量;

　　　W——水的质量;

　　　Vc——水泥的比容,即单位质量水泥所占的绝对体积,一般取 0.32 cm^2/g;

　　　a——水化程度。

图 15-17　水泥浆体抗压强度与胶空比的关系

因此,从该式可得出如下结论,在熟料矿物组成大致相近的条件下,水泥浆体的强度主要与水灰比和水化程度有关。

4. 温度和压力对强度的影响

提高养护温度,水泥的水化加速,强度在初期能较快发展,但以后的强度发展可能有所降低,特别是抗折强度更为严重,如图 15-18 所示。相反,在较低温度下硬化时,虽然结硬速度慢,但可能获得较高的最终强度。甚至处于 -12℃左右的低温,硬化也并未完全停止,强度仍有继续发展的趋势。养护温度对水泥强度影响的原因诸说不一,例如,维尔巴克(G·J·Verbeck)等提出,高温下形成的凝胶等水化产物分布很不均匀,是造成强度下降的原因。在常温或低温下,水化较慢,水化产物有充分时间进行扩散,能够比较均匀地沉析到水泥颗粒之间,而高温时就产生由凝胶分布稀疏的部位所形成的弱点,从而有碍强度的增长。同时,当水泥颗粒被密集的凝胶层包裹以后,水化要延缓,当然也直接影响到强度的发展。还有认为,浆体内各组成热膨胀系数的差别,是损害浆体结构的主要原因。空气,特别是饱和

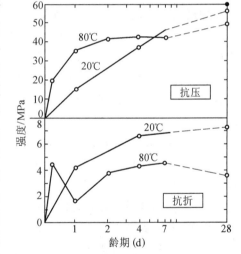

图 15-18　养护温度对水泥浆体强度增长的影响

空气在受热时的剧烈膨胀,会产生相当巨大的内应力,并使浆体联结减弱,孔隙率增加,甚至造成微裂缝,因此,对裂缝最为敏感的抗折强度就受到更大影响。另外,也有从较低温度下易于形成长纤维 C—S—H 的角度,来解释最终强度提高的原因。

采用蒸压养护(>100℃),高温对最终强度的有害作用比 100℃以下时,更要严重得多;而且水化产物的化学组成和物理性质都会发生变化,例如常温养护浆体的内比表面积约为200m^2/g左右,而蒸压处理的仅为上列数值的 10% ~5%;另外,蒸压处理浆体的孔

隙率较大。在水灰比和水化程度相同的条件下,浆体的孔隙率决定于水化产物的密度。一般 C—S—H 的密度为 2.0～2.2,而蒸压条件下形成的 $C_2SH(A)$,其密度达 2.8,因此浆体孔隙率增大,对强度必有很大影响。

15.5.3 体积变化

水泥若安定性不良,则其在硬化过程中产生显著而不均匀的体积变化,甚至引起质量事故。此外,温度和湿度影响以及大气作用等各种原因也会引起硬化浆体的体积变化。

1. 化学减缩

在水泥的水化过程中,无水的熟料矿物转变为水化物,固相体积逐渐增加;但水泥-水体系的总体积,却在不断缩小。由于这种体积减缩是因化学反应所致,故称化学减缩,以 C_3S 的水化反应为例

$$2(3CaO \cdot SiO_2) + 6H_2O \Longrightarrow 3CaO \cdot 2SiO_2 \cdot 3H_2O + 3Ca(OH)_2$$

密　度	3.14	1.00	2.44	2.23
分子量	228.23	18.02	342.48	74.10
摩尔体积	72.71	18.02	140.40	33.23
体系中所占体　积	145.42	108.12	140.40	99.69

由此可见,反应前体系总体积为 $253.54cm^3$,而反应后则为 $240.09cm^3$,体积减缩 $13.45cm^3$,占体系原有绝对体积的 5.31%。其他熟料矿物也都有程度不同的减缩,其大小顺序为 $C_3A > C_4AF > C_3S > C_2S$。尽管化学减缩会产生数值相当可观的孔隙,不过,随着水化作用的进展,化学减缩虽在相应增加,但固相体积却有较快增长,所以整个体系的总孔隙率仍能不断减少。

2. 湿胀干缩

干燥使体积收缩,潮湿时则会发生膨胀,干缩循环可导致反复胀缩,但还遗留有部分不可逆收缩。

图 15-19 为普通水泥浆体从相对湿度 100% 干燥至 7% 时长度变化情况的一例,图中斜率改变处所标的数值为相对湿度值,由图可见,在整个干燥过程中有四个不同斜率的线段,表明在相对湿度改变时可能产生了不同的收缩机理。有关干缩的原因,一般可认为与毛细孔张力、表面张力、拆散压力以及层间水的变化等因素有关。

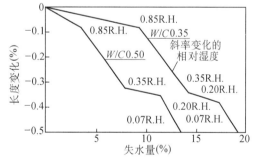

图 15-19　相对湿度降低时水泥浆体的长度变化和失水量的关系

浆体失水时,毛细孔中的水蒸发,毛细孔内形成凹形液面,其曲率半径不断减小,由此而产生的毛细孔张力,将使毛细孔周围的固相产生弹性压缩变形;水泥凝胶具有巨大的比表面积,胶粒表面上由于分子排列不规整,具有较高的表面能,表面上所受到的张力极大,其作用有如弹性薄膜,使胶粒受到相当大的压缩应力。因此,受湿时由于分子的吸附,胶

粒的表面张力降低,相应使所承受的压缩应力减小,体积就增大,而干燥时则相反。

另外,在一定的温度下,随着相对湿度的提高,胶粒表面的吸附水层不断增厚,其最大厚度据测定大致相当于 5 层分子,约 13Å 左右。但部分胶粒之间的距离可能太近,如小于 26Å,则会有吸附受阻区(图 15-20)存在。在这个区域内,吸附水层未能充分发展,由吸附作用所诱发的"拆散压力"或"膨胀压力",趋向于将靠得太近的胶粒推开,从而造成膨胀。反之,当相对湿度降低时,拆散压力减小,胶粒依靠范德华力而靠拢,结果产生收缩。

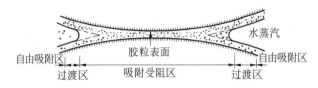

图 15-20 吸附受阻区示意图

至于 C—S—H 凝胶中所含层间水的多少,则也要产生层间距离的变化,同样是引起湿胀干缩的一个原因。水化硫铝酸钙和水化铝酸四钙等亦有类似性质。

3. 碳化收缩

空气中通常含有 0.03% 的二氧化碳,在有水气存在的条件下,会和水泥浆体内所含的氢氧化钙作用,生成碳酸钙和水。而其他水化产物也要与二氧化碳反应,例如。

$$3CaO \cdot 2SiO_2 \cdot 3H_2O + CO_2 \Longrightarrow CaCO_3 + 2(CaO \cdot SiO_2 \cdot H_2O) + H_2O$$
$$CaO \cdot SiO_2 \cdot H_2O + CO_2 \Longrightarrow CaCO_3 + SiO_2 \cdot 2H_2O$$

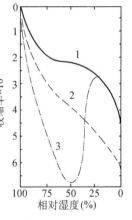

图 15-21 水泥砂浆的
碳化收缩

1—在无 CO_2 的空气中干燥;

2—干燥与碳化同时进行;

3—先干燥再碳化

在上述反应的同时,硬化浆体的体积减少,出现不可逆的碳化收缩。图 15-21 为在不同相对湿度下,由于干燥和碳化所造成的体积收缩。由图可见碳化收缩值相当可观,并以浆体中的湿度而定。对于先干燥再碳化的浆体,在环境相对湿度 50% 时碳化收缩最大;而干燥与碳化同时进行的,则在相对湿度 25% 左右具有最大的碳化收缩值。

有关产生碳化收缩的机理尚未完全清楚,可能是由于水化产物被碳化,引起浆体结构的解体所致。由于相对湿度在 25% 以下或者接近 100%,即浆体在充分干燥或水饱和的场合,都不易产生碳化收缩。因此,在一般的大气中,实际的碳化速度很慢,通常在一年以后才会使浆体表面产生微细裂缝,主要影响其外观质量。

综上所述,引起硬化水泥浆体体积变化的因素是多方面的,体积变化是否引起浆体破坏,主要在于体积变化的均匀性;剧烈而不均匀的体积变化,常是使浆体整体性变差,甚至开裂破坏的一个主要因素。

15.5.4 水化热

水泥中各熟料矿物水化作用产生水化热,对低温施工而言,水化热有利于水泥的正常硬化。若构筑物过大,热量不易散失,温度升高,与其表面的温差过大就会产生较大应力而导致裂缝,因此,水化热亦是一个相当重要的使用性能。

水泥水化热的周期很长,但大部分热量是在 $3d$ 以内,特别是在水泥浆发生凝结、硬化的初期放出。水化热的大小与放热速率首先决定于水泥的矿物组成,其基本规律是 C_3A 的水化热与放热速率最大,C_4AF 与 C_3S 次之,C_2S 的水化热最小,放热速率也最慢。

另外,还有认为硅酸盐水泥的水化热基本上具有加和性,可用下式进行计算

$$Q_H = a(C_3S) + b(C_2S) + c(C_3A) + d(C_4AF)$$

式中 Q_H——水泥的水化热(J/g);

　　　　a、b、c、d——各熟料矿物单独水化时的水化热(J/g);

　　　　(C_3S)、(C_2S)、(C_3A)、(C_4AF)——各熟料矿物的含量(%)。

例如

$$Q_{3天} = 240(C_3S) + 50(C_2S) + 880(C_3A) + 290(C_4AF)$$

$$Q_{28天} = 337(C_3S) + 150(C_2S) + 1378(C_3A) + 494(C_4AF)$$

设某一硅酸盐水泥的熟料组成为 C_3S-45%,C_2S-25%,C_3A-10% 和 C_4AF-10%,经计算 $3d$ 水化热为 $237.5J/g$;$28d$ 水化热为 $394.4J/g$。

影响水化热的因素很多,除熟料矿物组成外,还有熟料的煅烧与冷却条件,水泥的粉磨细度、水灰比、养护温度、水泥储存时间等,因此,单按熟料矿物含量通过上式计算,仅能对水化热作大致估计,准确数值尚须实际测定。

15.5.5 抗渗性

抗渗性就是抵抗各种有害介质进入内部的能力。当水进入硬化水泥浆体一类的多孔材料时,开始的渗入速率决定于水压以及毛细管力的大小,待硬化浆体达到水饱和,使毛细管力不再存在以后,就达到一个稳定流动的状态,其渗水速率则可用下列公式表示

$$\frac{dq}{dt} = KA \frac{\Delta h}{L}$$

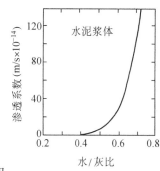

图 15-22　硬化水泥浆体的渗透系数和水灰比的关系

式中 $\dfrac{dq}{dt}$——渗水速率(mm^3/s);

　　　　A——试件的横截面(mm^2);

　　　　Δh——作用于试件两侧的压力差(mm 水柱);

　　　　L——试件的厚度(mm);

　　　　K——渗透系数(mm/s)。

由上式可知,当试件尺寸和两侧压力差一定时,渗水速率和渗透系数成正比,所以通常用渗透系数 K 表示抗渗性的高低。

而渗透系数 K 又可用下式表示

$$K = C \cdot \frac{\varepsilon r^2}{\eta}$$

式中 ε——总孔隙率;

　　　　r——孔的水力半径(孔隙体积/孔隙表面积);

　　　　η——流体的粘度;

　　　　C——常数。

可见，渗透系数主要决定于孔隙半径和孔隙率的大小。从图 15-22 可知，渗透系数随水灰比的增大而提高。因为当水灰比较大时，不仅使总孔隙率提高，并使毛细孔径增大，而且基本连通，渗透系数就会显著提高。因此可以认为，毛细孔，特别是连通的毛细孔对抗渗性极为不利。

但若硬化龄期较短，水化程度不足，渗透系数会明显变大。随着水化产物的增多，毛细孔系统变得更加细小曲折，直至完全堵隔，互不连通。因此，渗透系数随龄期而变小，约如表 15-20 所示。

表 15-20　硬化水泥浆体的渗透系数与龄期的关系（$W/C=0.51$）

龄　期 （d）	新　拌	1	3	7	14	28	100	240
渗透系数 （m/s）	10^{-6}	10^{-8}	10^{-9}	10^{-10}	10^{-12}	10^{-13}	10^{-16}	10^{-18}
附　注	与水灰比无关	毛细孔相互连通					毛细孔互 不连通	

值得注意的是，在实验室条件下，虽然能制得抗渗性很好的硬化浆体，但实际使用的砂浆、混凝土，其渗透系数要大得多，这是因为砂、石集料与水泥浆体的界面上存在着过渡的多孔区，集料越粗，影响越大。另外，混凝土捣实不良或者渗水过渡所造成的通路，都会降低抗渗性。蒸汽养护也要使抗渗性变差。所以，混凝土的抗渗性仍然是一个更值得重视的问题。

15.5.6　抗冻性

抗冻性是指在冻融循环作用下，保持原有性质，抵抗破坏的能力。

水在结冰时，体积约增加 9%，因此硬化水泥浆体中的水结冰会使孔壁承受一定的膨胀应力；如其超过浆体的抗拉强度，就会引起微裂等不可逆的结构变化；从而在冰融化后不能完全复原，所产生的膨胀仍有部分残留。图 15-23 为水饱和浆体经一次冻融循环时的长度变化曲线，其中不可回复的膨胀约占总值的 30%。再次冻融时，原先形成的裂缝又由于结冰而扩大，如此经过反复的冻融循环，裂缝越来越大，导致更为严重的破坏。所以，水泥的抗冻性往往是以试块能经受 -15℃ 和 20℃ 的循环冻融而抗压强度降低不超过 25% 时的最高次数来说明，例如 200 次或 300 次冻融循环等。

硬化水泥浆体中的结合水是不会结冰的；凝胶水由于所处的凝胶孔极为窄小，只能在极低的温度（如 -78℃）下才能结冰。因此在一般自然条件的低温下，只有在毛细孔中的水和自由水才会

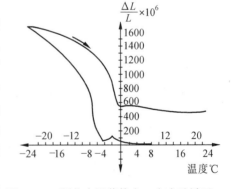

图 15-23　硬化水泥浆体在一次冻融循环中的长度变化（W/C=0.67，水化程度 79%，水饱和）

结冰。又因为浆体中的水并非纯水，而是含有 $Ca(OH)_2$ 和碱类的盐溶液，故冰点至少在 -1℃ 以下。同时，毛细孔中的水还受到表面力的作用，毛细孔越细，冰点越低。例如

10nm孔径中的水到–5℃才结冰,而3.5nm孔径的冰点则在–20℃。当温度下降到冰点以下,首先是从表面到内部的自由水以及粗毛细孔的水开始结冰,然后随温度下降才是较细,以至更细的毛细孔中的水结冰。

关于水泥品种与矿物组成对抗冻性的影响,一般认为硅酸盐水泥比掺混合材水泥的抗冻性要好一些。增加熟料中的C_3S含量,控制C_3A及碱含量,抗冻性可以改善。

实践证明,将水灰比控制在0.4以下,可以制得高度抗冻的硬化浆体。但水灰比大于0.55时,抗冻性将显著降低。图15-24所示为水灰比与硬化浆体长度变化的关系。可见,水灰比越低,总的膨胀以及残留膨胀则越小。

此外,水泥浆体遭受冰冻前的养护龄期(图15-25),充水程度,以及孔隙分布均匀程度等都对抗冻性有着一定程度的影响。

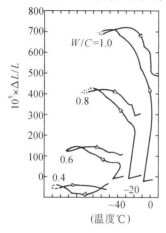

图 15-24　水灰比对一次冻
融循环后浆体长
度变化的影响

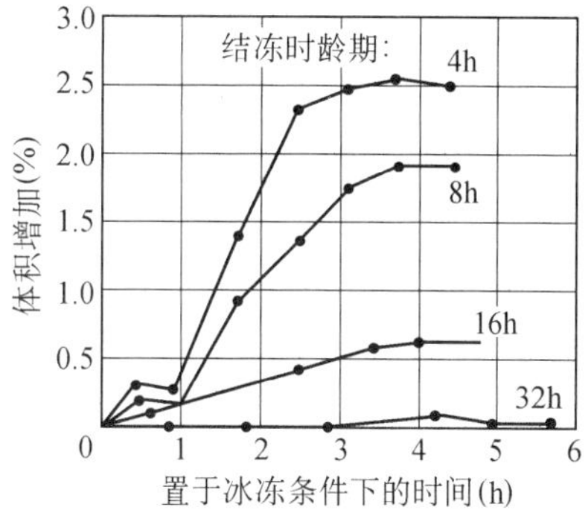

图 15-25　冻前养护龄期对混凝土冻
胀程度的影响

15.5.7　环境介质的侵蚀

对水泥侵蚀的环境介质主要为:淡水、酸和酸性水、硫酸盐溶液和碱溶液等。其侵蚀作用可以概括为:溶解浸析、离子交换以及形成膨胀性产物等三种形式,如图15-26所示。

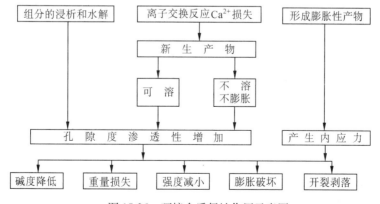

图 15-26　环境介质侵蚀作用示意图

1. 浆体组分的溶解浸析

硬化浆体若不断受到淡水(冷凝水、雨水、雪水等)的浸析时,其中一些组成如 $Ca(OH)_2$ 等将按照溶解度的大小,依次逐渐被水溶解,产生溶出性侵蚀,最终能导致破坏。

在各种水化产物中,$Ca(OH)_2$ 的溶解度最大(25℃时约为 1.2gCaO/L),所以首先被溶解。若水量不多,水中的 $Ca(OH)_2$ 浓度很快就达到饱和程度,溶出作用也就停止。但在流动水中,特别在有水压作用且混凝土的渗透性又较大的情况下,水流就不断将 $Ca(OH)_2$ 溶出并带走,不仅增加了孔隙率,使水更易渗透,而且由于液相中 $Ca(OH)_2$ 浓度降低,还会使其它水化产物发生分解。

水泥的水化产物都必须在一定浓度 CaO 的液相中才能稳定存在,各主要水化产物的 CaO 极限浓度如下

$2CaO \cdot SiO_2 \cdot aq$	接近 $Ca(OH)_2$ 饱和浓度;
$3CaO \cdot SiO_2 \cdot aq$	接近 $Ca(OH)_2$ 饱和浓度;
$CaO \cdot SiO_2 \cdot aq$	0.031～0.52gCaO/L
$4CaO \cdot Al_2O_3 \cdot 12H_2O$	1.06～1.08gCaO/L
$3CaO \cdot Al_2O_3 \cdot 6H_2O$	0.415～0.56gCaO/L
$4CaO \cdot Fe_2O_3 \cdot aq$	1.06gCaO/L
$3CaO \cdot Al_2O_3 \cdot 3CaSO_4 \cdot 32H_2O$	0.045gCaO/L

可见,随着 CaO 的溶出,首先是 $Ca(OH)_2$ 晶体被溶解,其次是高碱性的水化硅酸盐、水化铝酸盐等分解而成为低碱性的水化产物。如果不断浸析,最后会变成硅酸凝胶、氢氧化铝等无胶结能力的产物。

2. 离子交换反应

通过离子交换反应,硬化水泥浆体可能受到如下的三种侵蚀形式

(1)形成可溶性钙盐

当水中溶有一些无机酸或有机酸时,通过阳离子交换反应,这些酸性溶液即与硬化浆体的组成生成可溶性的钙盐,如氯化钙、醋酸钙等,随之被水带走。

在农业化肥生产中通常含有氯化铵和硫酸铵的溶液,能使浆体组成转化成高度可溶的产物,如 $2NH_4Cl+Ca(OH)_2 \rightarrow CaCl_2+2NH_3 \cdot H_2O$。显而易见,两种产物的溶解度都很大,故侵蚀性相当强烈。

在大多数的天然水中多少总有碳酸存在。大气中的 CO_2 溶于水中能使其具有明显的酸性(pH=5.72),再加之生物化学作用所形成的 CO_2,常会产生碳酸侵蚀。

碳酸与水泥混凝土相遇时,首先和所含的 $Ca(OH)_2$ 作用,生成不溶于水的碳酸钙。但是水中的碳酸还要和碳酸钙进一步作用,生成易溶于水的碳酸氢钙。

$$CaCO_3+CO_2+H_2O \rightleftharpoons Ca(HCO_3)_2$$

从而使氢氧化钙不断溶失,而且又会引起水化硅酸钙和水化铝酸钙的分解。

由上式可知,当生成的碳酸氢钙达到一定浓度时,便会与剩留下来的一部分碳酸建立起化学平衡;反应进行到水中的 CO_2 和 $Ca(HCO_3)_2$ 达到浓度平衡时就终止。实际上,天然水本身常含有少量碳酸氢钙,没有侵蚀作用,称为平衡碳酸。

当水中含有的碳酸超过平衡碳酸量时,其剩余部分的碳酸才能与 $CaCO_3$ 反应。其中

一部分剩余碳酸与之生成新的碳酸氢钙,即称为侵蚀性碳酸,而另一部分剩余碳酸则用于补充平衡碳酸量,与新形成的碳酸氢钙又继续保持平衡。所以,水中的碳酸可以分成"结合的"、"平衡的"和"侵蚀的"三种。只有侵蚀性碳酸才对硬化浆体有害,其含量越大,侵蚀越剧烈。

水的暂时硬度越大,则所需的平衡碳酸量越多,就会有较多的碳酸作为平衡碳酸存在。相反,在淡水或暂时硬度不高的水中,二氧化碳含量即使不多,但只要大于当时相应的平衡碳酸量,就可能产生一定的侵蚀作用。另一方面,暂时硬度大的水中所含的碳酸氢钙,还可与浆体中 $Ca(OH)_2$ 反应,生成碳酸钙,堵塞表面的毛细孔,提高致密度。

$$Ca(HCO_3)_2 + Ca(OH)_2 \longrightarrow 2CaCO_3 + 2H_2O$$

还有试验表明,少量 Na^+,K^+ 等离子的存在会影响碳酸平衡,向着碳酸氢钙的方向移动,因而能使侵蚀作用加剧。

(2)形成不溶性钙盐

侵蚀性水中有时含有某些阴离子,会与水泥浆体发生反应形成不溶性钙盐。如果所形成的产物既不产生膨胀,又不被流水冲刷、渗漏滤出或者车辆磨损而带走,是不会引起破坏的。反之,则会提高孔隙率,增加渗透性。

(3)镁盐侵蚀

在地下水、海水以及某些工业废水中常会有氯化镁、硫酸镁或碳酸氢镁等镁盐存在,会与硬化浆体中的 $Ca(OH)_2$ 形成可溶性钙盐。例如,硫酸镁即依下式反应

$$MgSO_4 + Ca(OH)_2 + 2H_2O \longrightarrow CaSO_4 \cdot 2H_2O + Mg(OH)_2$$

生成的氢氧化镁溶解度极小,极易从溶液中沉析出来,从而使反应不断向右进行。而且,氢氧化镁饱和溶液的 pH 值只为 10.5,水化硅酸钙不得不放出石灰,以建立使其稳定存在所需的 pH 值。但是硫酸镁又与放出的氧化钙作用,如此连续进行,实质上就是硫酸镁使水化硅酸钙分解,如下式所示

$$3CaO \cdot 2SiO_2 \cdot aq + 3MgSO_4 + nH_2O \longrightarrow 3[CaSO_4 \cdot 2H_2O] + 3Mg(OH)_2 + 2SiO_2 \cdot aq$$

同时,在长期接触的条件下,即使是未分解的水化硅酸钙凝胶中的 Ca^{2+} 离子也要逐渐被 Mg^{2+} 离子所置换,最终转化成水化硅酸镁,导致胶结性能进一步下降。另一方面,由 $MgSO_4$ 反应生成的二水石膏,又会引起硫酸盐侵蚀,所以危害更为严重。

3. 形成膨胀性产物

主要是外界侵蚀性介质与水泥浆体组分通过化学反应形成膨胀性产物。此外,某些盐类溶液渗入浆体或混凝土内部后,如果再经干燥,盐类在过饱和孔液中的结晶长大,也会产生一定的膨胀应力。

(1)硫酸盐侵蚀

硫酸钠、硫酸钾等多种硫酸盐(硫酸钡除外)都能与水泥浆体所含的氢氧化钙作用生成硫酸钙,再和水化铝酸钙反应而生成钙矾石,从而使固相体积增加很多,分别为124%和94%,产生相当的结晶压力,造成膨胀开裂以至毁坏。如以硫酸钠为例,其作用如下式

$$Ca(OH)_2 + Na_2SO_4 \cdot 10H_2O === CaSO_4 \cdot 2H_2O + 2NaOH + 8H_2O$$

$$4CaO \cdot Al_2O_3 \cdot 19H_2O + 3(CaSO_4 \cdot 2H_2O) + 8H_2O === 3CaO \cdot Al_2O_3 \cdot 3CaSO_4 \cdot 32H_2O + Ca(OH)_2$$

因为，在石灰饱和溶液中，当 SO_4^{2-} <1 000mg/L 时，石膏由于溶解度较大，不会析晶沉淀。但钙矾石的溶解度要小得多，在 SO_4^{2-} 较低的条件下，就能生成晶体。所以在各种硫酸盐稀溶液中（SO_4^{2-} 250mg/L ~ 1 500mg/L）产生的是硫铝酸盐侵蚀。当硫酸盐到达更高浓度后，才转而为石膏侵蚀或者硫铝酸钙与石膏的混合侵蚀。

硫酸镁具有更大的侵蚀作用，即有硫酸盐侵蚀又有镁盐侵蚀，两种侵蚀的最终产物是石膏、难溶的氢氧化镁、氧化硅及氧化铝的水化物凝胶。

又如硫酸氨由于能生成极易挥发的氨，因此成为不可逆反应，而且相当迅速。

$$（NH_4）_2SO_4+Ca（OH）_2 =\!=\!= CaSO_4 \cdot 2H_2O+2NH_3$$

同时也会使水化硅酸钙分解，所以侵蚀极为厉害。

（2）盐类结晶膨胀

一些浓度较高（>10%）的含碱溶液，不仅能与硬化水泥浆体组分发生化学反应，生成胶结力弱，易为碱液溶析的产物，而且也会有结晶膨胀作用。例如 NaOH 即可发生下列反应

$$2CaO \cdot SiO_2 \cdot nH_2O+2NaOH =\!=\!= 2Ca（OH）_2+Na_2SiO_3+（n-1）H_2O$$

$$3CaO \cdot Al_2O_3 \cdot 6H_2O+2NaOH =\!=\!= 3Ca（OH）_2+Na_2O \cdot Al_2O_3+4H_2O$$

又可在渗入浆体孔隙后，再在空气中二氧化碳作用下形成大量含结晶水的 $Na_2CO_3 \cdot 10H_2O$，在结晶时同样会造成浆体结构的胀裂。

15.5.8　碱-集料反应

是指水泥所析出的 KOH 和 NaOH 与集料中活性的二氧化硅间的反应，该反应的产物为碱-硅酸凝胶，吸水后会产生巨大的体积膨胀而使混凝土开裂。

$$活性 SiO_2+2mNaOH（KOH） \longrightarrow mNa_2O（K_2O） \cdot SiO_2 \cdot nH_2O$$

碱-集料反应的破坏特点是混凝土表面产生网状裂纹，活性集料周围出现反应环，裂纹及附近孔隙中常含有碱-硅酸凝胶等。

碱-集料反应的速度极慢，其危害需几年或十几年时间才逐渐表现出来。一般认为只有在水泥中的碱含量（以 Na_2O 计）大于 0.60% 的情况下，集料中含有活性氧化硅时，并且在有水存在或潮湿环境中才能进行。含活性氧化硅的矿物有蛋白石、玉髓、鳞石英等，这些矿物常存在于流纹岩、安山岩、凝灰岩等天然岩石中。

此外，水泥中所含的碱还可能与白云石质石灰石产生膨胀反应，导致混凝土破坏，常称为碱-碳酸盐反应。反应机理尚未十分清楚，有人认为发生如下的反白云石化反应

$$CaCO_3 \cdot MgCO_3+2NaOH =\!=\!= CaCO_3+Mg（OH）_2+Na_2CO_3$$

通过上列反应使白云石晶体中的粘土质包裹物暴露出来，从而将粘土的吸水膨胀或通过粘土膜产生的渗透压作为造成破坏的主要原因。而且在 $Ca（OH）_2$ 存在的条件下，还会依如下反应使碱重新产生

$$Na_2CO_3+Ca（OH）_2 =\!=\!= CaCO_3+2NaOH$$

这样就使上述的反白云石化反应继续进行，如此反复循环，有可能造成严重的危害。

第十六章　掺混合材料的水泥

掺混合材料的水泥,根据其组分材料不同,可以分为掺混合材料的硅酸盐水泥和少熟料与无熟料水泥。本章主要讲述掺混合材料的硅酸盐水泥,主要品种有:矿渣硅酸盐水泥、火山灰质硅酸盐水泥和粉煤灰硅酸盐水泥。掺入少量混合材料(活性混合材料不超过15%或非活性混合材料不超过10%)的普通硅酸盐水泥已在第十五章叙述。

16.1　水泥混合材料

混合材料的品种很多,在使用中通常按照它的性质分为活性和非活性两大类。

凡是天然的或人工的矿物质材料磨成细粉,加水后本身不硬化(或有潜在水硬性),但与激发剂混合,加水拌和后,不但能在空气中硬化,而且能在水中继续硬化者,称为活性混合材料或称为水硬性混合材料。常用的有粒化高炉矿渣、火山灰质混合材料和粉煤灰等。

常用的激发剂有两类:碱性激发剂(石灰或水化时能析出 $Ca(OH)_2$ 的硅酸盐水泥熟料)和硫酸盐激发剂(二水石膏、半水石膏、无水石膏或以 $CaSO_4$ 为主要成分的化工废渣,如磷石膏、氟石膏等),其作用机理如下。

碱性激发剂中的 $Ca(OH)_2$ 与活性混合材料中所含呈活性状态的 SiO_2 和 Al_2O_3 发生化学反应,生成水化硅酸钙和水化铝酸钙。

$$活性\ SiO_2+XCa(OH)_2+aq =\!=\!=\!= XCaO \cdot SiO_2 \cdot aq$$
$$活性\ Al_2O_3+YCa(OH)_2+aq =\!=\!=\!= YCaO \cdot Al_2O_3 \cdot aq$$

式中 X 和 Y 值随活性混合材料的性能和激发剂掺量而异。X 值一般在 $0.8 \sim 1.5$ 之间,Y 值一般为 3。

在同时有硫酸盐激发剂存在的条件下,石膏与活性 Al_2O_3 化合,生成水化硫铝酸钙。

$$活性\ Al_2O_3+3Ca(OH)_2+3(CaSO_4 \cdot 2H_2O)+aq =\!=\!=\!= 3CaO \cdot Al_2O_3 \cdot 3CaSO_4 \cdot 32H_2O$$

此外,也有人认为可以生成水化铝硅酸钙($2CaO \cdot Al_2O_3 \cdot SiO_2 \cdot aq$)。当水化温度提高时,还会生成水石榴石($3CaO \cdot Al_2O_3 \cdot XSiO_2 \cdot aq$)。

凡是天然或人工的矿物质材料,磨成细粉与石灰混合,加水拌和后,不能或很少生成具有胶凝性的水化产物,掺入水泥中仅起降低强度和增加水泥产量作用者,称为非活性混合材料或称非水硬性混合材料。常用的有石灰石、砂石、白云石等。近年来也采用窑灰作为混合材料。

16.1.1　粒化高炉矿渣

粒化高炉矿渣又称水淬矿渣。高炉冶炼生铁时所得以硅酸钙和铝酸钙为主要成分的熔融物,经淬冷成粒后即为粒化高炉矿渣。

其结构以玻璃体为主,化学成分主要有氧化钙(CaO)、氧化硅(SiO_2)、氧化铝

（Al_2O_3）、氧化镁（MgO）和氧化锰（MnO）。粒化高炉矿渣活性取决于化学组成和内部结构，氧化钙和氧化铝是矿渣活性的主要组分。用于水泥中的粒化高炉矿渣须满足下列要求

（1）质量系数 $K\left(K=\dfrac{CaO+MgO+Al_2O_3}{SiO_2+MgO+TiO_2}\right)$ 不得小于 1.2；

（2）锰化合物含量以氧化锰（MnO）计不得超过 4%；钛化合物含量以氧化钛（TiO_2）计不得超过 10%；氟化合物含量以氟（F）计不得超过 2%。冶炼锰铁所得的粒化高炉矿渣，锰化合物含量以氧化锰（MnO）计不得超过 15%；硫化物含量以硫（S）计不得超过 2%；

（3）淬冷处理必须充分，堆积密度不得大于 1 100kg/m³，未经充分淬冷的块状矿渣，经直观剔选，以质量计不得大于 5%，其最大尺寸不得大于 100mm；

（4）不得混有任何外来夹杂物。

16.1.2 火山灰质混合材料

以氧化硅（SiO_2）、氧化铝（Al_2O_3）为主要成分的矿物质材料，本身磨细加水拌和并不硬化，但与气硬性石灰混合后，再加水拌和，则不但能在空气中硬化，而且能在水中继续硬化。按其成因分为天然和人工两大类。前者有火山灰、浮石、沸石岩、凝灰岩、硅藻土、硅藻石、蛋白石等；后者有烧粘土、煤渣、煤矸石、硅灰等。其中硅灰是生产硅铁和其他硅合金时，高纯度石英与焦炭在高温电炉中所产生的一种超细粉末副产品，二氧化硅含量高达 85%~98%，其活性极大。

火山灰质混合材料加入到水泥中可以改善水泥的某些性能、降低能耗、增产水泥。但对其烧失量、三氧化硫（SO_3）含量、火山灰性试验及胶砂强度比都有相应要求。

16.1.3 粉煤灰

粉煤灰又称飞灰，发电厂锅炉以煤粉为原料从烟道气体中收集下来的灰渣。呈浅灰色或黑色，密度为 1.9~2.4，堆积密度为 550kg/m³~800kg/m³，其主要矿物组成是铝硅玻璃体，并有莫来石、α-石英、方解石、β-硅酸二钙等少量晶态矿物。粉煤灰的化学成分主要有：氧化硅（SiO_2）、氧化铝（Al_2O_3）、氧化铁（Fe_2O_3）、氧化钙（CaO），还有少量未燃尽的碳（C）。粉煤灰的活性主要取决于玻璃体的含量，即活性氧化硅（SiO_2）、活性氧化铝（Al_2O_3）的含量，含碳量高时对活性极其有害。对水泥和混凝土中使用的粉煤灰的未燃碳量、含水量、三氧化硫量等指标均有要求。粉煤灰中氧化钙含量较高时（>20%），加水后能单独硬化（自硬性）。

16.2 矿渣硅酸盐水泥

凡由硅酸盐水泥熟料和粒化高炉矿渣、适量石膏磨细制成的水硬性胶凝材料称为矿渣硅酸盐水泥，简称矿渣水泥，代号为 P.S。水泥中粒化高炉矿渣掺入量按质量百分比计为 20%~70%，允许用石灰石、窑灰、粉煤灰和火山灰质混合材料中的一种材料来代替炉矿渣，代替数量不得超过水泥质量的 8%，替代后水泥中粒化高炉矿渣不得少于 20%。

16.2.1 矿渣水泥的强度

矿渣水泥按《GB1344-1999》规定,划分为32.5,32.5R,42.5,42.5R,52.5,52.5R 六个强度等级,其中标记有"R"的为早强型水泥。各龄期的抗压和抗折强度应不低于表 16-1 中的数值。

表 16-1　矿渣硅酸盐水泥、火山灰质硅酸盐水泥
和粉煤灰硅酸盐水泥各强度等级各龄期强度数值(GB1344-1999)

强度等级	抗压强度/MPa		抗折强度/MPa	
	3d	28d	3d	28d
32.5	10.0	32.5	2.5	5.5
32.5R	15.0	32.5	3.5	5.5
42.5	15.0	42.5	3.5	6.5
42.5R	19.0	42.5	4.0	6.5
52.5	21.0	52.5	4.0	7.0
52.5R	23.0	52.5	4.5	7.0

16.2.2 矿渣水泥的水化硬化过程

矿渣水泥调水后,首先是熟料矿物与水作用,生成水化硅酸钙、水化铝酸钙、氢氧化钙、水化硫铝(铁)酸钙等。水化过程以及水化产物的性质与纯硅酸盐水泥是相同的。生成的 $Ca(OH)_2$ 成为矿渣的碱性激发剂,它使矿渣玻璃体中的活性 SiO_2 和活性 Al_2O_3 进入溶液,并与之发生二次反应生成水化硅酸钙、水化铝酸钙。水泥中所含的石膏则为矿渣的硫酸盐激发剂,生成水化硫铝(铁)酸钙。此外,还可能生成水化铝硅酸钙(C_2ASH_3)等水化产物。

上述二次反应的结果,减少了熟料水化生成物中 $Ca(OH)_2$ 的含量,从而又导致熟料水化反应的加速。由于矿渣水泥中熟料含量相对减少,并且有相当多的氢氧化钙又与矿渣组分相互作用,所以与硅酸盐水泥相比,水化产物的碱度一般要低些,其中氢氧化钙含量也相对减少。

由上可知,矿渣水泥的硬化过程,首先是水泥熟料矿物的水化硬化,然后矿渣才参与反应。因此,矿渣水泥早期硬化速度就较慢。

16.2.3 矿渣水泥的性质和用途

矿渣水泥的密度一般为 2.8~3.0,松散体积密度为 900kg/m³~1 200kg/m³,颜色较硅酸盐水泥淡。

矿渣水泥的凝结时间一般比硅酸盐水泥要长,初凝一般为 2h~5h,终凝为 5h~9h,标准稠度需水量与硅酸盐水泥相近。为了提高其早期强度,矿渣水泥的细度应该大些,一般控制 0.08mm 方孔筛余在 5%左右。矿渣水泥安定性良好。

矿渣水泥早期强度低,后期强度可赶上甚至超过硅酸盐水泥(图 16-1)。

矿渣水泥对淡水、硫酸盐介质的抵抗能力优于硅酸盐水泥。具有较强的耐热性,但其

抗大气稳定性、抗冻性、抗渗性、抗干湿交替的能力不如硅酸盐水泥。此外,矿渣水泥的和易性较差,泌水性大。

矿渣水泥可广泛用于地上、地下或水中混凝土工程,适用于大体积混凝土及耐热混凝土工程,可用于有硫酸盐、软水侵蚀要求的混凝土工程,蒸汽养护的混凝土构件中等。

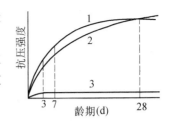

图 16-1 矿渣水泥与硅酸盐水泥强度增长情况的比较
1—硅酸盐水泥;2—矿渣水泥;3—矿渣

16.3 火山灰质硅酸盐水泥

凡由硅酸盐水泥熟料和火山灰质混合材料及适量石膏磨细制成的水硬性胶凝材料称为火山灰质硅酸盐水泥,简称火山灰水泥,代号 P.P。水泥中火山灰质混合材料掺入量按质量百分比计为 20% ~ 50%。按《GB1344-1999》规定,划分为 32.5,32.5R,42.5,42.5R,52.5,52.5R 六个强度等级。各龄期的抗压和抗折强度值应不低于表 16-1 中的数值。

16.3.1 火山灰水泥的水化硬化过程

火山灰水泥的水化硬化过程与矿渣水泥相似。加水拌和后,首先是水泥熟料矿物的水化,然后是熟料矿物水化过程中释放出来的 $Ca(OH)_2$ 与混合材料中的活性组分(活性 SiO_2 和活性 Al_2O_3)发生二次反应。最终产物主要是水化硅酸钙凝胶,其次是水化铝酸钙及其与水化铁酸钙形成的固溶体,以及水化硫铝酸钙。提高水化温度时,还可能有水石榴石 $3CaO \cdot Al_2O_3 \cdot xSiO_2aq$。

与矿渣水泥相似,火山灰水泥的早期硬化速度也是比较慢的。

16.3.2 火山灰水泥的性质和用途

火山灰水泥的密度为 2.7~2.9。标准稠度需水量与混合材料的种类和掺入量有关。若混合材料为凝灰岩,需水量与硅酸盐水泥相近;当用硅藻土、硅藻石时,则需水量增加,并随混合材料掺入量增多而增加,细度、凝结时间、安定性等要求均与硅酸盐水泥相同。

火山灰水泥的强度发展较慢,尤其是早期强度较低,但其后期强度往往可以超过硅酸盐水泥(图 16-2)。火山灰水泥硬化后的致密度较高,其抗渗性和抗淡水溶析的能力较好。水化产物中水化铝酸钙的含量也低,故其抗硫酸盐侵蚀的能力也比硅酸盐水泥好。火山灰水泥的水化热较硅酸盐水泥小。但其抗大气稳定性、抗冻性比硅酸盐水泥差,干缩率也较大。

火山灰水泥的用途一般与矿渣水泥相同。根据其本身的特点,还较适用于具有抗渗要求的混凝土工程。

16.4 粉煤灰硅酸盐水泥

凡由硅酸盐水泥熟料和粉煤灰及适量石膏磨细制成的水硬性胶凝材料称为粉煤灰硅酸盐水泥,简称粉煤灰水泥,代号为 P.F。水泥中粉煤灰掺入量按质量百分比计为 20% ~ 40%。按《GB1344-1999》规定,划分为 32.5,32.5R,42.5,42.5R,52.5,52.5R 六个强度等级。各龄期的抗压和抗折强度值应不低于表 16-1 中的数值。

16.4.1 粉煤灰水泥的水化硬化过程

粉煤灰水泥的硬化过程与火山灰水泥极为相似,但也具有其特点。粉煤灰水泥加水拌和后,首先是熟料矿物水化,析出的 $Ca(OH)_2$ 通过液相扩散到粉煤灰球形玻璃体的表面。在表面上,发生化学吸附与侵蚀,并与玻璃体中的活性 SiO_2 和活性 Al_2O_3 生成水化硅酸钙和水化铝酸钙。当有石膏存在时,还有水化硫铝酸钙结晶产生。大部分水化物开始以凝胶状出现,随龄期增长,逐步转化成纤维状晶体,其数量不断增多,相互交叉连接,使强度不断增长。

因为粉煤灰的球形玻璃体比较稳定,其表面又相当致密,不易水化,所以粉煤灰水泥的早期硬化速度是相当缓慢的。

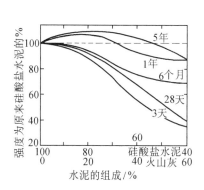

图 16-2　不同掺量的烧页岩水泥
混凝土在不同龄期时的
相对强度

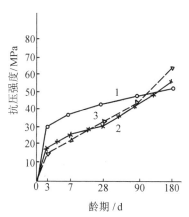

图 16-3　粉煤灰水泥的强度与龄
期关系

1—硅酸盐水泥;2—掺 30% 石景山
粉煤灰的水泥;3—掺 30% 邵武粉煤
灰的水泥

16.4.2 粉煤灰水泥的性质和用途

粉煤灰水泥的早期强度也较硅酸盐水泥低,但后期可以赶上和超过硅酸盐水泥(图16-3)。与大多数火山灰质混合材料相比,由于粉煤灰颗粒的结构比较致密,内表面积小,而且含有很多球状玻璃体颗粒,所以粉煤灰水泥的需水量小,配制成的混凝土和易性好。此外,粉煤灰水泥的干缩变形小、抗裂性好、水化热较低,以及抗淡水和硫酸盐侵蚀的能力较高。

因此,粉煤灰水泥除了用于一般工业与民用建筑外,更适用于大体积混凝土工程和水工、海工混凝土工程。

第十七章 其他品种水泥

为满足各种工程的需要,除前述的五种通用的硅酸盐水泥之外,已经有许多专用或具有某些特性的水泥,本章拟选较有代表性的高铝水泥、快硬硅酸盐水泥和膨胀水泥作介绍。

17.1 高铝水泥

高铝水泥又称矾土水泥,以铝酸钙为主,氧化铝(Al_2O_3)含量约50%的熟料磨细制成。

17.1.1 化学成分和矿物组成

高铝水泥的主要化学成分为 CaO,Al_2O_3,SiO_2,Fe_2O_3 及少量 MgO,TiO_2 等。由于原料及生产方法的不同,其化学成分变化很大:CaO 32% ~42% ,Al_2O_3 36% ~55% ,SiO_2 4% ~15% ,(Fe_2O_3+FeO) 1% ~15%。其中氧化铝是保证生成低碱性铝酸钙的基本成分;氧化钙是保证生成铝酸钙的基本成分;适量(4% ~5%)的氧化硅能促使生料更均匀烧结,加速矿物形成或使熔融均匀。

由于高铝水泥以 CaO,Al_2O_3,SiO_2 为主要成分,因此,其矿物组成大致可按照 CaO–Al_2O_3–SiO_2 三元系统相图进行讨论。主要矿物组成如下。

1. 铝酸一钙(CA)

铝酸一钙是高铝水泥的主要矿物,具有很高的水硬活性,其特点是凝结正常,硬化迅速,是高铝水泥强度的主要来源。但 CA 含量过高的水泥,强度发展主要集中在早期,后期强度增进率就不显著。

2. 二铝酸一钙(CA_2)

在氧化钙含量低的高铝水泥中,CA_2 的含量较多。CA_2 水化硬化较慢,早期强度低,但后期强度能不断提高。

3. 七铝酸十二钙($C_{12}A_7$)

水化极快,凝结迅速,但强度不高。因此水泥中含有较多的 $C_{12}A_7$ 时,会出现快凝,强度降低,耐热性下降。

4. 铝方柱石(C_2AS)

水化活性很低。

此外,尚有六铝酸一钙(CA_6)、镁尖晶石(MA)、钙钛石(CT)、铁酸钙(C_2F、CF)等,有时也会有硅酸二钙(C_2S)存在。

17.1.2 高铝水泥的水化硬化过程

高铝水泥的水化,主要是铝酸一钙的水化,其水化产物与温度关系极大,一般认为:

当温度<15℃ ~20℃时

$$CaO \cdot Al_2O_3 + 10H_2O \longrightarrow CaO \cdot Al_2O_3 \cdot 10H_2O$$

当温度>20℃，<30℃时

$$2(m+n)[CaO \cdot Al_2O_3] + (10n+11m)H_2O \longrightarrow$$
$$n[CaO \cdot Al_2O_3 \cdot 10H_2O] + m[2CaO \cdot Al_2O_3 \cdot 8H_2O] + mAl_2O_3 \cdot 3H_2O$$

m/n 之比值随温度提高而增加。

当温度>30℃时

$$3[CaO \cdot Al_2O_3] + 12H_2O \longrightarrow 3CaO \cdot Al_2O_3 \cdot 6H_2O + 2Al_2O_3 \cdot 3H_2O$$

二铝酸一钙的水化反应与 CA 相同

$$2CA_2 + aq \xrightarrow{<15\sim20℃} 2CAH_{10} + 2AH_3$$

$$2CA_2 + aq \xrightarrow{>20℃} C_2AH_8 + 3AH_3$$

$$3CA_2 + aq \xrightarrow{>30℃} C_3AH_6 + 5AH_3$$

七铝酸十二钙的水化反应如下

$$C_{12}A_7 + aq \xrightarrow{5℃} 4CAH_{10} + 3C_2AHH_8 + 2CH$$

$$C_{12}A_7 + aq \xrightarrow{<20℃} 6C_2AH_8 + AH_3$$

$$C_{12}A_7 + aq \xrightarrow{>25℃} 4C_3AH_6 + 3AH_3$$

结晶的 C_2AS 的水化作用极为缓慢，β-C_2S 水化生成 C–S–H 凝胶。

高铝水泥的硬化过程，与硅酸盐水泥基本相同。CAH_{10}，C_2AH_8 都属六方晶系，结晶形成的片状和针状晶体，互相交错搭接，可形成坚强的结晶合生体；氢氧化铝凝胶又填充于晶体骨架的空隙，形成比较致密的结构，使水泥获得很高的机械强度。

17.1.3　高铝水泥的性质和用途

高铝水泥的密度为 3.20～3.25，初凝不得早于 40min，终凝不得迟于 10h，细度要求为 0.08mm 筛的筛余小于 10%，各龄期的强度值不得低于表 17-1 中的数值。

表 17-1　高铝水泥各标号、各龄期强度数值（GB201-81）

标　　号	抗压强度 MPa（kgf/cm²）		抗折强度 MPa（kgf/cm²）	
	1d	3d	1d	3d
425	35.3(360)	41.7(425)	3.9(40)	4.4(45)
525	45.1(460)	51.5(525)	4.9(50)	5.4(55)
625	54.9(560)	61.3(625)	5.9(60)	6.4(65)
725	64.7(660)	71.1(725)	6.9(70)	7.4(75)

高铝水泥强度发展迅速，24h 内可达最高强度的 80% 以上，但长期强度不稳定，特别在湿热环境下，强度下降；水化热大，放热量集中，在低温下（-10℃）也能很好硬化。

高铝水泥主要用于抢建、抢修、抗硫酸盐侵蚀和冬季施工等特殊需要工程；配制不定型耐火材料及耐热混凝土；配制膨胀水泥和自应力水泥。高铝水泥不宜用于大体积混凝土工程，或采用含可溶性碱的骨料和水。一般不做永久承重结构，当用作结构混凝土时，必须以最低强度来设计。不得与未硬化的硅酸盐水泥混凝土接触使用。在混凝土硬化过程中,若用蒸汽养护,蒸养温度不得超过 50℃。

17.2　快硬硅酸盐水泥

凡以适当成分的生料,烧至部分熔融,所得以硅酸钙为主要成分的硅酸盐水泥熟料,加入适量石膏,磨细制成具有早期强度增进率较高的水硬性胶凝材料,称为快硬硅酸盐水泥,简称快硬水泥。

快硬水泥的细度要求为 0.08mm 方孔筛,筛余小于 10%;初凝时间不得早于 45min,终凝时间不得迟于 10h;划分有 325,375,425 三个标号,各标号、各龄期强度值不低于表 17-2 中的数值。

表 17-2　快硬硅酸盐水泥各标号、各龄期强度数值(GB199-90)

标　　号	抗压强度/MPa			抗折强度/MPa		
	1d	3d	28d	1d	3d	28d
325	15.0	32.5	52.5	3.5	5.0	7.2
375	17.0	37.5	57.5	4.0	6.0	7.6
425	19.0	42.5	62.5	4.5	6.4	8.0

快硬水泥中硅酸三钙(C_3S)和铝酸三钙(C_3A)的含量较高,C_3S 含量达 50% ~60%,C_3A 含量为 8% ~14%,两者之和不少于 60% ~65%。

适量增加石膏含量是生产快硬水泥的重要措施之一,这可保证在水泥石硬化之前形成足够的钙矾石,有利于水泥强度的发展。普通水泥中的 SO_3 含量一般波动在 1.5% ~2.5%,而快硬水泥中,一般波动在 3% ~3.5%。

由于快硬水泥的比表面积大,在贮存和运输过程中容易风化,一般贮存期不应超过一个月,应及时使用。

快硬水泥的水化热较高,这是由于水泥细度高,水化活性大,硅酸三钙和铝酸三钙的含量较高之故。快硬水泥的早期干缩率较大。由于水泥石比较致密,不透水性和抗冻性往往优于普通水泥。

快硬水泥可用于配制早强、高强度混凝土,适用于紧急抢修工程、快速施工工程、低温工程及地下工程。

17.3　膨胀水泥

膨胀水泥是指在水化过程中,由于生成膨胀性水化产物,使水泥在硬化后体积不收缩或微膨胀的水泥。由强度组分和膨胀组分组成。

制造膨胀水泥的方法主要有三种

1.在水泥中掺入一定量的在特定温度下煅烧制得的氧化钙(生石灰),氧化钙水化时产生体积膨胀。

2.在水泥中掺入一定量的在特定温度下煅烧制得的氧化镁(菱苦土),氧化镁水化时产生体积膨胀。

3.在水泥石中形成钙矾石(高硫型水化硫铝酸钙),产生体积膨胀。

由于氧化钙和氧化镁的煅烧温度、水化环境温度、颗粒大小等对由其配制的膨胀水泥的膨胀速度和膨胀量均有较大影响,因而膨胀性能不够稳定,较难控制,故在实际生产中较少应用。实际上得到应用的是形成钙矾石以产生膨胀。

为了形成稳定的钙矾石,液相中必须有相应浓度的 Ca^{2+},Al^{3+},SO_4^{2-} 离子,这些离子的来源不同,可形成不同种类的膨胀水泥。

Ca^{2+} 离子一般来源于硅酸盐水泥,也可来自高铝水泥或生石灰;铝离子来源于铝酸钙或水化铝酸钙(如 C_4AH_3),也可来源于 $C_4A_3\bar{S}$ 和明矾石等;SO_4^{2-} 离子来源于石膏,也来源于 $C_4A_3\bar{S}$ 或明矾石等。

膨胀水泥按其主要组成(强度组分)分为硅酸盐型膨胀水泥、铝酸盐型膨胀水泥和硫铝酸盐型膨胀水泥。膨胀值大的又称自应力水泥。

17.3.1 硅酸盐膨胀水泥

凡以适当成分的硅酸盐水泥熟料、膨胀剂和石膏,按一定比例混合粉磨而制得的水硬性胶凝材料,称为硅酸盐膨胀水泥。

其一般配比为

普通硅酸盐水泥 77% ~81%;

高铝水泥 12% ~14%;

二水石膏 7% ~9%(SO_3<5%,一般为 3.3% ~4.7%)。

所用普通硅酸盐水泥的标号不低于 425 号,二水石膏中的 SO_3 含量不低于 37%。普通硅酸盐水泥为强度组分,高铝水泥和二水石膏为膨胀组分。

根据建标 55-61 规定,硅酸盐膨胀水泥的细度用 4 900 孔/cm^2 的标准筛检定,其筛余不得大于 10%,初凝不得早于 20min,终凝不得迟于 10h,水中养护 1d 的膨胀率不得小于 0.3%;28d 的膨胀率不得大于 1.0%,且又不得大于 3d 的 70%;湿气养护(湿度>90%)最初 3d 内不应有收缩。硅酸盐膨胀水泥分为 400 号、500 号、600 号三个标号,其各龄期强度均不得低于下列数值(表 17-3)。

表 17-3 硅酸盐膨胀水泥各标号、各龄期强度数值(建标 55-61)

标 号	抗压强度 MPa(kgf/cm^2)			抗拉强度 MPa(kgf/cm^2)		
	3d	7d	28d	3d	7d	28d
400	15.7(160)	25.5(260)	39.2(400)	1.2(12)	1.7(17)	2.3(23)
500	21.6(220)	34.3(350)	49.0(500)	1.5(15)	2.0(20)	2.5(26)
600	25.5(260)	41.2(420)	58.8(600)	1.7(17)	2.3(23)	2.8(29)

硅酸盐膨胀水泥用以制作防水层和配制防水混凝土;用以加固结构、浇灌机器底座或地脚螺栓,并可用于接缝及修补工程。禁止用于有硫酸盐侵蚀性的水工工程。

17.3.2　铝酸盐自应力水泥

它是以一定量的高铝水泥熟料和二水石膏磨细制成的,具有膨胀性能的水硬性胶凝材料。

其一般配比为

高铝水泥熟料 60% ~66%;

二水石膏 34% ~40%。

根据 JC214-78 规定,水泥中 SO_3 含量在 15.5% ~17.0%。粉磨可采用混合粉磨,也可采用分别粉磨,然后再混合。采用混合粉磨时,水泥的比表面积不应小于 5 600cm²/g,分别粉磨时,高铝水泥的比表面积不应小于 2 400cm²/g,二水石膏的比表面积不应小于 4 500cm²/g。粉磨时常加入 1% ~2% 滑石粉等作助磨剂。

铝酸盐自应力水泥加水拌和后,高铝水泥中的 CA 和 CA_2 等铝酸盐矿物与石膏进行下列水化反应

$$3CA+3C\bar{S}H_2+32H \longrightarrow C_3A \cdot 3C\bar{S} \cdot H_{32}+2AH_3$$
$$3CA_2+3C\bar{S}H_2+41H \longrightarrow C_3A \cdot 3C\bar{S} \cdot H_{32}+5AH_3$$

可见,在水化形成钙矾石的同时,会析出相当数量的氢氧化铝(AH_3)凝胶,不但有效地增进了水泥石的密实性,而且在钙矾石晶体生长、膨胀过程中,起着极为重要的塑性衬垫作用,使水泥石在不断增高强度的情况下,具有较大的变形能力。又由于钙矾石析晶时的过饱和度较小,生成的钙矾石就比较分散,而且分布均匀,结晶压力不会过分集中,对水泥石结构的破坏性就相对较小。因此,可以认为钙矾石和氢氧化铝凝胶共同构成了强度因素和膨胀因素。

铝酸盐自应力水泥凝结时间,初凝不得早于 30min,终凝不得迟于 3h,1:2 软练胶砂的自应力值、自由膨胀和抗压强度应满足表 17-4 中的要求。

表 17-4　1:2 软练胶砂的自应力值、自由膨胀和抗压强度

龄　　期	自应力值	自由膨胀	抗压强度
	MPa(kgf/cm²)	(%)	MPa(kgf/cm²)
7d	>3.4(35)	<1.2	>29.4(300)
28d	>4.5(45)	<1.5	>34.3(350)

用铝酸盐自应力水泥配制的混凝土或砂浆,抗渗性能好,气密性好,质量比较稳定,适用于制作较大口径或承受较高压力的自应力水管和输气管,也适用于隧道、地下室等防渗工程。

17.3.3　硫铝酸盐膨胀水泥

由适当成分的生料,经煅烧所得以无水硫铝酸钙和硅酸二钙为主要矿物成分的熟料,加入适量二水石膏磨细制成的水硬性胶凝材料。

硫铝酸盐膨胀水泥熟料主要矿物成分的大约范围为 $C_4A_3\bar{S}$52% ~68%,C_2S18% ~36%,$Fe_2O_3$4% ~6.5%。磨制时,一般掺入石膏 15% ~25%。

硫铝酸盐膨胀水泥按其自由膨胀率值可划分为微膨胀型和膨胀型两类,水泥标号为

525 一个标号,各龄期强度不得低于表17-5中数值。

此外,两种水泥中均不允许出现游离氧化钙,比表面积不得低于$400m^2/kg$,初凝不得早于30min,终凝不得迟于3h。

表 17-5 硫铝酸盐膨胀水泥的强度

分　类	抗压强度/MPa(kgf/cm²)			抗折强度/MPa(kgf/cm²)		
	1d	3d	28d	1d	3d	28d
微膨胀水泥	31.4 (320)	41.2 (420)	51.5 (525)	4.9 (50)	5.9 (60)	6.9 (70)
膨胀水泥	27.5 (280)	39.2 (400)	51.5 (525)	4.4 (45)	5.4 (55)	6.4 (65)

注:微膨胀水泥净浆试体1d自由膨胀率不得小于0.05%,28d自由膨胀率不得大于0.5%。膨胀水泥净浆试体1d自由膨胀率不得小于0.10%,28d不得大于1.00%。

硫铝酸盐膨胀水泥的主要水化产物为钙矾石($3CaO \cdot Al_2O_3 \cdot 3CaSO_4 \cdot 32H_2O$)、氢氧化铝凝胶($Al(OH)_3$)和水化硅酸钙凝胶($C—S—H$)。因而用其配制的混凝土、砂浆不仅早期强度高,而且气密性、抗渗性好。主要用于配制节点、抗渗及补偿收缩混凝土。

第十八章　耐火材料的组成、结构和性能

18.1　耐火材料的组成

耐火材料是由多种不同化学成分及不同结构矿物组成的非匀质体。耐火材料的若干性质均取决于其中的物相组成、分布及各相的特性。

18.1.1　化学组成

化学组成是耐火材料的基本特征。为了抵抗高温作用,必须选择高熔点化合物。应用较多的是元素周期表中第二周期Ⅲ～Ⅵ主族的硼、碳、氮、氧的化合物,其中以氧化物居多。化学组成按各个成分含量多少和其作用可分为主成分和副成分。主成分是耐火材料中构成耐火基体的成分,它的性质和数量决定制品的性质。主成分可以是氧化物,也可以是元素或某元素与另一元素的化合物。副成分又分为杂质成分和添加成分。前者是无意或不得已带入的有害成分,它往往使耐火材料的耐火性能降低,但同时又可降低制品的烧成温度,促进其烧结。后者是为了提高制品某方面性能而有意添加的成分,常包括结合剂、矿化剂、稳定剂、抗氧化剂、烧结剂等。其特点是用量少、改性能力强,对主性能无严重影响。耐火材料的化学组成是通过化学分析来判断制品或原料纯度及其化学特性、耐火能力的基础,也可以作为原料筛选、调整工艺过程的依据。

18.1.2　矿物组成

耐火材料由矿物组成,其性质是矿物组成和微观结构的综合反映。矿物组成取决于制品的化学组成和工艺条件。化学组成相同的制品,当工艺条件不同时,其所形成的矿物相的种类、数量、晶粒大小和结合情况也有很大差异。即使矿物组成相同的制品,也会因晶粒大小、形状、分布、晶粒结合状况不同而表现不同的性质。

耐火材料一般是多相组成体,其矿物相可分为结晶相和玻璃相两类,又可分为主晶相和基质。主晶相是构成耐火材料的主体,一般来说,主晶相是熔点较高的晶体,其性质、数量及结合状态决定制品性质。基质又称结合相,是填充在主晶相之间的结晶矿物和玻璃相。其含量不多,但对制品的某些性质影响极大,是制品使用过程中容易损坏的薄弱环节,因而在耐火制品生产过程中,必须根据需要调整和改变基质的成分。常见的耐火材料,多按主晶相和基质的矿物成分分为两类,一类是晶相和玻璃相共存的多成分材料制品,其基质可以是玻璃相,也可以是晶体和玻璃体二相的混合物;另一类为仅含晶相的多成分制品,其基质为细微的结晶体,制品靠这种微小结晶体来实现主晶相之间的粘接。

18.2 耐火材料的分类

耐火材料的品种繁多、性能各异、用途复杂,生产工艺也各具特点,因而其分类方法也很多。常用的分类方法大致有以下几种。

1. 按耐火材料的耐火度分类

(1)普通耐火材料(1 580℃~1 770℃); 　　(2)高级耐火材料(1 770℃~2 000℃);

(3)特级耐火材料(2 000℃~3 000℃); 　　(4)超级耐火材料(大于3 000℃)。

2. 按耐火制品的化学-矿物组成分类

(1)硅酸铝质制品(粘土砖、高铝砖等); 　　(2)硅质制品(硅砖、熔融石英制品等);

(3)镁质、镁锆质和白云石质制品(镁砖、镁铬砖、镁铝砖、白云石砖等);

(4)碳质制品(石墨砖、碳砖等); 　　(5)锆质制品(锆英石砖、锆刚玉砖等);

(6)特殊耐火制品(纯氧化物、碳化物、氮化物等纯度高、熔点高、强度大、热稳定等特殊性能的耐火材料)。

3. 按化学特性分类

(1)酸性耐火材料(硅砖、锆英石砖等);

(2)碱性耐火材料(镁砖、镁铝砖、白云石砖等);

(3)中性耐火材料(刚玉砖、高铝砖、碳砖等)。

4. 按气孔率分类

(1)特致密制品(显气孔率低于3%); 　　(2)高致密制品(显气孔率为3%~10%);

(3)致密制品(显气孔率为10%~16%); 　　(4)烧结制品(显气孔率为16%~20%);

(5)普通制品(显气孔率为20%~30%); 　　(6)轻质制品(显气孔率为45%~85%);

(7)超轻质制品(显气孔率为85%以上)。

5. 按烧成工艺分类

(1)不烧制品; 　　(2)烧成制品;

(3)不定形耐火材料。

6. 按形状和尺寸分类

(1)标型耐火制品; 　　(2)普型耐火制品;

(3)异型耐火制品; 　　(4)特型耐火制品;

(5)超特型耐火制品。

除以上常用分类方法外,还可按成型工艺、施工特点、用途等进行分类。有的分类中,还有更为细致的分类,如致密定型耐火材料又可分为一类高铝制品,二类高铝制品、粘土制品等总称。总之,不论耐火材料如何分类,都以便于进行系统研究、生产和合理选用材料为前提。在上述分类方法中,以制品的化学-矿物组成分类法最为重要,最具系统性,应用最为广泛。

18.3 耐火材料的结构

18.3.1 耐火材料的微观结构

耐火材料是多相组成体,其中基质(结合相)是填充在主晶相之间的结晶矿物和玻璃相。根据成分的不同,可以把耐火制品分为含有晶相和玻璃相的多成分耐火材料和仅含晶相的多成分制品,后者中基质为细微的结晶体,而前者中基质可以为玻璃相,也可以是玻璃相与微小颗粒混合而成。耐火制品的显微组织结构常见有两种类型(图18-1)。图(a)为硅酸盐(硅酸盐晶体或玻璃体)结合相胶结晶体颗粒的结构类型,图(b)为晶体颗粒直接交错结合成的结晶网。当固-固相界面能比固-液界面能小,液相对固相浸润不良时,有利于形成图(b)所示的固体颗粒结合。相反,当固-液相界面能小于固-固相界面能,液相对主晶相浸润良好时,有利于形成图(a)所示的固液结合。图(b)中结合方式的制品的高温性能比图(a)中的优越得多。因而在耐火材料生产中,宜采用高纯原料,减少制品中低熔硅酸盐结合物,尽量烧结成直接结合砖。

18.3.2 耐火材料的宏观结构

宏观结构可以理解为物质的颗粒、相位与气孔在数量上的相互关系及分布。其特征可以用气孔率、透气度、比表面、结构类型、各向异性、分布性、相的空间分布等指标来描述。

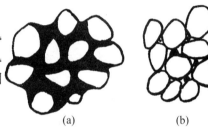

(a)   (b)

图18-1 耐火制品的显微组织结构

1. 气孔率和透气度

耐火材料的气孔可分为三类(图18-2),即:
(1)封闭气孔,封闭在制品中不与外界相通;(2)开口气孔,一端封闭,另一端与外界相通;(3)贯通气孔,贯通气孔两侧,能为流体所通过。其中开口气孔与贯通气孔占总气孔体积的绝大部分,其和与总制品体积百分比,称为显气孔率,是检测耐火材料性能的一个重要指标。

显气孔率可按下式计算

$$P_a(\%) = \frac{m_3 - m_1}{m_3 - m_2} \times 100$$

式中　　P_a——显气孔率;

　　　m_1, m_2, m_3——分别为干燥试样的质量、水饱和

图18-2 耐火制品中的气孔类型

试样的表观质量、水饱和试样在空气中的质量。

透气度是指在一定的压差下,气体透过耐火制品的程度,可按下式计算

$$K = 2.16 \times 10^9 \eta \cdot \frac{h}{d^2} \cdot \frac{Q}{\Delta p} \cdot \frac{2p_1}{p_1 + p_2}$$

式中　　K——试样的透气度,μm^2;

η——试验温度下气体动力粘度，Pa·S；

h——试样高度，mm；

d——试样直径，mm；

Q——气体的体积流量，l/min；

Δp——试样两端气体的压差，×9.81Pa，$\Delta p = p_1 - p_2$；

p_1——气体进入试样端的绝对压力，×9.81Pa；

p_2——气体逸出试样端的绝对压力，×9.81Pa。

2. 结构的各向异性

耐火制品结构的各向异性，主要在挤压成型时产生，同时还取决于配料颗粒的不等量性。在自由装料时，粉料颗粒定向地分布在垂直于重力方向宽而平坦的平面上，成型压力又增加了这种定向性。因此，垂直于成型压力方向上气孔的延伸性不断增长。在成型压力条件下，还产生接触强度的各向异性。由气孔所导致的结构强度和接触强度的各向异性，造成了耐火制品其他一些性能如透气性、导热性、热膨胀性等的各向异性。制品在长期使用的条件下，气孔会逐渐球化，这时其各向异性的显著性可以被减弱。

3. 耐火制品的结构类型

杜利涅夫将耐火制品的结构类型描述成以下三种类型。

（1）带有封闭夹杂物的结构。这种夹杂物是由连续的固体基体和无序或有序地分布在基体中的非接触气体组成。这种结构多半是致密的耐火材料和某些多孔的轻质耐火材料所固有的。

（2）具有相互渗透组分的结构。其特点是固相和气相在各个方向上连续延伸，这种结构是具有连通气孔的轻质耐火材料和纤维材料所特有的。

（3）分散（不粘在一起）的颗粒状材料的结构。粉末状物料的结构可分为两种，一种特点是具有构架，这种构架是由于接触的颗粒杂乱堆积或密实排列而成的。另一种结构类型是构架的空隙被颗粒充满。由第一种结构变成第二种结构时，孔隙和颗粒尺寸随之减小。

4. 高温下耐火材料结构的变化

（1）带层状结构

单侧加热时（在工业炉中耐火材料的使用条件大部分如此），由于发生烧结、热毛细现象和扩散现象，与腐蚀体之间的反应，以及某些情况下发生多晶型现象，就会形成带层结构。形成带层结构的必备条件就是温度梯度。当与外部介质无质量交换时，则耐火材料本身的液相将会参与带层状结构的形成。带层状结构由工作层、过渡层和微变层组成，工作层中的化学成分及矿物组成均发生变化，过渡层只是结构发生变化，而微变层中一般保持原有成分和结构。带层状结构有时有破坏耐火材料的作用，有时则相反。一般耐火材料由于带层状结构形成，致使表面产生重大缺陷，结构疏松，强度下降。但对于硅质制品来说，由于被氧化硅富化的熔体的迁移，最热的带层（灰色层）发生致密化，因而在一定程度上可以阻止侵蚀扩展。

（2）气孔的合并及迁移

在使用过程中,耐火材料气孔变化及引起气孔变化的因素是极为复杂的。对于大多数耐火材料而言,在使用过程中,一般气孔尺寸会增大。尺寸增大的原因之一是气孔合并,在高温条件下,在耐火材料中存在着发生气孔合并的一切条件。当温度大于1 750℃时,大气孔尺寸的增大几乎完全停止,此时的收缩只是由于气孔合并所致,这是气孔的汇合机理在起作用,该机理与再结晶时晶体的界面移动有关。

作为一个整体,气孔具有自己的移动性,当存在温度梯度时,气孔由低温区向高温区移动,如果从原子角度来研究这种现象,其原因在于根据表面扩散和蒸发-冷凝机理,气孔的内表面原子从高温区向低温区移动。

18.4 耐火材料的物理性能

耐火材料的物理性能包括结构性能、热学性能、力学性能、使用性能和作业性能。

18.4.1 耐火材料的热物理性能

1. 热膨胀性

热膨胀是指制品在加热过程中的长度或体积变化,这种变化有时会影响到耐火材料的工作性能。通常用线膨胀率和线膨胀系数来描述。

线膨胀率按下式计算

$$P = \frac{(L_t - L_o) + A}{L_o} \times 100\%$$

式中　P——试样的线膨胀率,%；　L_o——室温下试样的长度,mm；

　　　A——校正值；　L_t——试验温度下试样的长度,mm。

线膨胀系数 a 按下式计算

$$a = \frac{P}{(t - t_o) \times 100}$$

式中　a——试样的平均线膨胀系数,1/℃；

　　　t——试验温度,℃；　t_o——室温,℃。

2. 热导率

单位时间内,单位温度梯度时,单位面积试样所通过的热量叫热导率,亦称导热率或导热系数,单位为 W/(m·k)。用平板法测定的热导率按下式计算

$$\lambda = \frac{Q}{\tau} \cdot \frac{\delta}{F \cdot \Delta t}$$

式中　λ——热导率,W/(m·k)；　Q——传热量,J；

　　　τ——传热时间,s；　δ——试样厚度,m；

　　　F——传热面积,m²；　Δt——冷热面温差,K。

热导率反映耐火材料的保温效果,是重要的热工指标。气孔对热导率影响最大,在一定温度范围内,气孔率与热导率成反比关系。

3. 比热容

常压下加热 1kg 样品使之升温 1℃所需热量称为比热容。在设计和控制炉体升温冷却,特别是蓄热砖的蓄热能力计算中,具有重要意义。它随制品的化学矿物组成和所处的温度条件而变化,比热容按下式计算

$$C = \frac{Q}{G(t_1 - t_o)}$$

式中　C——耐火材料比热容,kJ/(kg·℃)；　Q——加热试样耗热,kJ；

G——试样质量,kg；　t_o——试样加热前的温度,℃；

t_1——试样加热后的温度,℃。

4. 温度传导性

温度传导性说明温度分布的速度。可以用下式表示

$$A(t) = \lambda_t / (\rho_v \cdot C_t)$$

式中　$A(t)$——温度传导性,(W.m²)/J；　λ_t——热导率,(W/m·k)；

ρ_v——体积密度,kg/m³；　C_t——比热,J/(kg·k)。

在 200℃~600℃范围内,随着气体介质压力的变化,$A(t)$随着热导率不同而变化,当 $T>1\,400℃$时,对大多数耐火材料而言,温度传导性与介质压力无关。

18.4.2　耐火材料的力学性能

1. 制品的耐压强度

单位面积试样所能承受的极限载荷叫耐压强度。在室温下测定的耐压强度叫常温耐压强度；在高温下测定的耐压强度叫高温耐压强度。

耐压强度按下式计算

$$S = \frac{F}{a \cdot b}$$

式中　S——耐压强度,MPa；　F——最大载荷,N；

a,b——试样的长度和宽度,mm。

耐火材料的高温耐压强度决定了制品的使用范围,是耐火材料应用选择的重要依据。

2. 制品的高温抗折强度

单位截面面积试样承受弯矩作用直至断裂的应力叫抗折强度。在室温下测定的试样抗折强度叫常温抗折强度；在高温下测定的试样抗折强度叫高温抗折强度。高温抗折强度可以反映出高温条件下,制品对物料撞击、磨损、液态渣冲刷的抵抗能力。

抗折强度按下式计算

$$R_e = \frac{3}{2} \times \frac{FL}{bh^2}$$

式中　R_e——抗折强度,MPa；　F——试样断裂时的最大载荷,N；

L——下刀口间的距离,mm；　b——试样截面宽度,mm；

h——试样截面高度,mm。

3. 粘结强度

粘结强度主要是表征不定形耐火材料在使用条件下的强度指标。不定形耐火材料由

于没有外力作用下的强制成型排气过程,它所具有的抗压、抗折、抗剪切等能力,均来自其本身所具有的结合性能。粘结强度的检测原理同其它耐火材料的强度指标检测原理是相同的,只是要附加上特定的外界条件,如在某种温度下的抗压、抗折强度等。

4. 高温蠕变性

在高温条件下,承受应力作用的耐火制品随时间变化而发生的等温变形叫高温蠕变性。由于制品所受外力不同,可分为高温压蠕变、拉伸蠕变、弯曲蠕变和扭转蠕变等。其中,经常测定的蠕变性是压蠕变。其计算公式如下

$$P(\%) = \frac{L_n - L_0}{L_i} \times 100$$

式中 P——蠕变率,% ; L_i——试样原始高度,mm;

L_0——试样恒温开始时的高度,mm; L_n——试样恒温 n 小时的高度,mm。

此外,耐火材料的力学性能还包括抗拉强度、抗扭转强度、抗剪切强度、抗冲击强度、耐磨性、弹性模量等。

18.4.3   耐火材料的高温使用性能

耐火材料的高温使用性能包括耐火度、荷重软化温度、重烧线变化、抗热震性、抗渣性等。

1. 耐火度

表示材料抵抗高温作用而不熔化的性能叫耐火度。按照冶标 YB368-75 所规定的试验条件,将耐火制品制成的试锥与标准锥进行比较,以同时弯倒的标准锥序号来表示试锥的耐火度。我国的标准锥采用锥号乘以 10 的方法表示所测温度。例如标准锥(WZ)176 表示 1 760℃。

制品的化学成分、矿物组成及分布是影响耐火度的重要因素,尤其是杂质成分,可严重降低制品耐火度。耐火度是合理选用耐火材料的重要依据,不是指耐火材料的使用温度,因为耐火材料在使用中受多方面因素的影响,使实际容许使用温度比耐火度低得多。

2. 荷重软化温度

耐火制品在承受高温和恒定压负荷的条件下,产生一定变形时的温度叫荷重软化温度。测定荷重软化温度的方法分为示差升温法和非示差升温法两大类。我国冶标 YB370 规定,用非示差荷重法测定荷重软化温度。用此法测定制品荷重软化温度时加压 0.2MPa,按规定的升温速度升温,用百分表测量试样膨胀至最高点后压缩原试样高度 0.6% 时的变形温度为荷重软化开始温度;压缩 20% 时的变形温度为荷重软化终止温度。

化学-矿物组成是决定荷重软化温度的主要因素,当杂质较少,制品有高荷重软化温度的晶相或液相时,有利于提高制品的荷重软化温度。良好的成型工艺及烧结有利于它的提高。

3. 重烧线变化

耐火制品加热至一定温度,冷却后制品长度不可逆地增加或减小叫重烧线变化,以"%"表示。正号"+"表示膨胀,负号"-"表示收缩。其计算公式如下

$$G_v = V_1 - V_2$$

式中 G_v——体积损失,cm^3;

V_1——试验前试样的体积,cm^3;

V_2——试验后试样的体积，cm^3。

重烧线变化是评定耐火制品质量的一项重要指标，这种变化对热工窑炉的砌体有极大的破坏作用，因此，必须加强制品生产中的烧成控制，使其烧成充分，以减少产生严重重烧线变化的因素。

4. 抗热震性

耐火材料对于急热急冷式的温度变动的抵抗能力叫抗热震性，又称抗温度急变性、耐热崩裂性、耐热冲击性、热震稳定性、热稳定性、耐急冷急热性等。

测定抗热震性的方法有镶板法、长条试样法、圆柱体试样水冷法。冶标 YB376 规定：试样经受 1100℃ 至冷水中急冷的次数，作为抗热震性的量度。

影响耐火材料抗热震性的主要原因是热膨胀性、热导率等物理性质。热导率越高、热膨胀率越小，抗热震性越好。耐火制品的制品形状、组织结构等对抗热震性也有影响。实践表明，增大制品物料颗粒，或在制品中预制微裂纹，可以减小热应力，阻止裂纹扩展，由此可以提高制品的抗热震能力。

5. 抗渣性、抗氧化性及抗水化性

耐火材料在高温下抵抗熔渣侵蚀的能力叫抗渣性。熔渣指高温下与耐火材料接触的冶金炉渣、飞尘、各种炉料、金属液等。熔渣侵蚀指耐火材料在熔渣中的溶解过程及熔渣向耐火材料内部侵蚀的过程。侵入速度最快的途径是通过气孔侵入，因此提高耐火制品致密度是提高抗渣能力的重要途径。熔渣侵蚀以耐火材料与熔渣接触为前提，熔渣对耐火材料的浸润为最先开始，因此增大两者之间的润湿角，使耐火材料不易被润湿是提高其抗渣能力的重要手段。碳不易被润湿，近年迅速发展的多种含碳耐火材料即是利用这一特性来提高抗渣性能的。

含碳耐火材料在高温下抵抗氧化的能力叫抗氧化性。改善抗氧化性的主要方法有：(1)选择抗氧化能力强的碳素材料，如高纯鳞片状石墨；(2)改善制品结构特征，增加制品致密度，减少贯通气孔存在，以减少氧与碳的反应界面；(3)使用微量添加剂，有些物质在高温使用条件下，先于碳同氧反应，在工作制品表面形成薄且致密的反应层，能阻止氧-碳反应。常用添加成分有 Si，Al，Mg，Zr 等。

碱性耐火材料如氧化钙质材料，在生产使用过程中与环境中水(气态或液态)发生反应而丧失强度的现象叫水化反应。耐火材料抵抗水化的能力叫抗水化性。提高制品抗水化性的措施主要是提高原料的煅烧温度，降低其化学反应活性。有时采用有机无水结合剂，或采用浸渍处理，以隔绝空气中水与制品的接触。

第十九章 耐火材料生产工艺

19.1 耐火材料生产的物理-化学基础

19.1.1 晶体与非晶体

任何固态物质均可分为晶体与非晶体。晶体具有以下几个特征:(1)有规则的几何外形。晶体质点在空间有序排列,形成晶格,而非晶体的质点排列无序,故不能形成规则外形。(2)晶体具有固定的熔点。在加热过程中,晶体在某一温度开始熔化,在熔化过程中其温度不发生变化,直至熔化过程结束。这一恒温过程中,热作用是用来破坏晶格,故不引起体系温度改变。晶体在凝固过程中,也有一个恒温放热的凝结过程。非晶体固态受热后,则开始变软而后流动,与晶体表现出截然不同的状态。从熔融-冷却曲线上看,晶体呈阶梯状,而非晶体则均匀变化(图 19-1)。(3)晶体具有各向异性。构成晶体的质点在空间以一定的规则有序排列,使晶体在不同方向上的性质有所不同,如硬度、导热性等。(4)晶体有同质多晶现象。即晶体化学成分相同,但可以形成不同的晶格状态,从而表现不同性质,如石墨与金刚石同为碳元素形成的晶体,但性质完全不同。

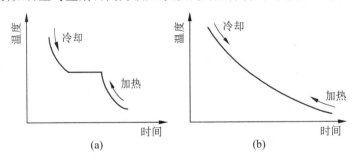

图 19-1 晶体(a)和非晶体(b)熔融-冷却曲线

19.1.2 固溶体

它是指一种晶体的质点溶入另一种晶体的结构中,而不影响其晶格类型的变化,所形成的固态物质就称为固溶体。固溶体根据晶体质点间相互溶解能力不同可分为有限固溶体和连续固溶体。有限固熔体是指两种类质同晶物质在有限范围内进行晶体质点替换而形成的新物质。连续固溶体是指两种结构相近的晶体,其晶体质点可以以任何比例替换而成的新物质。根据形成方式可以分为置换固溶体、侵入固溶体和缺位固溶体。耐火材料在生产过程中,加入一定量的添加物质形成固溶体有两方面原因,其一为了活化晶格,使晶格发生扭曲、变形或缺陷,破坏原晶体的平衡结构,有利于烧结的进行。其二为了稳定晶格,通过形成固溶体,可以抑制或阻碍晶格的改变,主要用于容易发生多晶转变的晶体。

19.1.3　分散体系

分散体系是物质以微粒形式分散在另一种物质中的通称。分散物质叫分散相,包围在分散相周围且单一的物质称为分散介质。分散体系可以分为胶体分散体系(颗粒为100nm~1nm)和粗分散体系(颗粒大于100nm)。在耐火材料生产中,常见的粗分散体系是由固体分散相和液体分散介质组成的体系,称悬浮体。如泥浆,是由几种分散固体所组成混合物,这种混合物中每一组分是完全独立的,并保持它原有的性质,而且都可以用某种机械方法将它们分开。此外,耐火材料生产中常见的粗分散体系还有:由液体和气体组成的泡沫,由固体和气体组成的可塑软泥;由固体、熔体和气体组成的受热制品。实验证明,物质的性质会随着分散度的改变而改变,当耐火制品砖料的分散度改变时,砖料的可塑性、结合性、烧结性及耐火度也将发生改变。

19.1.4　固相反应与烧结

固相反应是指在加热状态下,不同固态物质间的相互反应。它通常由若干个简单的物理和化学过程,如化学反应、扩散、结晶、熔融和升华等步骤综合而成。整个过程的速度将由其中速度最慢的一环所控制。在耐火材料生产中,固相反应普遍存在,如 Al_2O_3 与 SiO_2 在高温下可以合成莫来石。固相反应之所以能进行,是因为固态物质的质点获得了进行位移所必需的活化能后,就可以克服周围质点的束缚进行扩散。通过这种质点间的内外扩散来实现固相物质之间的反应。固相反应首先是不同晶体结构中缺陷增加,质点进行扩散,相互反应生成初生晶体,初生晶体质点进一步位移,纠正新生物的晶格缺陷,形成比较细小的晶体,而后反应继续进行,细小晶体逐渐合并为大晶体,这就是聚合再结晶过程。任何固相反应都包括反应物之间的混合接触并产生表面效应、化学反应和新相形成,以及晶体生长和结构缺陷的纠正三个阶段。

烧结是指固体粉状成型体在低于熔点温度下加热使物质自发地充填于颗粒间隙而致密化的过程。高温下伴随烧结发生的主要变化是颗粒间接触界面扩大,气孔从连通孔逐渐变成孤立孔并缩小,最后大部分甚至全部从坯体中排出,使成型体的致密度和强度增加,成为具有一定性能和几何外形的整体。烧结是基于在表面张力作用下的物质迁移而实现的。

19.1.5　相律与相图

1. 基本概念

(1)　系统

系统是指所选择的研究对象。在系统以外的与系统有关系的物质称为环境。

(2)　相(符号为 P)

相是指系统中相同物理性质和化学性质的均匀部分的总和,它与物质数量多少无关,与物质连续与否也无关。不同的相间有分界面。

(3)　组元

系统中每个可以单独分离出来并能独立存在的化学均匀物质称为组元。

(4)　独立组元(符号为 C)

独立组元是指独立可变的组元,是一个平衡系统中所有各项必需的最少组元数。独立组元数为组元数与化学反应数之差。

（5）自由度（符号为 F）

自由度指在一定范围内,可以任意改变而不致引起旧相消失或新相出现的变数。

（6）平衡状态

在组成、温度、压力一定的情况下,系统状态长期保持不变,即为平衡状态。

（7）相平衡

在多相系统中,如果限于从相变化的观点来考虑系统是否建立平衡,则这种平衡称为相平衡。

2. 相律

相律表示在一个平衡系统中的自由度数、独立组元数与相数三者之间的关系。关系式如下

$$F=C-P+2$$

式中　F——自由度数;

　　　C——独立组元数;

　　　P——相数。

由上式可以看出,自由度数随着系统中独立组元数的增加而增加,又随着系统中相数的增加而减少。

3. 相图

相图是根据实验测得的热力学数据和物相绘成的一种简单而有效的描述系统的状态随温度、压力、组分的浓度等变数的变化而改变的关系图。常用的有单元系统相图、二元系统相图、三元系统相图等。耐火材料中常用的单元系统相图有 SiO_2 系统相图,ZrO_2 系统相图等;常用的二元系统相图有 Al_2O_3-SiO_2,CaO-SiO_2,MgO-SiO_2,MgO-Al_2O_3 及 MgO-Cr_2O_3 相图等;常用的三元相图有 CaO-Al_2O_3-SiO_2,K_2O-Al_2O_3-SiO_2,Al_2O_3-MgO-SiO_2 及 MgO-CaO-SiO_2 等系统相图。如图 19-2 为 Al_2O_3-SiO_2 二元系统相图,纵坐标表示温度,横坐标表示组成。

相图由液相线 AE_1,ME_1,ME_2,BE_2 及各固相线 CD,FG 所划分的七个区域组成。其中 A、B、M 分别为 SiO_2,Al_2O_3,A_3S_2 的熔点（或凝固点）,E_1,E_2 为低共熔点,是一个二元无变量点。

19.1.6　几个重要概念

1. 陶瓷结合

主晶相间低熔点的硅酸盐非晶质和晶质联结在一起而形成的结合叫陶瓷结合。如普通镁砖中方镁石之间的结合就是由镁钙橄榄石或镁蔷薇辉石等低熔物形成的陶瓷结合。这类制品的烧结是在液相参与下完成的。陶瓷结合组分的性质及其在主晶相间的分布状态,对耐火制品的性质影响极大。

2. 化学结合

化学结合指耐火制品中由化学结合剂形成的结合,即加入少量结合物质,在低于烧结温度的条件下,发生一系列的化学反应使制品硬化而形成的结合。此种结合在不烧耐火制品中普遍存在。它的形成和性质主要取决于所用化学结合剂的性质。以化学结合的耐

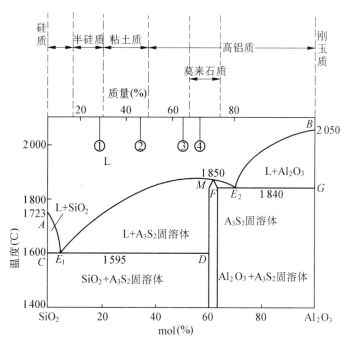

图 19-2 Al₂O₃-SiO₂ 二元系统相图

1-脱水叶蜡石;2-脱水高岭石;3-硅线石族矿物;

4-蓝晶石加热物

火制品,经高温使用,有的可形成陶瓷结合。

3. 直接结合

由耐火主晶相直接接触所产生的一种结合方式称之为直接结合,它既不同于化学结合,也不属于陶瓷结合。其产品一般具有较高的高温机械强度,抗渣性及体积稳定性也较好。

19.2 耐火材料的原料选择

从化学角度讲,凡有高熔点的单质、化合物均可做耐火材料原料。从矿物学角度讲,凡是高耐火度的矿物均可做耐火材料原料。在单质中,碳的熔点最高,而且数量最多,最适于制作耐火材料;在化合物中,碳化物、氮化物和氧化物的熔点最高。在元素周期表中,Ⅳ、Ⅴ族第五、六、七周期某些元素的氧化物、氮化物、碳化物的熔点最高,如 ZrO_2,ZrC,TaC 等熔点均在 2 700℃以上,甚至高达 3 900℃。耐火材料尽管品种很多,但其构成矿物,常为十余种氧化物及非氧化物。图 19-3 为构成常用耐火材料的单一氧化物、复合氧化物及非氧化物。

19.2.1 SiO₂-Al₂O₃ 系耐火材料

SiO_2-Al_2O_3 系矿物是重要的耐火原料。根据 Al_2O_3 含量的不同,可将硅酸铝质耐火材料划分为不同的种类,见表 19-1。

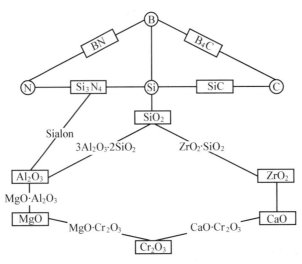

图 19-3 构成耐火材料的氧化物及非氧化物

表 19-1 $SiO_2 - Al_2O_3$ 系耐火材料的化学矿物组成

化学组成%	耐火材料名称		主体原料	主要物相
$Al_2O_3 < 1 \sim 1.5$ $SiO_2 > 93$	硅质		硅石	鳞石英、方石英、残留石英、玻璃相
$Al_2O_3 15 \sim 30$	半硅质		半硅粘土,叶蜡石、粘土加石英	莫来石(约50%)和玻璃相
$Al_2O_3 30 \sim 48$	粘土质		耐火粘土	莫来石(约50%)和玻璃相
Al_2O_3 $48 \sim 60$	高铝质	Ⅲ等	高铝矾土加粘土	莫来石(70% ~ 80%)玻璃相(15% ~ 25%)
$60 \sim 75$		Ⅱ等	高铝砚土加粘土	莫来石(65% ~ 85%)玻璃相(4% ~ 6%)
>75		Ⅰ等	高铝矾土加粘土	刚玉(>50%)、莫来石、玻璃相
Al_2O_3 $95 \sim 99$	刚玉质		高铝矾土加工业氧化铝 电熔刚玉加工业氧化铝	刚玉痕生量玻璃相

1. 硅石

硅石的主要矿物成分是石英。结晶硅石的 SiO_2 含量达98%以上,其晶粒尺寸较大,高温性能稳定,微观结构以镶嵌结构和齿状结构为主,可用于制作高质量硅砖;胶结硅石的 SiO_2 含量约为95%以上,其杂质、孔隙较多,微观结构以细结晶为主,可用于制作一般硅砖;硅砂中 SiO_2 含量为90%以上,杂质 Al_2O_3 小于5%,石英晶粒较大,大多用作捣打料,制一般硅砖。

硅石的主要矿物成分是二氧化硅,在不同的温度下,SiO_2 有不同的变体,见图19-4。各种变体转变时伴随体积变化,同时,密度、晶体结构也相应改变。这种改变,直接影响各变体的真密度和熔点。硅砖中,SiO_2 变体的种类、含量的变化,对制品的性能有重大影响,因而在生产过程中,必须根据要求控制不同变体的含量。

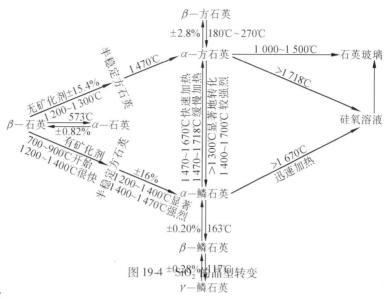

图 19-4 SiO_2 的晶型转变

2. 蜡石

蜡石是以叶蜡石矿物为主,含有两种或两种以上其它矿物的岩石,纯叶蜡石的化学式为 $Al_2O_3 \cdot 4SiO_2 \cdot H_2O$,含 Al_2O_3 28.35% , SiO_2 66.65% , H_2O 5% 。叶蜡石一般呈浅黄、浅绿、白色或浅灰色,有时因含有铁的氧化物或其它有色元素而呈褐、红等颜色。密度为 2.65~2.84 ,硬度为 1~2 ,有时因含有石英等杂质使硬度有所提高。熔点约为 1 400℃ ,线膨胀系数较低。当加热时,叶蜡石在 665~670℃ 左右有一个宽缓的吸热谷,这是由于叶蜡石脱羟所致;1 050~1 080℃ 会产生膨胀;于 1 150℃ 时可分解为莫来石和方石英。

根据叶蜡石成分特点尤其是 SiO_2/Al_2O_3 比值及碱金属氧化物含量,综合分析叶蜡石成分和岩矿资料,把蜡石矿分为九种类型。其中高铝矿物型、高岭石型、叶蜡石型、高硅型蜡石可做耐火材料。叶蜡石型蜡石用作耐火材料时可不经煅烧直接使用,用高硅型蜡石制砖时,必须选石英结晶较大的、碱熔剂等含量低的蜡石原料,延缓和阻止蜡石中的石英向方石英转化;高铝型、高岭石型蜡石灼烧减量大,在煅烧过程中会产生收缩。

蜡石可用作半硅质耐火材料的原料。

3. 粘土

粘土是硅酸盐岩石经过长期风化作用而形成的土状矿物,是直径小于 1~2μm 的多种含水铝酸盐矿物的混合体。主要化学成分是 Al_2O_3 和 SiO_2 , Al_2O_3 含量和 Al_2O_3/SiO_2 比值越接近高岭石矿物的理论值($Al_2O_3 = 39.5\%$, $Al_2O_3/SiO_2 = 0.85$),则此类粘土纯度越高。粘土中高岭石含量越多,其质量越好。 Al_2O_3/SiO_2 值越大,粘土耐火度就越高。粘土中杂质含量尤其是 Na_2O+K_2O 含量越低,耐火度越高。一般当粘土中 Al_2O_3 含量为 20%~50% 时,可根据下式近似计算其耐火度 t

$$t = (360 + Al_2O_3 - R)/0.228$$

式中 Al_2O_3 ——把粘土中 Al_2O_3 和 SiO_2 总量换算为 100% 时, Al_2O_3 所占质量分数;

  R ——其它杂质的质量分数。

粘土的主要矿物组成是高岭石矿物,常见杂质有石英、水云母、长石等,粘土的特性是在湿态和细粉状态下具有可塑性,干燥后变硬,在足够温度下加热玻璃化,反映在工艺上,就是具有分散性、可塑性和烧结性,这些性质与粘土质耐火材料的制造工艺密切相关。粘土的分散性与可塑性有密切的关系,分散性越高,可塑性越好。烧结性是指粘土在高温下,可成为具有一定致密度和强度的烧结物的性能。烧结程度和烧结范围是粘土烧结的重要概念,前者反映熟料的煅烧质量,后者则是选择烧成制度的重要依据。

粘土根据可塑性可分为软质粘土和硬质粘土。软质粘土主要用作耐火材料的可塑性原料,硬质粘土主要用于制造粘土质耐火制品。

4. 矾土

矾土是煅烧后氧化铝含量在48%以上,含氧化铁较低的铝土矿,主要是铝的氢氧化物以各种比例构成的细分散胶体混合物。按照含铝主要矿物的成分,铝土矿可划分为一水型铝土矿和三水型铝土矿。矾土的化学成分主要有 Al_2O_3,SiO_2,Fe_2O_3,TiO_2 等,约占总成分95%,次要成分有 CaO,MgO 等。其矿物组成主要为一水硬铝石、一水软铝石、三水铝石等三种氢氧化物,伴有高岭石、铁矿、钛矿等杂质。我国矾土中 Al_2O_3 含量一般在48% ~ 80%之间,Al_2O_3 和 SiO_2 含量消长呈相反的线性关系。TiO_2 一般含量为2% ~ 4%,Fe_2O_3 含量多数在1% ~ 1.5%之间,CaO 和 MgO 含量较低,灼减量均在14%左右。

矾土烧制过程主要有以下几个阶段:当加热至450℃ ~ 550℃时,水铝石分解为 α- Al_2O_3(刚玉)和水,当加热至1 200℃以上时,矾土中高岭石分解为莫来石和石英,当继续加热至1 200℃ ~ 1 400℃或1 500℃时,α- Al_2O_3 可与高岭石分解所析出的游离 SiO_2 发生反应,生成二次莫来石,产生较大的膨胀,使制品结构疏松,气孔率加大,尺寸难以掌握。随着温度升高(1 500℃以上时)进入重晶烧结阶段,此时莫来石、刚玉晶体长大,微观气孔迅速缩小、消失,物料趋于致密。由此可见二次莫来石的生成是铝矾土难烧结的原因所在。

5. 莫来石

莫来石是硅酸盐耐火材料中常见矿物,具有良好的高温力学、热学性能。合成莫来石及其制品具有密度和纯度较高、高温结构强度高、高温蠕变率小、抗化学侵蚀性强、抗热震等优点。天然莫来石很少,一般采用人工烧结法合成。莫来石成分为 $3Al_2O_3 \cdot 2SiO_2$,Al_2O_3 占71.8%,SiO_2 占28.2%,属斜方晶系,硬度为6 ~ 7 单位,密度约为3.0,熔点达1870℃,化学性质稳定。莫来石可分为三种类型:α-莫来石,相当于纯 $3Al_2O_3 \cdot 2SiO_2$,简称3:2 型;β-莫来石,固溶体有过剩 Al_2O_3,晶格略显膨胀,称2:1 型;γ-莫来石,固溶有少量 TiO_2 和 Fe_2O_3。

莫来石主要缺点是由于结构中氧的电价不平衡,所以矿物易被 Na_2O、K_2O 等氧化物所分解,生成玻璃相和刚玉。因此,Al_2O_3 含量大致相同的高铝砖,其 R_2O 含量越高,玻璃相和刚玉量也就越高。在人工合成时,须控制 R_2O 含量。

6. 刚玉

刚玉是高铝质耐火制品的主要组成矿物,成分为 α - Al_2O_3,Al 占53.2%,氧占46.8%,有时微含 Fe、Ti、Cr 等元素,属三方晶系,为短柱状晶粒相互交错成网状晶形,硬度为9,密度为3.95 ~ 4.10,熔点达2 050℃,膨胀系数(20 ~ 1 000℃时)为 $8\times10^{-6}/℃$,化学性能稳定,是中性体,耐酸碱侵蚀。

刚玉有 $\alpha-Al_2O_3$,$\beta-Al_2O_3$,$\gamma-Al_2O_3$ 等多种变体,以 $\alpha-Al_2O_3$ 最为稳定,$\beta-Al_2O_3$ 具有优良的钠离子导电性和极小的电子导电性,可以作为一种固体电解质材料。$\gamma-Al_2O_3$ 是工业氧化铝的主要组成矿物,在 1450℃时,可以单向转变成刚玉。

$SiO_2-Ai_2O_3$ 系耐火原料品种极为广泛,除上述主要品种外,还有工业氧化铝、蓝晶石族矿物等诸多品种。

19.2.2 碱性耐火材料

碱性耐火材料包括镁质、白云石质、石灰质、铬镁质、铁橄榄石质矿物原料,其中镁质、白云石质和石灰质属强碱性,其余属弱碱性。以碱性耐火原料为主要成分的耐火材料,具有耐火度高,抗碱性渣能力强的特点。

1. 镁质耐火原料

生产镁质耐火材料的主要原料是菱镁矿、镁砂等。菱镁矿是 $MgCO_3$ 的矿物名称。其理论化学组成为 MgO 47.82%,CO_2 52.18%。天然菱镁矿是三方晶系晶体或隐晶质白色碳酸镁岩,其颜色由白到浅灰、暗灰、黄色等。晶质菱镁矿的密度为 2.96~3.12,硬度为 3.4~5.0,晶粒良好,伴生矿物主要有白云石、石灰石等。菱镁矿所含杂质可以促进其烧结,但杂质多时,也会降低其耐火性能。$CaCO_3$ 是危害最大的杂质,在煅烧过程中,会产生游离 CaO,引起砖坯开裂,也可以生成低熔点硅酸盐,危害制品耐火性能。菱镁矿在煅烧过程中,350℃ 开始分解,生成 MgO,放出 CO_2,到 1 000℃时完全分解,生成轻质 MgO,质地疏松,化学活性大。继续升温,MgO 体积收缩,化学活性减小,当达到 1 650℃时,MgO 晶格缺陷得到纠正,晶粒发育长大,组织结构致密,生成烧结镁石。

镁砂包括海水镁砂和电熔镁砂,前者由海水中氧化镁经高压成球,再经 1 600~1 850℃煅烧而成;电熔镁砂是将菱镁矿在电弧炉中经 2 500℃左右高温熔融,冷却后再经破碎而得。镁砂原料应满足:①MgO 含量高,杂质少,从而降低硅酸盐数量,提高镁砂颗粒中方镁石晶粒间的直接结合;②要有较高 C/S 值,以避免生成低融点不稳定的硅酸盐矿物;③低 B_2O_3 含量;④烧结程度好。

2. 白云石质耐火原料

白云石是碳酸钙($CaCO_3$)和碳酸镁($MgCO_3$)的复合盐,分子式为〔$CaMg(CO_3)_2$〕,理论组成为 CaO 30.41%,MgO 21.87%,CO_2 47.72%,CaO/MgO=1.399,密度为 2.85,硬度为 3.5~4。纯净白云石为乳白色,含杂质时呈深灰色、浅灰色等。根据 CaO/MgO 比值的不同,可分为纯白云石、镁质白云石(比值小于 1.39)、石灰质白云石(比值大于 1.39)。白云石加热时,在 730℃~760℃时开始分解,放出 CO_2,产生 CaO 和 MgO,在 900℃~1 000℃时,呈游离态,且晶格缺陷多,结构疏松,气孔率大。随温度升高,缺陷得到纠正,晶体发育长大,产生再结晶,致密度提高。烧结白云石可用于修补平炉和电炉炉衬,是白云石碳砖的主体原料。

3. 铬镁质原料

铬砖、铬镁砖和镁铬砖都是以尖晶石—方镁石为主要矿物组成的制品。铬砖以铬矿为主要原料,铬镁砖和镁铬砖是以烧结镁砂和铬矿为主要原料按适当比例制成的耐火制品。尖晶石矿物化学通式为 $RO:R_2O_3$,R 为 Mg^{2+}、Fe^{2+}、Zn^{2+} 等二价离子,是等轴晶系矿物。狭义的尖晶石指镁铝尖晶石,在熔点、热膨胀、硬度方面都是较优良的材料。此外,化学性质较稳定,抵抗碱熔渣侵蚀性强。铬矿通常含有铬晶粒和脉石矿物,脉石为镁的硅酸盐,包围着铬晶粒,并占据它们当中的缝隙。

4. 镁橄榄石

镁橄榄石属岛状构造的硅酸盐矿物。化学式为 $Mg_2(SiO_4)$ 或 $2MgO \cdot SiO_2$,MgO 57.1%,SiO_2 42.9%,$MgO/SiO_2 = 1.33$。常见形态为粒状集合或块状体。颜色为白、淡黄、淡绿等。硬度为 6.5~7,密度为 3.22~3.33,熔点达 1 890℃,且晶型稳定,是耐火材料的良好组成矿物。镁橄榄石是镁橄榄石质耐火材料的主要物相组成,生成镁橄榄石的主要原料为橄榄石和蛇纹石。橄榄石断面呈粒状结构,不含有含水硅酸盐,硬度为 6~7,密度为 3.6~4.0,当受风化作用时,可转变为蛇纹石及含蛇纹石的橄榄石。橄榄石可不经预烧直接使用。镁橄榄石的主要杂质为铁橄榄石,是煅烧过程中产生体积膨胀,使制品松散的主要原因。

19.2.3 锆英石和斜锆石

锆英石又名锆石,化学组成为 $ZrO_2 \cdot SiO_2$,ZrO_2 67.1%,SiO_2 32.9%,常含有 CaO,Al_2O_3,Fe_2O_3 等杂质,属四方晶系,晶体为四方双锥与四方柱聚形。因含杂质多呈黄、绿、棕、红等色,硬度为 7~8。锆英石有化学惰性,难与酸作用,抗渣性强,高温时可离解成单斜型 ZrO_2 和 SiO_2 玻璃。锆英石烧结困难,在高温下靠固相扩散作用,速度缓慢,难于充分烧结,加入某些氧化物可促进其烧结,具有特殊耐火性和抗热震性以及耐蚀性。可用于制作锆英石砖和锆质制品,如玻璃窑用锆刚玉、锆莫来石砖等。

斜锆石化学式为 ZrO_2,Zr 73.9%,O 26.1%,通常呈不规则块状,呈褐色、兰色等,硬度为 6.5,熔点在 2 500℃~2 950℃之间。氧化锆可以以立方、四方和单斜晶系三种晶形存在,立方晶在 2 370℃~2 680℃间能稳定存在,四方晶稳定于 1 170℃~2 370℃,单斜晶稳定存在于 1 170℃以下,氧化锆耐火材料在高温工业中用途广泛。

19.2.4 石墨及碳、硼、氮化合物

1. 石墨

石墨是元素碳结晶的矿物之一,是一种具有耐高温、导热、导电、抗侵蚀的非金属矿物。常含有 10%~20% 的杂质,如 SiO_2,Al_2O_3,CaO,MgO 等。石墨为六方晶系,具有典型的层状结构,颜色为铁黑色,硬度具有异向性,垂直解理面方向硬度为 3~5 单位,平行解理面方向为 1~2 单位,密度为 2.09~2.23,熔点为 3700℃,导热系数大,润滑性好,化学性能稳定。因石墨具有氧化性,易被氧化成 CO,故只宜在低氧环境下使用。

2. 碳化硅

在 C,N,B 等非氧化物高技术耐火原料中,碳化硅(SiC)应用最广,工业上采用人工合成方法进行生产。将硅石、焦碳在电阻炉内加热至 2 000~2 500℃即可制得。工业碳化硅含量达 95%~99.5%,熔点高达 2 827℃,密度为 3.17~3.47,硬度为 9.2~9.6,是超硬度耐火材料,其硬度随温度升高而下降显著。在氧化气氛下,SiC 极不稳定,800℃即可氧化成 SiO_2 和 CO。SiC 可作为高炉炉身中下段的内衬使用,也可用来生产 Al_2O_3—SiC—C 系耐火材料。

3. 氮化硅

分子式为 Si_3N_4，需人工方法合成，常用 N_2 气将硅粉氮化直接合成，合成的氮化硅须经过烧结致密后才可做耐火材料。氮化硅为六方晶系矿物，硬度达 9，密度为 3.19，熔点 1 900℃，在熔点升华分解。耐热冲击性好，高温变形小，抗蚀力强，可用做 Si_3N_4—SiC 系耐火材料。

4. 氮化硼

化学式为 BN，立方 BN 硬度接近金刚石，熔点为 3 000℃，抗氧能力差，宜在惰性气体中使用，空气中使用最高温度为 800℃，由硼、卤化硼、硼砂等同含氮盐在氮气中反应生成。

5. 氮化铝

化学式为 AlN，六方晶系，硬度为 5，熔点为 2 450℃，理论密度 3.26，抗热震性好。

6. 硼化锆

化学式为 ZrB_2，由 ZrO_2 和 B_4C 反应生成，熔点达 3 040℃，密度为 5.80，硬度高，有良好的导热、导电性和化学稳定性，是一种高级超耐火材料。

19.2.5 轻质耐火原料

轻质耐火原料是隔热耐火材料(或称轻质耐火材料)的主体原料。轻质耐火材料气孔率高达 40% ~85%，密度一般小于 1.30，导热性低，隔热性能好。常用原料有硅藻土、蛭石、珍珠岩等。硅藻土是生物成因的硅质沉积岩，化学成分主要是 SiO_2，质轻、多孔、固结差、易碎，熔点在 1 400℃ ~1 650℃之间。蛭石多为黄色或金黄色，硬度低，为单斜晶系，熔点在 1 300℃ ~1 370℃间，灼烧后，体积膨胀，体积密度 100kg/m³ ~130kg/m³，是良好的隔热材料。

除以上五种常见的耐火原料系列外，还有许多种其它耐火原料，随着耐火材料工业的发展，耐火材料的原料选择范围会不断扩大。在选择原料时，所采用的方法机理有机械法、物理-化学法、纯化学法、电气法等。根据不同的矿石特点，应采用不同的方法。现在常用方法有浮选法、重液选矿法、盐酸法、碳酸法、静电选矿法、磁力选矿法等。

19.3 耐火材料生产工艺过程

在耐火材料的生产过程中，尽管不同的耐火制品有不同的原料选择，进行不同物理—化学反应过程，但它们的生产工序和加工方法却基本是一致的。如都要遵循原料加工、配料、混练、成型、干燥、烧成等加工工序，而且这些工序中影响制品质量的基本因素也基本相同。因此，了解耐火材料生产中的共性，有利于对不同耐火材料特殊生产制度的认识和掌握。

19.3.1 原料加工

1. 原料煅烧

在生产耐火制品的原料中，多数原料须经煅烧后使用，以免使其直接制成砖坯在加热过程中松散开裂，造成废品。经过煅烧过的矿石称为耐火熟料，密度高、强度大、体积稳定性好，可以保证耐火制品外形尺寸的正确性。在煅烧中，为获得较为纯净的物料，常选用二步煅烧法,即将原生料先进行轻烧,使其晶格缺陷增加、活性提高,然后压制成球或成块再进行死烧。二步煅烧较一次煅烧工艺复杂,但可以获得高质量的熟料。当原料杂质含量较高时可以不采用二步煅烧法。

煅烧设备主要有立窑和回转窑。

2. 破粉碎

通过破粉碎,将块状原料制成具有一定细度的颗粒或细粉,以便于混合与成型。破粉碎过程常采用二级破碎,即粗破碎(破碎至 50～70mm)、细破碎(粉碎至小于 5mm)和一级细磨(磨成小于 0.088mm 以下的细粉)。图 19-5 是粉碎过程中常采用的闭路粉碎示意图。

常用破碎设备有颚式破碎机、圆锥破碎机等。一般破碎机与干碾机、筛分机、筒磨机等设备配套作业,进行连续粉碎,有利于提高制品质量和生产效率。

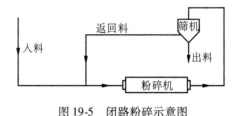

图 19-5　闭路粉碎示意图

3. 筛分

原料经粉碎后,为了获得符合规定尺寸的颗粒组分,需要进行筛分。筛分指粉碎后的物料,通过一定尺寸的筛孔,使不同粒度的物料进行分离的工艺过程。耐火材料生产用的筛分设备主要有振动筛和固定斜筛两种,前者筛分效率高达 90% 以上,后者则为 70% 左右。

19.3.2　坯料的制备

1. 颗粒组成

为了制成致密度高的坯料,必须使颗粒间形成合理级配,粗细颗粒才能紧密堆积。在耐火材料生产中,通常采用三种组分颗粒配合,即粗颗粒、中颗粒和细颗粒。一般认为粗颗粒粒径为 0.5～4mm;中颗粒为 0.2～0.5mm;细颗粒为 0～0.2mm。

2. 配料

根据耐火制品的工艺特点,将不同材质和不同粒度的物料按一定比例进行配比的工艺称为配料。配料时应注意:1)配料的化学组成必须满足制品要求;2)配制的坯料应具有足够的结合性;3)原料中含水和灼减成分时,应使原料、配料和制品的化学组成间符合换算关系。

配料方法一般有体积密度配料法和质量配料法两种。前者是按物料的体积比来进行配料,精度较低,而后者精度较高,应用更为普遍。

3. 混练

所谓混练是指使不同组分和粒度的物料同适量的结合剂经混合和挤压作用达到分布均匀和充分润湿的混料的制备过程。混练除可以使物料成分和性质分散均匀,还可以促进颗粒接触和塑化。

在混练过程中须注意:1)加料顺序。常见的加料顺序一般有:颗粒和细粉→干混 1～2min→结合剂、颗粒→结合剂→细粉、部分颗粒→结合剂→细粉→剩余颗粒。加料顺序应根据实际工艺进行选择;2)混练时间,应根据具体的物料情况和混练设备来确定。

常用混练设备有单、双轴搅拌机、混砂机和湿碾机等。

混练结束后,在适当的温度、湿度条件下贮放一段时间,使水分分散更均匀,混料的可塑性和结合性大大改善,这个过程叫困料。困料也是坯料制备工艺中必不可少的环节。

19.3.3　成型

将泥料加工成具有一定形状的坯体或制品的过程称为成型。生产耐火制品的成型方法,常有以下几种。

1. 注浆法成型

将含水量40%左右的泥浆注入到吸水性模型(一般为石膏模型)中,模型吸收水分,在表面形成一层泥料膜,当膜达到一定厚度要求时,倒掉多余泥浆,放置一段时间,当坯体达到一定强度时脱模。

2. 可塑法成型

用于含水量为16%~25%的呈塑性状态的泥料成型。所用设备多为挤泥机。

3. 半干法成型

又称干压成型,指用含水量在2%~7%左右的泥料制备坯体的方法。与可塑成型相比,半干法成型的坯体具有密度高、强度大、干燥和烧成收缩小、制品尺寸易控制等优点。

4. 挤压成型

使可塑性泥料强力通过模孔的成型方法称为挤压成型。此种方法适于将可塑泥料加工成断面均称的条形、压块和管形坯体。

除以上几种主要的成型方法外,振动成型法、等静压成型法、热压成型法和电熔铸法也是较常用的重要成型方法。各种成型方法都可以在特定的条件下发挥其特长。

19.3.4　坯体干燥

坯体干燥的目的在于提高其机械强度和保证烧成初期能够顺利进行。防止烧成初期升温快,水分急剧排出所造成的制品干裂。

干燥过程一般分两个阶段,即等速干燥阶段和减速干燥阶段。等速干燥阶段主要排出砖坯表面的物理水,水分蒸发在坯体表面进行;减速干燥阶段时,水分的蒸发由坯体表面逐渐移向内部,干燥速度受温度、孔隙数量及坯体大小的影响。干燥过程中,伴随着水分蒸发常有一些简单的物理-化学变化发生,如结晶水的变化、简单化学反应等。

19.3.5　烧成

烧成指对砖坯进行煅烧的热处理过程。通过烧成,可使坯体中发生分解和化合等化学反应,形成玻璃质或晶体结合的制品,从而使制品获得较好的体积稳定性和强度。烧成是耐火制品生产过程中最后一道工序,也是最为重要的一道工序,极大程度上决定了制品的质量。

为了合理进行各种耐火制品的烧成,应预先确定制品的烧成制度,内容包括:1)烧成的最高温度;2)各阶段升温速度;3)各阶段中窑内的气氛性质;4)在最高温度下的保温时间;⑤制品冷却时的降温速度。烧成制度往往取决于加热和冷却时制品内进行的物理-化学变化过程中所产生的内应力大小,以及完成物理-化学变化所需的温度和时间。

烧成的整个过程大体可以分为三个阶段。

1. 加热阶段

即从窑内点火到制品烧成的最高温度。这个阶段中,坯体残余水分和化学结晶水排出,某些物质分解,新的化合物生成,发生多晶转变及液相生成等。

2.最高烧成温度的保温阶段

这个阶段中,坯体内部也达到烧成温度,窑内温度均匀一致,坯体可以进行充分的烧结。

3.冷却阶段

即从烧成最高温度至出窑温度。在此阶段中,制品在高温时进行的结构和化学变化基本上得到了固定。制品冷却到可以安全出窑的温度。

成品拣选后即可按种类、用途、砖号或等级进行堆放。

耐火材料烧成窑炉常用的有倒焰窑和隧道窑两种。

第二十章 新型耐火材料

耐火材料在无机非金属材料中属于传统材料,是高温技术的基础材料,在钢铁、建材、石化等工业中起着举足轻重的作用。随着高温工业的发展,人们对耐火材料从高效、节能、功能化等方面提出了越来越高的要求,新型耐火材料的研制与开发更是受到了极为广泛的关注。近年来,国内外的耐火材料工业取得了巨大的发展,许多新产品被开发应用。到 2000 年,解决长寿高炉、复吹转炉、超高功率电炉、炉外精炼和连铸,尤其是薄板坯连铸所需的新型功能耐火制品将会成为耐火材料工业的重点。

20.1 我国的新型耐火材料

20.1.1 耐火原料方面的进步

优质的原料和先进的生产技术是新型耐火材料发展的基础。我国通过对天然原料选矿、均化技术的改进和人工合成原料的开发,促进了耐火原料生产的进步。主要表现在:

1. 建成了各种档次的镁砂基地(包括电熔和烧结镁砂),镁砂的质量和生产能力均满足了耐火材料工业生产的需要;镁钙砂的纯度、烧结质量及抗水化性能得到提高,建成了优质镁钙砂生产供应基地。

2. 通过铝矾土均化、提纯,建成了优质高铝矾土熟料生产基地;研制成功了用高铝矾土直接电熔制取 $Al_2O_3 \geqslant 98.5\%$ 的刚玉生产技术;以工业 Al_2O_3 和部分高铝矾土熟料为基料,通过反应烧结合成了优质锆刚玉莫来石熟料。

3. 通过研制新的研磨设备和微晶转相技术,建成了粒径范围为 $1.0 \sim 4.0\mu m$ 的优质 $Al_2O_3-SiO_2$ 系微粉和 $\alpha-Al_2O_3$ 微粉生产基地。

4. 分别以铝矾土和轻烧 MgO 或高纯镁砂和工业 Al_2O_3 为原料,合成出系列烧结与电熔镁铝尖晶石原料。

5. 通过锆英石选引和锆英石脱硅技术研究,建成了优质锆英石精矿和 $ZrO_2 \geqslant 85\%$ ($Fe_2O_3+TiO_2+C \leqslant 1\%$)的脱硅锆供应基地。

6. 建成了高中档董青石、钛酸铝合成原料基地,初步形成了优质红柱石原料基地。其它如高纯大结晶鳞片状石墨、耐火制品用各种有机、无机结合剂、添加剂均形成了规模生产。

20.1.2 新型耐火材料制品

1. 碳结合制品和非氧化物制品

(1) 碳结合制品

a. 碱性碳结合制品 主要有镁碳砖($MgO-C$),镁白云石碳砖($MgO-CaO-C$)。镁碳砖主要应用在氧气转炉上,在提高炉龄,降低消耗方面成效显著。宝钢 300 吨氧气转炉采用高强度镁碳砖,最高寿命达 2 250 炉;镁白云石碳砖是炉外精炼炉用的优质材料。

b. 碳结合铝质材料　包括 1) 连铸用铝碳质(Al_2O_3-C)、铝锆碳(Al_2O_3-ZrO_2-C)质滑板材料,基本可以满足多炉连铸要求;2) 铝碳/锆碳复合(Al_2O_3-C/ZrO_2-C)浸入式水口材料,在宝钢应用中,可连浇 6 炉,每炉侵蚀率小于 0.08mm/min;3) 铝镁碳质(Al_2O_3-MgO-C)连铸用钢包内衬材料,有良好抗渣性和抗热震性,经在宝钢 300 吨转炉钢包应用,出炉温度为 1 665℃,钢水停留时间为 100min。包龄多数大于 80 炉。4) Al_2O_3—尖晶石—C 制品,在连铸钢包试用中效果较 Al_2O_3-MgO-C 质材料更为理想,最低寿命可达 90 次以上。

碳结合耐火材料的致命弱点是抗氧化性差、强度较低,宜在低氧气氛中使用。

（2）非氧化物制品

主要有高炉用氮化硅(Si_3N_4)结合的碳化硅(SiC)制品和 SIALON 结合的碳化硅制品,比高铝、刚玉制品有更好的抗碱蚀性、耐磨性和抗热震性,比碳素制品有更好的抗氧化性和强度,在高炉中段应用,可使高炉寿命延长 8～12 年。

2. 高效碱性制品和高铝制品

（1）高效碱性制品

高效碱性制品包括:①直接结合镁质砖,其结合特征是方镁石与尖晶石之间以及方镁石晶体之间形成直接结合。近年发展的预反应直接结合砖采用预先共同烧结的高纯镁铬砂为原料,经高压成型、高温烧结制得,具有高纯度、高密度、高强度的特点,高温性能更加优越。②高纯镁铝尖晶石砖,通过对镁铝尖晶石进行预合成,制成高纯原料,由镁铝胶结合烧成。③直接结合白云石砖和锆白云石砖。高效碱性制品,主要应用在水泥回转窑的高温带上。具有很好的抗热震性。

（2）优质高铝制品

优质高铝制品包括抗蠕变高铝砖、抗热震矾土-锆英石(Al_2O_3-ZrO_2)砖、铝镁尖晶石砖等。抗蠕变高铝砖主要应用在热风炉上;矾土-锆英石砖普遍应用在水泥窑中。优质高铝制品的生产途径是首先生产出高质量的高铝矾土熟料,再通过适量加入有益氧化物添加剂控制显微结构,改善优化高温性能。

3. 氧化物与非氧化物复合耐火材料

此种复合材料是具有优越高温性能的高技术、高效耐火材料,可用于条件复杂苛刻的特定的高温部位,经过试验并初步应用的品种如下。

（1）ZrO_2-Al_2O_3-A_3S_2(莫来石)-SiC 复合材料

以锆刚玉莫来石为基,引入 5%～15% SiC,在 1 750℃埋粉,常压烧结而成。其抗氧化性和高温强度极为优越。

（2）ZrO_2-Al_2O_3-A_3S_2(莫来石)-BN 复合材料

在氮化物为基的复合氧化物中引入 10%～30% 锆刚玉莫来石,在 1 850℃氮气气氛下热压烧结,其强度、韧性和抗氧化性较其单组分材料有显著提高。

（3）O-Sialon-ZrO_2-C 复合材料

在 1 700℃埋 SiC 粉,氮气气氛下无压烧结合成,抗氧化性、抗 Al_2O_3 粘附性、抗渣性良好,可做外衬的浸入式水口(Sialon 是 Al_2O_3、AlN 在 Si_3N_4 中的固溶体)。

4. 功能耐火材料

功能耐火材料在高温技术领域起着举足轻重的作用。它一般应用在特殊部位，使用条件苛刻，要求有突出的抗热震性、优良的高温强度和抗侵蚀性，外形尺寸也要求极为严格。其特点是高性能、高精度和高技术。我国已自行开发了铝锆碳三层滑板、铝碳/锆碳复合浸入式水口等静压成型的莫来石长辊筒、刚玉–莫来石–碳化硅质过滤器、Si_3N_4—BN水平连铸分离环，Al_2O_3—C、Al_2O_3—SiC—C 连铸用复合式整体塞棒等，有的已达国际水平。

5. 优质节能耐火材料

（1） 微粉与高效不定形耐火材料

耐火材料中微粉的用量逐渐增多。近几年耐火材料领域开发的微粉主要有 SiO_2、Al_2O_3、锆英石、碳化硅、莫来石和尖晶石等微粉。微粉可以促进制品的烧结和改善性能。SiO_2 微粉（硅灰）加入浇注料中后，可以大大降低水的用量和大幅度提高浇注料的强度和密度，也可以用于降低特种耐火材料制品的烧结温度；Al_2O_3 微粉在不定形耐火材料中已得到大量应用，如低水泥浇注料，铁沟浇注料，加入到烧成制品中提高制品的强度、密度及其它性能，如加入到镁碳砖中提高热稳定性能；锆英石微粉在耐火材料中作为增韧增强和热稳定性改善剂。

不定形耐火材料是耐火材料工业中发展最迅速的一个领域。主要的高效不定形耐火材料有:1)低水泥，超低水泥浇注料，如大型高炉出铁沟使用的 Al_2O_3-SiC-C 浇注料，周期通铁量达 3 万吨以上；氧气转炉钢包渣线区使用的 Al_2O_3-矾土基尖晶石浇注料，包龄提高 15% ~20%。其他新型不定形耐火材料还有含碳浇注料、纤维不定形耐火材料、低硅灰用量的高技术浇注料、无水泥无微粉尖晶石烧注料等。2)自流式浇注料，其要点是粒度构成，合理的粒度搭配增加浇注料流动性，避免低水泥浇注料因施工振动而导致的质量波动。

（2） 新型轻质耐火材料

新型轻质耐火材料主要有微孔碳砖、空心球制品、绝热板和高强轻质材料（制品与浇注料）等，在工业窑炉中应用，可降低 20% ~30% 能耗。

6. 特种耐火材料

特种耐火材料是在传统耐火材料基础上发展起来的新型无机非金属材料，具有高熔点、高纯度、良好化学稳定性和热震稳定性。它包括高熔点氧化物和难熔化合物及由此衍生的金属陶瓷、高温涂层等材料。特种耐火材料可用于高精尖科技中，其成型料为微米级微粉，烧成需在很高温度下及保护气氛中。主要制品有高纯氧化铝、氧化镁、氧化锆、氧化铍、碳化物、氮化物、硼化物及硅化物等制品。

20.2 世界耐火材料的新动态

世界耐火材料的主旋律是发展高性能新型耐火材料，以适应高温新技术的发展和需求。钢铁工业用耐火材料是发展重点，而重中之重为连铸用材料。钢铁工业用耐火材料方面近几年的主要成就有:1)由法国 Sowoi 公司开发"陶瓷杯"技术，显著减少了铁水渗透引起的损毁和热损失,避免了出铁口的区域过早损毁,提高了高炉炉缸的寿命,"陶瓷杯"用材料的主要化学成分是 Al_2O_3,SiO_2,Cr_2O_3,Sialon 等,其各方面性能均有较大改进。2)改进了高炉碳砖的结构和性能,采用高热导、高纯度、微气孔的热压碳砖,以克服碱侵蚀、碳沉积、铁水渗透等原因造成的损毁。3)转炉炉衬寿命有了成倍提高。主要因为 $MgO-C$ 砖的质量,由于 $Al-Mg$ 合金抗氧化剂的加入得到显著提高。同时铁水预处理技术,挂渣技术的应用,火焰喷补新技术同激光测厚技术相结合的新型喷补技术的应用,对转炉寿命的提高都起到了巨大的作用。4)电炉炼钢得到进一步推广,优质碱性导电耐火材料的研究与开发及经特殊高温处理的 $MgO-C$ 导电耐火砖的应用,为直流电弧炉的发展铺平道路。5)以 MgO 为基体的碱性滑板抗侵蚀能力强,适用于 Ca 处理钢和 Al/Si 镇静钢,已基本代替了 Al_2O_3-C 和 $Al_2O_3-ZrO_2-C$ 滑板,MgO-尖晶石滑板较 $Al_2O_3-ZrO_2-C$ 滑板使用次数提高一倍。MgO 质碱性滑板的进一步发展方向是提高致密度,减小气孔率,增加 C 含量,以获得更好的高温力学性能。6)连铸用 Al_2O_3-C 制品通过特定的盐处理使 Al_2O_3-C 水口内表面氧化形成 2-4mm 厚无 C 整体内衬,具有较好抗 Al_2O_3 沉积效果;$ZrO_2-CaO-C$,$Al_2O_3-CaF_2-C$ 是当前已采用的几种有效的防堵塞水口衬里材料。7)钢包用耐火材料主要采用 Al_2O_3-尖晶石浇注料,其显著特点是好的抗蚀性、小的结构剥落和较长的使用寿命。

其他高温工业同样急需高性能耐火材料,如水泥回转窑高温带的高性能 $MgO-Al_2O_3$,$MgO-CaO-ZrO_2$ 材料,玻璃窑熔炼特种洁净玻璃用的高 ZrO_2 熔铸砖,石化、垃圾焚烧炉用的 Al_2O_3-SiC,$MgO-Cr_2O_3-ZrO_2$ 等新型材料都获得了较好的应用效果。

不定形耐材料近几年发展迅速,品种发展主要是浇注料和补炉料,而重点是低水泥、超低水泥和无水泥浇注料。以 MgO 和尖晶石为基体的碱性浇注料前景看好,很有发展前途。自流浇注料由于施工中快捷、方便、不受空间和形状复杂等条件限制而受到重视,$Al_2O_3-SiC-C$,$Al_2O_3-SiO_2$,Al_2O_3-尖晶石类自流烧注料已在高炉出铁沟、连铸中间包、钢包中获得应用,其性能指标和振动施工浇注料相当,甚至优于后者。

参 考 文 献

1　曹文聪等编.普通硅酸盐工艺学.武汉:武汉工业大学出版社,1996

2　刘康时.陶瓷工艺原理.广州:华南理工大学出版社,1990

3　诺尔顿著.陶瓷学纲要.佟明达等译.北京:中国财政经济出版社,1963

4　李启绩编.电瓷工艺学.长沙:湖南大学出版社,1991

5　徐祖耀编.材料科学导论.上海:上海科学技术出版社,1986

6　钦征骑编.新型陶瓷材料手册.南京:江苏科学技术出版社,1996

7　李世普编.特种陶瓷工艺学.武汉:武汉工业大学出版社,1990

8　张雯等.现代无机非金属材料的分类与构成.中国陶瓷,1996

9　黄敏等.石榴石型磁光存储材料.材料科学与工程,1997

10　田明原等.纳米陶瓷与纳米陶瓷粉末.无机材料科学报,1998

11　朱信华等.梯度功能材料的研究现状与展望.功能材料,1998,29(2)

12　袁润章主编.胶凝材料学.武汉:武汉工业大学出版社,1989

13　刘巽伯,魏金照,孙丽玲编.胶凝材料.上海:同济大学出版社,1990

14　沈威,黄文熙,闵盘荣编.水泥工艺学.武汉:武汉工业大学出版社,1991

15　P. BARNES.水泥的结构和性能.吴兆琦等译校.北京:中国建筑工业出版社,1991

16　吴宝现,卢璋,廉慧珍编.建筑材料化学.北京:中国建筑工业出版社,1984

17　F·M·李.水泥和混凝土化学(第三版).唐明述等译.北京:中国建筑工业出版社,1980

18　第六届国际水泥化学会议论文集(第一、二、三卷).钟白茜,谢玉声,戴丽莱,闵盘荣译.北京:中国建筑工业出版社,1980

19　《第八届国际水泥化学会议论文集》编委会编.第八届国际水泥化学会议论文集.北京:中国建筑材料科学研究院技术情报中心,1989

20　张宝生,葛勇编著.建筑材料学.北京:中国建材工业出版社,1994

21　华南工学院,北京工业大学等四校合编.硅酸盐岩相学.北京:中国建筑工业出版社,1980

22　南京化工学院编.第九届国际水泥化学会议综合报告译文集

23　王维邦主编.耐火材料工艺学.北京:冶金工业出版社,1984

24　汤长根编.耐火材料生产工艺.北京:冶金工业出版社,1982

25　钱之荣等主编.耐火材料实用手册.北京:冶金工业出版社,1992

26　李晓明著.微粉与新型耐火材料.北京:冶金工业出版社,1997

27　高心魁编著.熔融耐火材料.北京:冶金工业出版社,1995

28　尹汝珊等编.耐火材料技术问答.北京:冶金工业出版社,1994

29　日本耐火物技术协会编.日本耐火材料.北京:冶金工业出版社,1986

30　刘康时等编著.陶瓷工艺原理.广州:华南理工大学出版社,1994

31　西北轻工业学院等编.陶瓷工艺学.北京:中国轻工业出版社,1995

32　曹文聪等.普通硅酸盐工艺学.武汉:武汉工业大学出版社,1996

33　H. Saimang等著.陶瓷学.量照柏译.北京:轻工业出版社,1989

34　W. D 金格瑞等著.陶瓷导论.清华无机非金属材料教研组译.北京:中国建筑工业出版社,1982

35　中国硅酸盐学会编.硅酸盐辞典.北京:中国建筑工业出版社,1984